从新手到高手

# Premiere+AE
# 影视后期处理
# 从新手到高手

郭晶晶　主编

清華大学出版社
北　京

## 内容简介

Premiere 和 After Effects 是影视设计相关行业常用的软件。本书通过大量的实战案例，系统讲述了利用这两款软件进行影视设计的方法和技巧。全书分为两部分：第 1 ～ 8 章为 Premiere 部分，从 Premiere 基础知识讲起，全面介绍了 Premiere 在影视素材剪辑、转场、调色、关键帧动画、字幕、配音等方面的应用；第 9 ～ 16 章为 After Effects 部分，详细介绍了 After Effects 在影视特效、后期合成方面的应用。本书内容丰富实用，知识体系完善，讲解循序渐进，同时赠送案例视频教程、案例源文件素材、教学教案和 PPT 课件。

本书读者对象为影视剪辑和后期合成的相关工作人员，也适合影视设计类的艺术院校学生作为教材使用。



图书在版编目（CIP）数据

Premiere+AE影视后期处理从新手到高手 / 郭晶晶主编. —北京：清华大学出版社，2023.5

（从新手到高手）

ISBN 978-7-302-63279-5

Ⅰ. ①P… Ⅱ. ①郭… Ⅲ. ①图像处理软件 Ⅳ. ①TP391.413

中国国家版本馆CIP数据核字（2023）第059708号

责任编辑：张　敏
封面设计：郭二鹏
责任校对：徐俊伟
责任印制：朱雨萌

出版发行：清华大学出版社
网　　址：http://www.tup.com.cn，http://www.wqbook.com
地　　址：北京清华大学学研大厦A座　　邮　　编：100084
社 总 机：010-83470000　　邮　　购：010-62786544
投稿与读者服务：010-62776969，c-service@tup.tsinghua.edu.cn
质 量 反 馈：010-62772015，zhiliang@tup.tsinghua.edu.cn
课 件 下 载：http://www.tup.com.cn，010-83470236
印 装 者：河北华商印刷有限公司
经　　销：全国新华书店
开　　本：185mm×260mm　　印　　张：14.75　　字　　数：410千字
版　　次：2023年7月第1版　　印　　次：2023年7月第1次印刷
定　　价：99.00元

产品编号：099700-01

# 前言

***PREFACE***

本书实例题材广泛，涵盖了影视后期制作的方方面面，案例涉及电影特技、配音、转场特技、抠像特技、视频跟踪技术、动画关键帧技术、影片调色、粒子特效、3D合成技术、字幕动效及角色动画技术。在收录了经典作品的同时，本书向读者展示了最前沿的视频后期技术与解决方案，真正做到技巧、秘技毫无保留。本书旨在帮助读者掌握Premiere和After Effects软件的操作技能，提高读者的影视设计水平，丰富读者的创业手段，使工作更加得心应手。

Premiere软件是广大影音编辑设计从业人员运用得最多的剪辑软件之一，多年来，它一直占据着视频剪辑软件的首要位置，其强大的视频剪辑、转场、调色和配音功能是其他软件所不可替代的。After Effects软件则是在视频剪辑基础上进行后期特效制作的高端软件，Premiere与After Effects非常完美地结合在了一起。随着软件版本的更新，其功能的强大和制作效率的提高让人不得不为之惊叹。Premiere和After Effects的面世使影视设计行业不再是大公司才能涉足的领域，个人工作室就能够承担影视特效制作的工作。

通过对本书的学习，读者不但能够掌握书中所讲解的功能，更可以通过自己对功能的理解自由发挥想象力，创造出个性鲜明的影视特效作品。

相对于电影特效而言，短视频和小型的短片广告更加适合当作案例来学习。本书将从视频的局部特效入手，从简单到复杂，循序渐进，全面发挥Premiere和After Effects的强大功能。

全书分为两部分，共16章，第1～8章为Premiere部分，主要介绍了Premiere软件的基础使用方法及视频剪辑、调色、字幕、动画和配音的方方面面；第9～16章为After Effects部分，分析并介绍了After Effects软件的基础应用、后期特效叠加、影视后期合成、表达式动画、角色外挂插件应用等相关案例。本书通过大量典型实例将软件的主要功能介绍给读者。通过这些具有代表性的案例制作，带领读者学习Premiere和After Effects强大的视频剪辑和后期合成功能。通过不同场景的应用，读者可以从本书学习到影视调色、抠像、粒子特效、光影渲染和字幕特技等常用视频后期技术。在本书最后还介绍了外挂插件等高级角色动画技法。

本书赠送案例视频教程、案例源文件素材、教学教案和 PPT 课件，读者可扫描下方二维码填写相关信息后获取资源。

案例视频教程

案例源文件素材

教学教案和 PPT 课件

本书由武汉轻工大学郭晶晶老师编著。本书内容丰富、结构清晰、参考性强，讲解由浅入深且循序渐进，知识涵盖面广又不失细节，非常适合广大影视后期设计人员学习使用。由于作者水平有限，书中疏漏之处在所难免，恳请读者批评指正。

作 者

# 目录

*CONTENTS*

## 第 1 章　影视后期基础



## 第 2 章　Premiere 基础知识



## 第 3 章　熟悉 Premiere 的基本操作



## 第 4 章　Premiere 素材剪辑

## 第 5 章　Premiere 字幕编辑



## 第 6 章　Premiere 视频效果应用



## 第 7 章　Premiere 关键帧动画



## 第 8 章　Premiere 音频特效



## 第 9 章　After Effects 基础知识



## 第 10 章　After Effects 转场动画

## 第 11 章 After Effects 字幕特效



## 第 12 章 After Effects 表达式动画



## 第 13 章 After Effects 标板特效



## 第 14 章 After Effects 光影特效



## 第 15 章 After Effects 电影合成技术



## 第 16 章 After Effects 角色插件 ………… 214

# 第 1 章 影视后期基础

## 1.1 影视作品的制作流程

一谈到视频的拍摄，大家首先想到的多是设计剧本，实际上，拍摄视频首先需要的是组建一个团结高效的团队，借助众人的智慧，才能够将视频打造得更加完美。

### 1.1.1 制作团队的搭建

拍摄视频需要做的工作很多，包括策划、拍摄、表演、剪辑及输出等。具体需要多少人员，是根据拍摄的内容来决定的，一些简单的视频即使一个人也能拍摄，如家庭剧、小品等视频。因此在组建团队之前，需要认真思考拍摄方向，从而确定团队需要哪些人员，并为他们分配相应的任务。图 1.1 所示为视频制作示意图。

图 1.1

例如，拍摄视频为短片类型，每周计划推出 2 ～ 3 集，每集为 5 分钟左右，那么团队安排 4 到 5 个人就够了，设置编导、拍摄及后期剪辑岗位，然后针对这些岗位进行详细的任务分配。

编导：负责统筹整体工作，策划主题、督促拍摄、确定内容风格及方向。

拍摄：主要负责视频的拍摄工作，同时还要对摄影相关的工作，如拍摄的风格及工具等进行把控。

后期剪辑：主要负责视频的剪辑和加工工作，同时也要参与策划与拍摄工作，以便更好地打造视频效果。

### 1.1.2 剧本的策划

视频成功的关键在于内容的打造，剧本的策划过程就如同写一篇作文，需要具备主题思想、开头、中间及结尾，情节的设计就是丰富剧本的组成部分，也可以看成小说中的情节设置。一部成功的、吸引人的小说必定少不了跌宕起伏的情节，剧本也是一样。在进行剧本策划时，需要注意以下两点。

第一，在剧本构思阶段，就要思考什么样的情节能满足观众的需求。好的故事情节应当能直击观众内心，引发强烈共鸣。掌握观众的喜好是十分重要的一点。

第二，注意角色的定位，在台词的设计上要符合角色性格，并且有爆发力和内涵。

### 1.1.3 视频的拍摄

在视频拍摄前，需要拍摄人员提前做好相关准备工作，例如，如果拍摄外景，就要提前对拍摄地点进行勘察，看看哪个地方更适合视频的拍摄。此外，还需要注意以下几点。

- 根据实际情况，对策划的剧本进行润色加工，不断完善以达到最佳效果。
- 提前安排好具体的拍摄场景，并对拍摄时间做详细的规划。
- 确定拍摄的工具和道具等，分配好演员、摄影师等工作人员，如有必要，可以提前核对练习一下台词、表演等。

### 1.1.4 视频素材的剪辑

剪辑，是对所拍摄的镜头进行分割、取舍和组建的过程，并将零散的片段拼接为一个有节奏、有故事感的作品。对视频素材进行剪辑是确定影片内容的重要操作，需要熟练掌握素材剪辑的技术与技巧。这里需要注意的是素材之间的关联性，如镜头运动的关联、场景之间的关联、逻辑的关联及时间的关联等。剪辑素材时，要做到细致、有新意，使素材之间衔接自然又不缺乏趣味性。Premiere 软件就是一款优秀的视频素材剪辑工具。

在对视频进行剪辑时，不仅仅是保证素材之间有较强的关联性就够了，其他方面的点缀也是必不可少的。剪辑包装视频的主要工作包括以下几点。

- 添加背景音乐，用于渲染视频氛围。
- 添加特效，营造良好的视频画面效果，吸引观众。
- 添加字幕，帮助观众理解视频内容，同时完善视觉体验。

### 1.1.5 视频的后期合成处理

对于视频而言，剪辑固然是重要的一个环节，但如果想要制作出优秀的作品，后期合成处理起到了不可或缺的作用。理论上，影视制作分为前期和后期。前期主要工作包括诸如策划、拍摄及三维动画创作等工序；当前期工作结束后得到了大量的素材和半成品，将它们有机地通过艺术手段结合起来就是后期合成工作。After Effects（本书简称为 AE）是高端视频特效系统的专业特效合成软件，借鉴了许多优秀软件的成功之处，将视频特效合成上升到了新的高度。Photoshop 软件中层的引入，使 AE 可以对多层的合成图像进行控制，达到天衣无缝的合成效果；关键帧、路径的引入，使我们可以游刃有余地控制高级的二维动画；AE 高效的视频处理系统，确保了高质量视频的输出；令人眼花缭乱的特技系统，使 AE 能实现用户的一切创意。

## 1.2 认识剪辑

剪辑是视频制作过程中必不可少的一道工序，在一定程度上决定了视频质量的好坏，可以影响作品的叙事、节奏和情感，更是视频的二次升华和创作基础。剪辑的本质是通过视频中主体动作的分解、组合来完成蒙太奇形象的塑造，从而传达故事情节，完成内容的叙述。

### 1.2.1 蒙太奇的概念

蒙太奇，法文 Montage 的音译，原为装配、剪切之意，是一种在影视作品中常见的剪辑手法。在电影的创作中，电影艺术家先把全篇所要表现的内容分成许多不同的镜头，分别拍摄，然后再按照原先规定的创作构思，把这些镜头有机地组接起来，产生平行、连贯、悬念、对比、暗示、联想等作用，形成各个有组织的片段和场面，直至一部完整的影片。这种按导演的创作构思组接镜头的方法就是蒙太奇。

蒙太奇表现方式大致可分为两类：叙述性蒙太奇和表现性蒙太奇。

#### 1. 叙述性蒙太奇

叙述性蒙太奇是通过一个个画面，来讲述动作、交待情节、演示故事。叙述性蒙太奇有连续式、平行式、交叉式和复现式 4 种基本形式。

- 连续式：连续式蒙太奇沿着一条单一的情节线索，按照事件的逻辑顺序，有节奏地连续叙事。这种叙事自然流畅，朴实平顺，但由于缺乏时空与场面的变换，无法直接展示同时发生的情节，难于突出各条情节线之间的对列关系，不利于概括，易有拖沓冗长、平铺直叙之感。因此，在一部影片中绝少单独使用连续式蒙太奇，多与平行式、交叉式蒙太奇交混使用，相辅相成。
- 平行式：在影片故事发展过程中，通过两件或三件内容性质上相同，而在表现形式上不尽相同的事，同时异地并列进行，而又互相呼应、联系，起着彼此促进互相刺激的作用，这种方式就是平行式蒙太奇。平行式蒙太奇不重在时间的因素，而重在几条线索的平行发展，靠内在的悬念把各条线的戏剧动作紧紧地接在一起。采用迅速交替的手段，造成悬念和逐渐强化的紧张气氛，使观众在极短的时间内，看到两个情节的发展，最后又结合在一起。
- 交叉式：交叉式蒙太奇，即两个以上具有同时性的动作或场景交替出现。它是由平行式蒙太奇发展而来的，但更强调同时性、密切的因果关系及迅速频繁的交替表现，因而能使动作和场景产生互相影响、互相加强的作用。这种剪辑技巧极易引起悬念，造成紧张激烈的气氛，加强矛盾冲突的尖锐性，是掌握观众情绪的有力手法。惊险片、恐怖片和战争片常用此法造成追逐和惊险的场面。
- 复现式：复现式蒙太奇，即前面出现过的镜头或场面，在关键时刻反复出现，造成强调、对比、呼应、渲染等艺术效果。在影视作品中，各种构成元素，如人物、景物、动作、场面、物件、语言、音乐、音响等，都可以通过精心构思反复出现，以期产生独特的寓意和印象。

#### 2. 表现性蒙太奇

表现性蒙太奇（也称对列蒙太奇），不是为了叙事，而是为了某种艺术表现的需要。它不是以事件发展顺序为依据的镜头组合，而是通过不同内容镜头的对列，来暗示、来比喻，来表达一个原来不曾有的新含义，一种比人们所看到的表面现象更深刻、更富有哲理的东西。表现性蒙太奇在很大程度上是为了表达某种思想或某种情绪意境，造成一种情感的冲击力。表现性蒙太奇有对比式、隐喻式、心理式和累积式 4 种形式。

- 对比式：即把两种思想内容截然相反的镜头并开在一起，利用它们之间的冲突造成强烈的对比，以表达某种寓意、情绪或思想。
- 隐喻式：隐喻式蒙太奇是一种独特的影视比喻，它是通过镜头的对列将两个不同性质的事物间的某种相类似的特征突现出来，以此喻彼，刺激观众的感受。隐喻式蒙太奇的特点是，巨大的概括力和简洁的表现手法相结合，具有强烈的情绪感染力和造型表现力。
- 心理式：即通过镜头的组接展示人物的心理活动，如表现人物的闪念、回忆、梦境、幻觉、幻想、甚至潜意识的活动。它是人物心理的造型表现，其特点是片断性和跳跃性，主观色彩强烈。

- 累积式：即把一连串性质相近的同类镜头组接在一起，造成视觉的累积效果。累积式蒙太奇也可用以叙事，也可成为叙述性蒙太奇的一种形式。

### 1.2.2 镜头衔接的技巧

无技巧组接就是通常所说的“切”，是指不用任何电子特技，而是直接用镜头的自然过渡来链接镜头或者段落的方法。常用的组接技巧有以下几种。

- 淡出淡入：淡出是指上一段落最后一个镜头的画面逐渐隐去直至黑场，淡入是指下一段落第一个镜头的画面逐渐显现直至正常的亮度。这种技巧可以给人一种间歇感，适用于自然段落的转换。
- 叠化：叠化是指前一个镜头的画面和后一个镜头的画面相叠加，前一个镜头的画面逐渐隐去，后一个镜头的画面逐渐显现的过程，两个画面有一段过渡时间。叠化特技主要有以下几种功能：一是用于时间的转换，表示时间的消逝；二是用于空间的转换，表示空间已发生变化；三是用叠化表现梦境、想象、回忆等插叙、回叙场合；四是表现景物变幻莫测、琳琅满目、目不暇接。
- 划像：划像可分为划出与划入。前一画面从某一方向退出荧屏称为划出，下一个画面从某一方向进入荧屏称为划入。划出与划入的形式多种多样，根据画面进、出荧屏的方向不同，可分为横划、竖划、对角线划等。划像一般用于两个内容意义差别较大的镜头的组接。
- 键控：键控分为黑白键控和色度键控两种。其中，黑白键控又分内键控与外键控，内键控可以在原有彩色画面上叠加字幕、几何图形等；外键控可以通过特殊图案重新安排两个画面的空间分布，把某些内容安排在适当位置，形成对比性显示。而色度键控常用在新闻片或文艺片中，可以把人物嵌入奇特的背景中，构成一种虚设的画面，增强艺术感染力。

### 1.2.3 镜头组接的原则

影片中镜头的前后顺序并不是杂乱无章的，在视频编辑的过程中往往会根据剧情需要，选择不同的组接方式。镜头组接的总原则是：合乎逻辑、内容连贯、衔接巧妙。具体可分为以下几点。

#### 1. 符合观众的思想方式和影视表现规律

镜头的组接不能随意，必须要符合生活的逻辑和观众思维的逻辑。因此，影视节目要表达的主题与中心思想一定要明确，这样才能根据观众的心理要求即思维逻辑来考虑选用哪些镜头，以及怎样将它们有机地组合在一起。

#### 2. 遵循镜头调度的轴线规律

所谓的“轴线规律”是指拍摄的画面是否有“跳轴”现象。在拍摄的时候，如果拍摄机的位置始终在主体运动轴线的同一侧，那么构成画面的运动方向、放置方向都是一致的，否则称为“跳轴”。“跳轴”的画面一般情况下是无法组接的。在进行组接时，遵循镜头调度的轴线规律拍摄的镜头，能使镜头中的主体物的位置、运动方向保持一致，合乎人们观察事物的规律，否则就会出现方向性混乱。

#### 3. 景别的过渡要自然、合理

表现同一主体的两个相邻镜头组接时要遵守以下原则。

第一，两个镜头的景别要有明显变化，不能把同机位、同景别的镜头相接。因为同一环境里的同一对象，机位不变，景别又相同，两镜头相接后会产生主体的跳动。

第二，景别相差不大时，必须改变摄像机的机位，否则也会产生明显跳动，好像一个连续镜头从中截去一段。

第三，对不同主体的镜头组接时，同景别或不同景别的镜头都可以组接。

4. 镜头组接要遵循“动接动”和“静接静”的规律

如果画面中同一主体或不同主体的动作是连贯的，可以动作接动作，达到顺畅、简洁过渡的目的，简称为“动接动”。如果两个画面中的主体运动是不连贯的，或者它们中间有停顿时，那么这两个镜头的组接，必须在前一个画面主体做完一个完整动作停下来后，再接上一个从静止到运动的镜头，简称为“静接静”。

“静接静”组接时，前一个镜头结尾停止的片刻叫落幅，后一镜头运动前静止的片刻叫起幅。起幅与落幅时间间隔为 1 ～ 2s。运动镜头和固定镜头组接，同样需要遵循这个规律。如一个固定镜头要接一个摇镜头，则摇镜头开始时要有起幅；相反一个摇镜头接一个固定镜头，那么摇镜头要有落幅，否则画面就会给人一种跳动的视觉感。有时为了实现某种特殊效果，也会用到“静接动”或“动接静”的镜头。

5. 光线、色调的过渡要自然

在组接镜头时，要注意相邻镜头的光线与色调不能相差太大，否则会导致镜头组接太突然，使人感觉影片不连贯、不流畅。

### 1.2.4 剪辑的基本流程

在 Premiere 和 AE 中，剪辑可分为整理素材、初剪、精剪和完善 4 个流程。

1. 整理素材

前期的素材整理对后期剪辑具有非常大的帮助。通常在拍摄时会把一个故事情节分段拍摄，拍摄完成后，浏览所有素材，只选取其中可用的素材文件，为可用部分添加标记便于二次查找。然后可以按脚本、景别、角色将素材进行分类排序，将同属性的素材文件存放在一起。整齐有序的素材文件可提高剪辑效率和影片质量，并且可以显示出剪辑的专业性。

2. 初剪

初剪又称粗剪，将整理完成的素材文件按脚本进行归纳、拼接，并按照影片的中心思想、叙事逻辑逐步剪辑，从而粗略剪辑成一个无配乐、旁白、特效的影片初样，以这个初样作为这个影片的雏形，逐步去制作整个影片。

3. 精剪

精剪是影片中最重要的一道剪辑工序，是在粗剪（初样）基础上进行的剪辑操作，进一步挑选和保留优质镜头及内容。精剪可以控制镜头的长短、调整镜头分剪与剪接点等，是决定影片好坏的关键步骤。

4. 完善

完善是剪辑影片的最后一道工序，它在注重细节调整的同时更注重节奏点。通常在该步骤会将导演的情感、剧本的故事情节，以及观众的视觉追踪注入整体架构中，使整个影片更具看点和故事性。

## 1.3 Premiere 和 AE 在影视创作后期的应用

Premiere 和 AE 同属 Adobe 公司，是两个不同的软件，它们有功能重叠的地方（如调色和添加字幕等），更有不同的应用方向。Premiere 是视频编辑爱好者和专业人士必不可少的视频编辑工具，可以提升用户的创作能力和创作自由度，是易学、高效、精确的视频剪辑软件。Premiere 提供了采集、剪辑、调色、美化音频、字幕添加、输出、DVD 刻录的一整套流程，并和其他 Adobe 软件高效集成，使用户足以完成在编辑、制作、工作流上遇到的所有挑战，满足用户创建高质量作品的要求。

但是光有简单的剪辑和视频美化还远远不能满足影视创作的需要，AE 提供了更加完备的影视后期特效功能。AE 是一款主打图形视频后期合成处理的软件，适用于从事设计和视频特技的机构，包括电视台、动画制作公司、个人后期制作工作室以及多媒体工作室。

AE 软件可以帮助用户高效且精确地创建各种引人注目的动态图形和震撼人心的视觉效果，如图 1.2 所示。利用与其他软件的紧密集成，可高度灵活地进行 2D 和 3D 影像合成。AE 内置了数百种预设的效果和动画，为用户的电影、视频作品增添令人耳目一新的效果。

图 1.2

相信很多读者都曾经有着同样的疑问，那就是诸多好莱坞大片里的追车、爆破、战争、灾难的大场面，究竟是如何拍摄出来的？是否真的会浩浩荡荡地带着一整个摄制组实景拍摄，或者炸毁那么多辆车、轰倒那么多幢楼呢？实际上很多观众眼前看到的画面，都并非实景拍摄，而是靠强大的电脑后期技术制作出来的。也正因为好莱坞的后期制作太过于强大、太过真实，导致我们会信以为真，代入感极强，如图 1.3 所示。

图 1.3

讲到这里大家已经初步了解到，Premiere 和 AE 两者在视频创作中的侧重点有所不同，Premiere 是做剪辑的软件，AE 是做特效的软件。在 AE 软件中做好的特效可在 Premiere 中剪接并提供一定的特效与调色功能，然后输出成片，两个软件是相辅相成的关系。Premiere 和 AE 可以通过 Adobe 动态链接联动工作，满足日益复杂的视频制作需求。

# 第2章 Premiere 基础知识

## 2.1 了解 Premiere

Adobe Premiere Pro（本书统称 Premiere）是目前最流行的非线性编辑软件，也是一个功能强大的实时视频和音频编辑工具。作为视频爱好者们使用频率极高的视频编辑软件之一，其应用范围不胜枚举，通过该软件制作的视频效果美不胜收，不断完善的视频功能足以协助用户更加高效地工作。Premiere 以其合理化的工作界面和通用的高端视频工具，兼顾了广大视频用户的不同需求。

## 2.2 Premiere 操作界面

Premiere 采用了一种面板式窗口环境，整个用户界面由多个活动面板组成，视频的后期处理就是在各种面板中进行的。

### 2.2.1 Premiere 的界面布局

#### 1. Premiere的开始界面

Premiere 安装完成后，单击任务栏上的“开始”按钮，从出现的“开始”菜单中选择“程序\Adobe Premiere”命令，即可启动 Premiere，如图 2.1 所示。软件加载完毕后，进入欢迎界面，如图 2.2 所示。

图 2.1

图 2.2

在 Premiere 的欢迎界面中提供了以下选项。

最近使用项：如果以前曾经编辑过 Premiere 项目，将在“最近使用项”下方列出最近编辑的项目文件，只需单击其中的项目名，即可快速打开该项目文件。

“新建项目”按钮：单击该按钮，将弹出“新建项目”对话框，设置相应选项后即可创建一个新的项目文件。

“打开项目”按钮：单击该按钮，将弹出“打开项目”对话框，可以从中选择已经创建的项目文件并将其打开。

“新建团队项目”按钮：单击该按钮，将新建一个团队合作的项目。

“打开团队项目”按钮：单击该按钮，将打开之前保存的团队合作项目。

### 2. Premiere的工作界面

Premiere 的工作界面所包含的大体内容如图 2.3 所示。

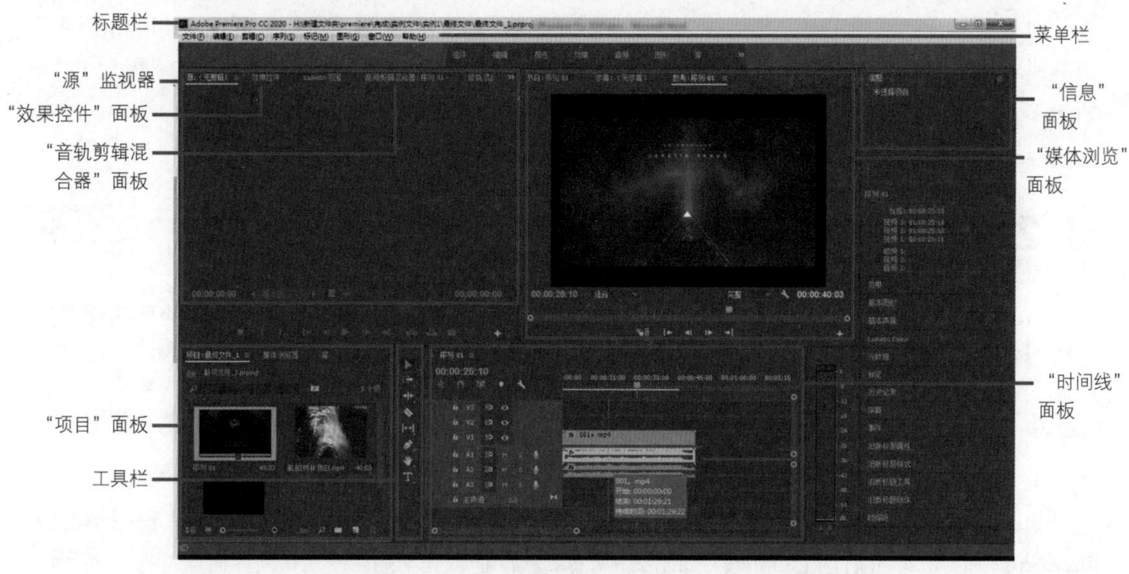


图 2.3

标题栏：显示当前程序的名称以及现在打开的文件所处计算机的位置和文件名。

菜单栏：提供了 8 个菜单项，集中了 Premiere 的大多数操作命令。

- 文件：主要包括一系列和项目文件相关的常用命令，如文件的新建、打开、关闭、存储、恢复、退出等，还包括一些加载剪辑、输出文件、捕获文件的命令。
- 编辑：除了包括常用的编辑命令，如复制、剪切和粘贴等外，还包括一些特殊的编辑功能和软件的首选项设置命令。
- 剪辑：主要包括更改剪辑的运动和透明度参数的设置，以及辅助时间线上的剪辑和编辑。
- 序列：主要可以预览时间线面板中的剪辑，并且可以更改视音频、轨道的序号，以及对视、音频轨道的编辑。
- 标记：主要用来创建、编辑剪辑与序列中的标记及通过执行对标记的不同菜单命令达到跳转、删除标记等效果。
- 图形：对图形对象进行编辑。Premiere 中的图形对象可以包含文本、形状和剪辑图层。
- 窗口：主要用于控制软件各个功能窗口的开关和工作界面模式的更改。

• 帮助：用于查询帮助文件。

工具栏：包括了“选择工具”▶、“钢笔工具”✒、“剃刀工具”◈和“文字工具”T等，如图 2.4 所示。

“项目”面板：用于输入素材、管理素材和存储供在“时间线”上编辑并合成的原始素材，主要由预览区域、素材列表区域和工具栏区域组成。编辑影片所用到的全部素材应事先存放在“项目”面板中，再分别将它们添加到时间线上，如图 2.5 所示。

“效果控件”面板：显示了素材的固定效果属性，分别为“运动”“不透明度”和“时间重映射”，如图 2.6 所示。此外，用户也可以自定义从效果文件夹中添加的各类效果。

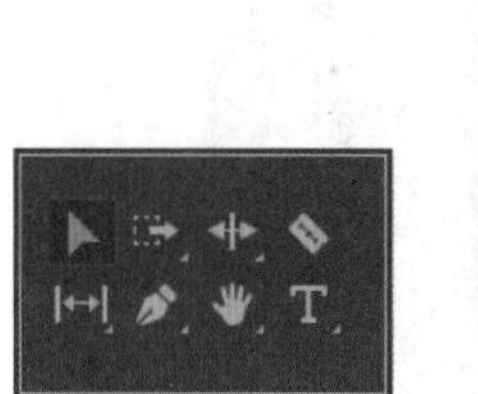
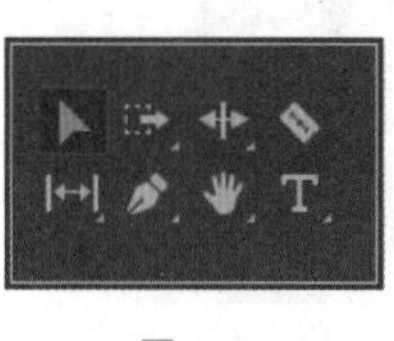

图 2.4

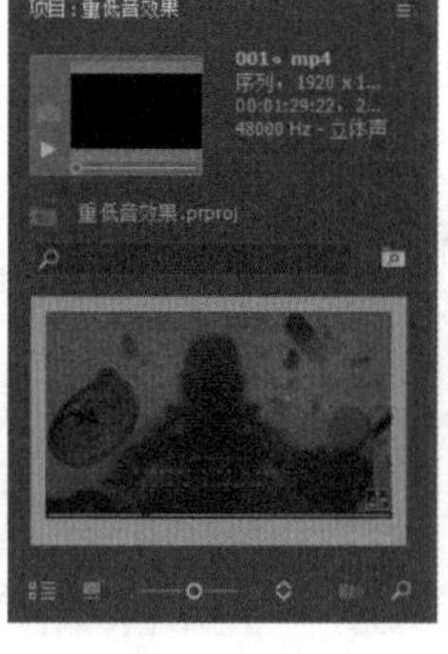


图 2.5

图 2.6

“音轨剪辑混合器”面板：主要是针对音频进行处理，如制作声音特效、制作画外音等，如图 2.7 所示。

“源”监视器：在“源”监视器中，可预先打开要添加至序列的素材，自行调整入点和出点，对剪辑前的素材进行内容筛选。此外，还可以插入剪辑标记，并将片段素材中的画面或音频单独提取到序列中，如图 2.8 所示。

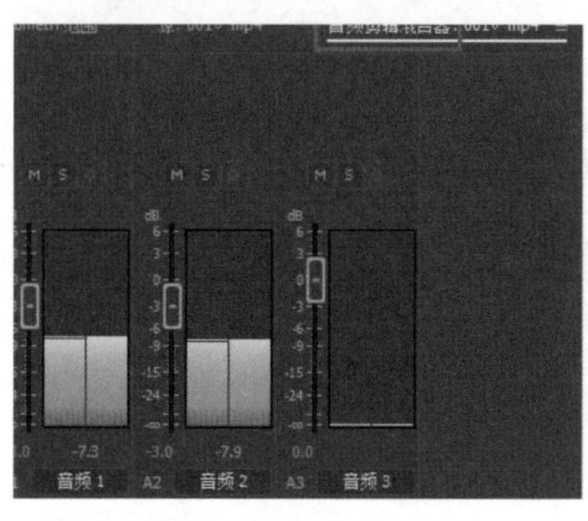


图 2.7

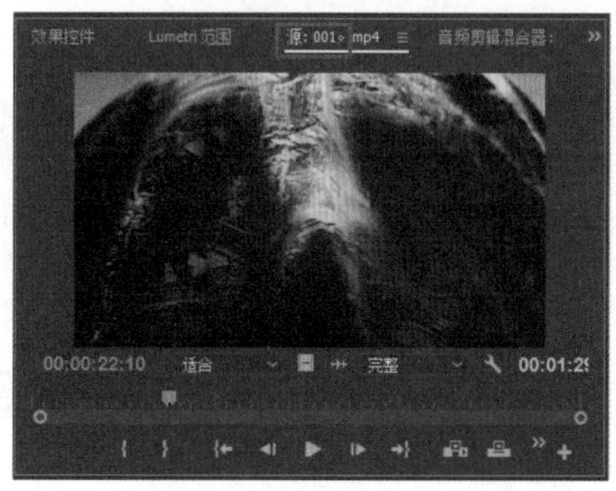


图 2.8

“媒体浏览”面板：用于在本机或网络上查找需要的媒体文件，并可以选取要使用的媒体素材，如图 2.9 所示。

“信息”面板：用于显示当前在“项目”面板中所选中的素材的详细信息，包括素材名称、类型、大小、开始及结束点等，如图 2.10 所示。

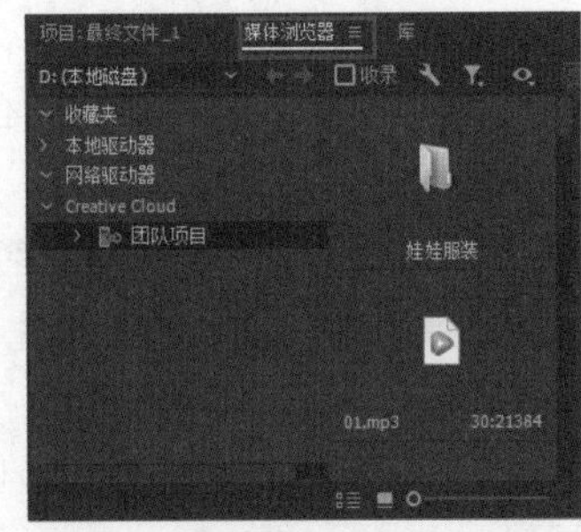

图 2.9

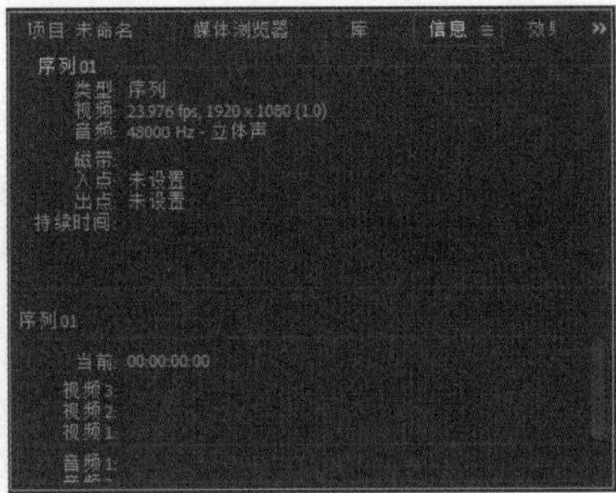

图 2.10

“效果”面板：集成了音频特效、转场和视频特效、转场的功能，如图 2.11 所示。

“历史记录”面板：列出了打开项目文件后所进行的各步操作记录，如图 2.12 所示。

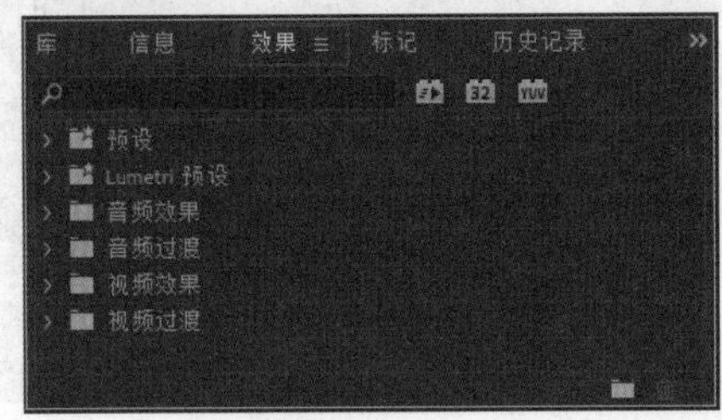


图 2.11

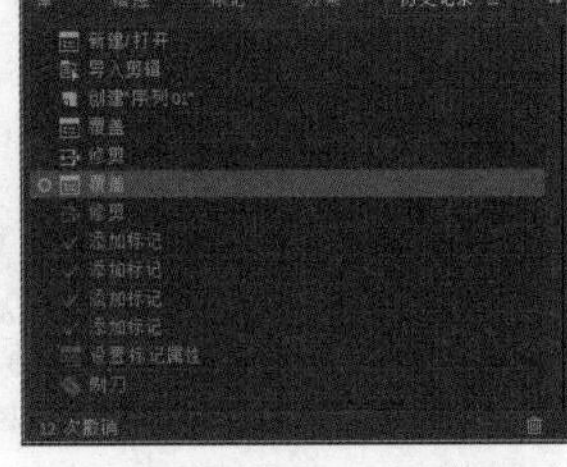

图 2.12

“时间线”面板：非线性编辑的核心部分，基本上视频编辑的大多数工作都是在此完成的，由节目的工作区、视频轨道、音频轨道和各种工具组成，如图 2.13 所示。

除了上面介绍的一些面板外，Premiere 还有其他的一些功能面板，可以通过“窗口”菜单中的对应命令打开或关闭该面板，如图 2.14 所示。

图 2.13

图 2.14

## 2.2.2 预置工作空间

为了满足不同工作和项目的需求，Premiere 提供了 5 种不同的工作模式，可以通过菜单栏中的“窗口\工作区”的设定来切换。

Step01 选择菜单栏中的“窗口\工作区\音频”命令，工作空间切换为“音频模式”，如图 2.15 所示。

Step02 选择菜单栏中的“窗口\工作区\效果”命令，工作空间切换为“特效模式”，如图 2.16 所示。

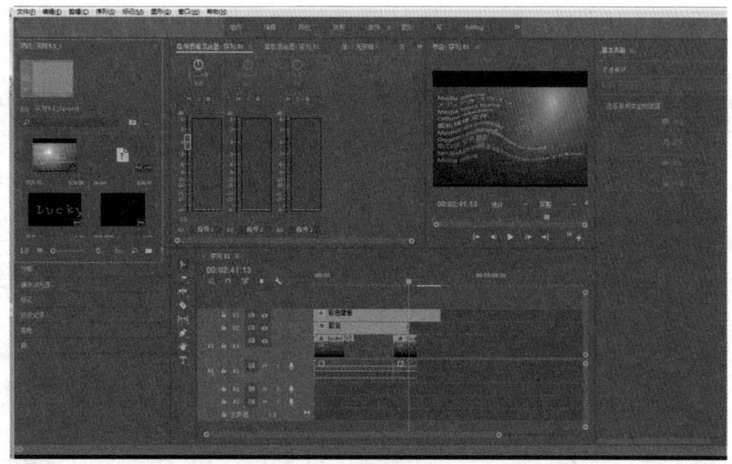

图 2.15

图 2.16

Step03 选择菜单栏中的“窗口\工作区\编辑”命令，工作空间切换为“编辑模式”，如图 2.17 所示。

图 2.17

Step04 选择菜单栏中的“窗口 \ 工作区 \ 颜色”命令，工作空间切换为“颜色模式”，如图 2.18 所示。

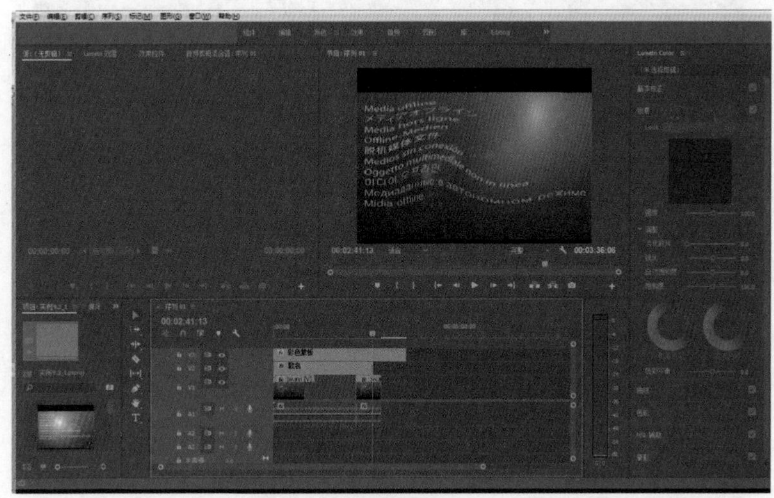


图 2.18

Step05 选择菜单栏中的“窗口 \ 工作区 \ 元数据记录”命令，工作空间切换为“元数据记录模式”，如图 2.19 所示。

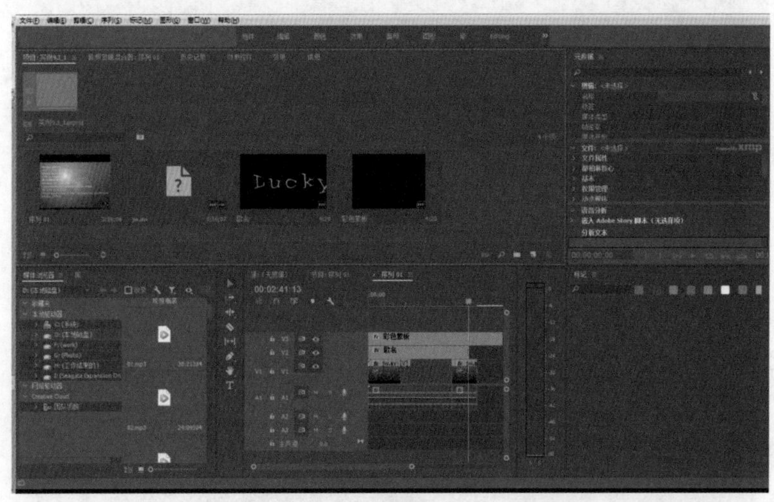


图 2.19

## 2.2.3 自定义工作空间

除了 2.2.2 节介绍的五种模式外，用户还可以根据自己的需要自定义工作区，创建出最适合于自己的布局。当更改一个框架尺寸时，其他框架的尺寸会随之做相应的调整。框架中的所有面板可以通过选项卡来访问。所有面板都可定位，可以把面板从一个框架拖放到另一个框架。可以把某个面板从原来的框架中分离，成为一个单独的浮动面板。

现在我们来学习如何保存一个自定义的工作区，具体步骤如下。

Step01 选择菜单栏中的“编辑 \ 首选项 \ 外观”命令，弹出“首选项”对话框，如图 2.20 所示。

Step02 左右移动“亮度”滑块，调整到适合自己的亮度后，单击“确定”按钮，如图 2.21 所示。

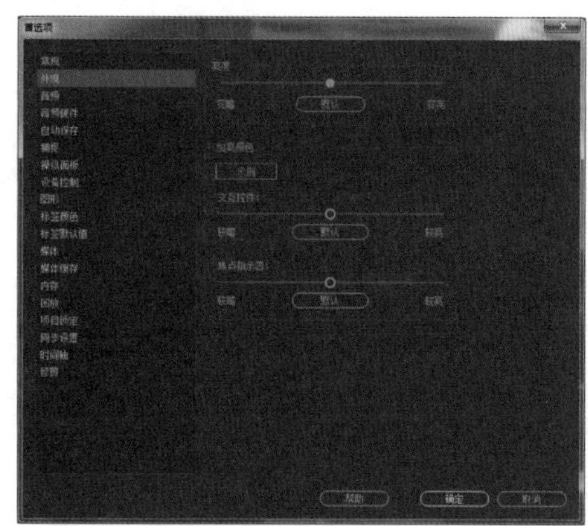

图 2.20

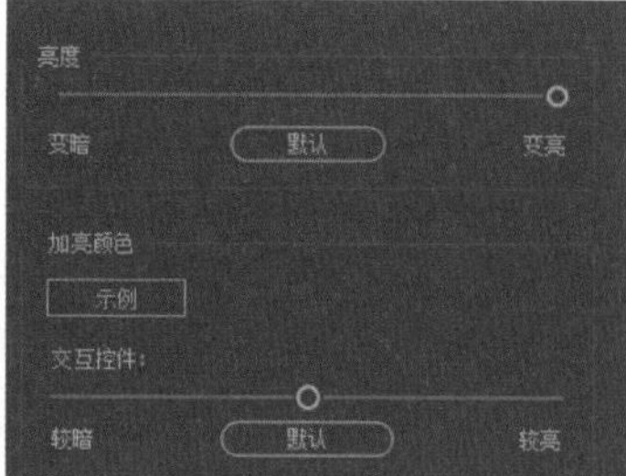


图 2.21

**Step03** 将鼠标指针移至“效果”面板和“时间线”面板间的水平分隔条上，再上下拖动，改变这些框架的尺寸，如图 2.22 所示。

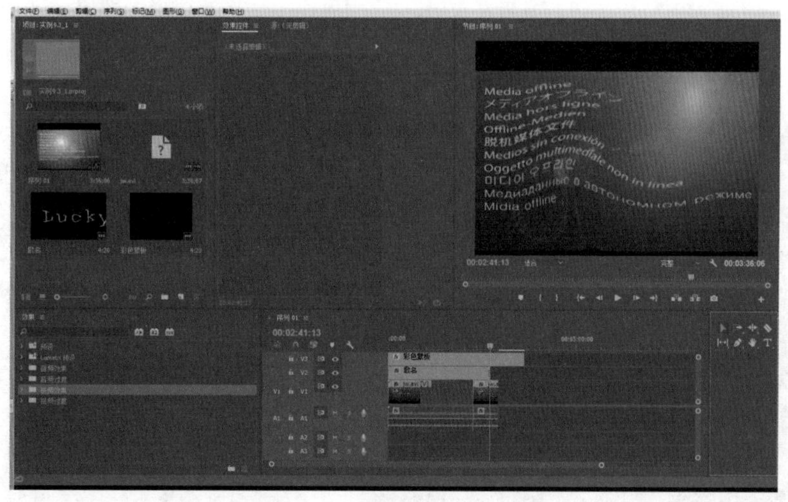

图 2.22

**Step04** 选择菜单栏中的“窗口\工作区\另存为新工作区”命令，对新工作区进行保存，如图 2.23 所示。

**Step05** 在弹出的“新建工作区”对话框中输入工作区的名称，单击“确定”按钮保存，如图 2.24 所示。

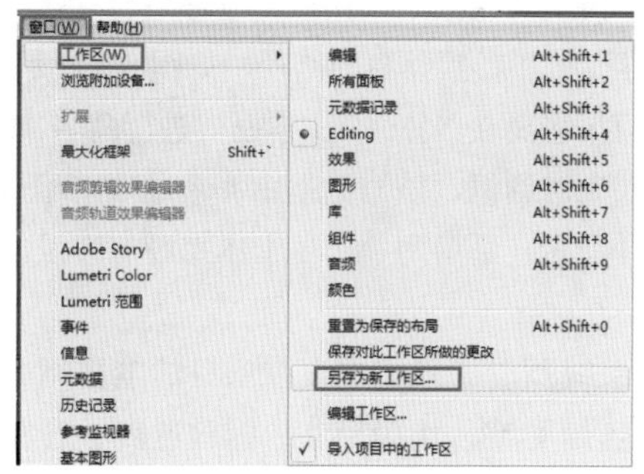


图 2.23

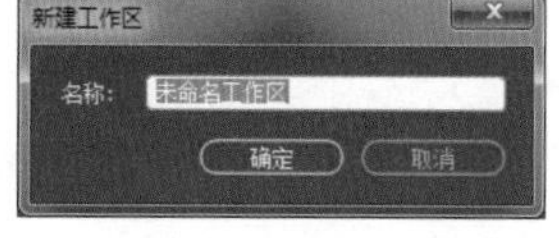


图 2.24

# 第3章
# 熟悉 Premiere 的基本操作

## 3.1 创建项目

使用 Premiere 进行视频编辑前，需要先创建一个影片项目，然后对项目进行必要的设置。此外，还可以根据需要设置键盘快捷键和系统基本参数。下面介绍 Premiere 的项目创建过程。

Step01 启动 Premiere，进入“开始”页面，如图 3.1 所示。

Step02 单击“新建项目”按钮，或者在 Premiere 主界面中选择菜单栏中的“文件\新建\项目”命令，弹出“新建项目”对话框，如图 3.2 所示。

图 3.1

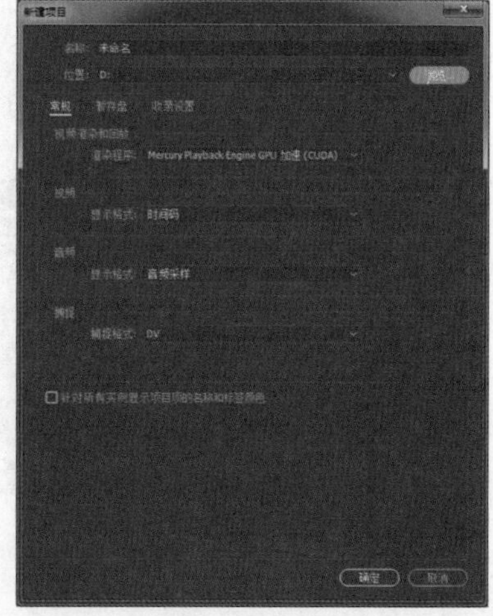

图 3.2

“新建项目”对话框由两个选项卡所组成。选择“常规”选项卡，可以设置项目的基本参数，如字幕的安全区域、视频显示格式、音频显示格式和视频采集格式；选择“暂存盘”选项卡，可以设置保存所采集视频、音频的路径，以及进行视频和音频预演的路径，如图 3.3 所示。

系统默认的项目名称为“未命名”，可以根据需要在“名称”文本框中进行命名，命名后单击“确定”按钮。按组合键 Ctrl+N，出现“新建序列”对话框，该对话框由 4 个选项卡组成，分别为“序列预置”“设置”“轨道”“VR 视频”，如图 3.4 所示（最后两项选项卡本书没有涉及，故不再赘述）。

### 1. “序列预置”选项卡

在“序列预置”选项卡中，用户可以从系统预置的模式中设置项目的电视制式、视频的保存位置和名称等。每种预置项目中包括文件的压缩类型、视频尺寸、播放速度、音频模式等信息，而“序列预置”选项卡的右窗格中提供了每种预置方案的具体描述以及视频尺寸、播放速度、音频模式等方面的信息。在预置方案中，“帧频”越大，合成影片所需的时间就越多，最终生成的影片就越大。

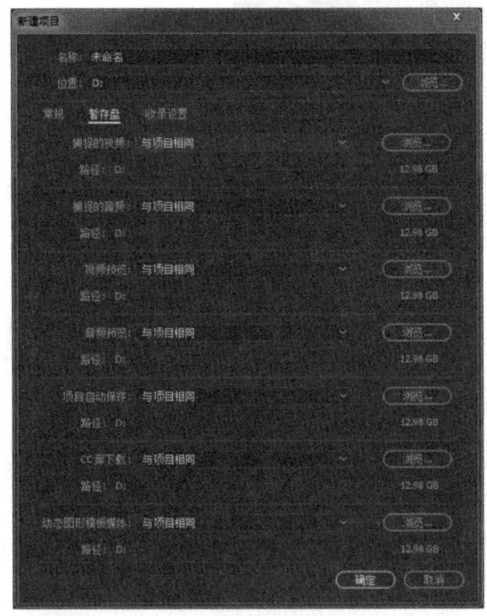
图 3.3

图 3.4

2. “设置”选项卡

在“设置”选项卡中，用户可以设置编辑模式和时间基准，设置视频的画面大小、像素纵横比、场、显示格式，设置音频的采样率和显示格式，还可以设置视频预览文件的格式，如图 3.5 所示。

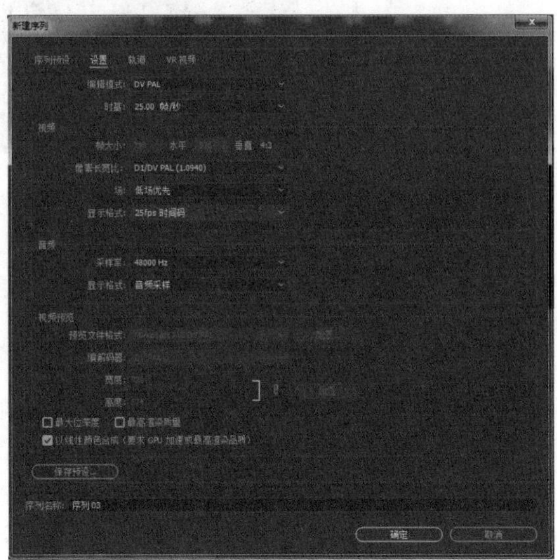
图 3.5

## 3.2 打开项目

在 Premiere 中打开项目的步骤如下。

Step01 启动 Premiere，进入“开始”页面，单击“打开项目”按钮，如图 3.6 所示，弹出“打开项目”对话框。

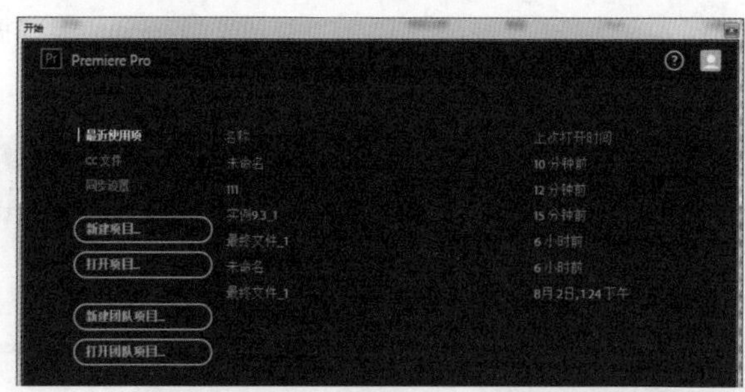


图 3.6

Step02 利用“打开项目”对话框，可以选择并打开事先已经保存的项目文件（其扩展名为 .prproj），如图 3.7 所示。

在“开始”页面中还有一个“最近使用项目”列表，只需单击其中的文件名，即可快速打开相应的项目，如图 3.8 所示。

图 3.7

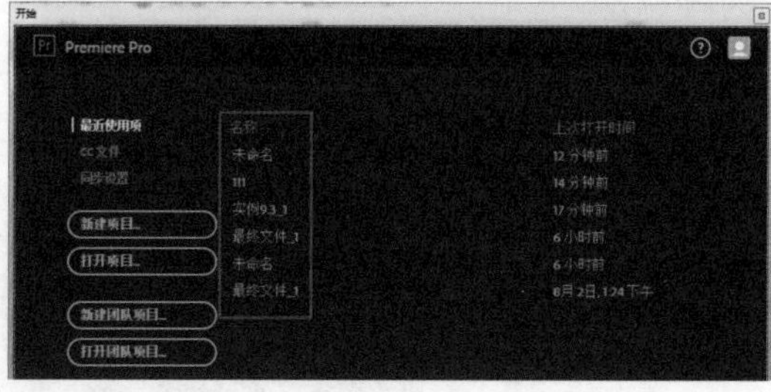


图 3.8

## 3.3 新建序列

在创建了新的项目后，紧接着要创建序列。默认情况下，在创建影片项目时会自动要求创建一个名为“序列 01”的序列，在“新建序列”对话框中显示其“序列预设”选项卡。在“可用预置”栏中可以选择一种合适的预置项目设置，右侧的“预设描述”栏中会显示预置设置的相关信息，如图 3.9 所示。

如果对于预置的项目设置不满意，可以单击“设置”选项卡，在其中进行自定义设置，如图 3.10 所示。

另外，还可以根据影片表现的需要在同一项目中创建多个序列。只需在“项目”面板中右击，在弹出的快捷菜单中选择“从剪辑新建序列”选项，如图 3.11 所示，或者从菜单栏中选择“文件 \ 新建 \ 序列”命令，都将弹出 “新建序列”对话框，并设置自定义的序列参数。

设置好序列参数后单击“确定”按钮，即可以同时在“项目”面板和“时间线”面板中看到新创建的序列，如图 3.12 所示。

图 3.9

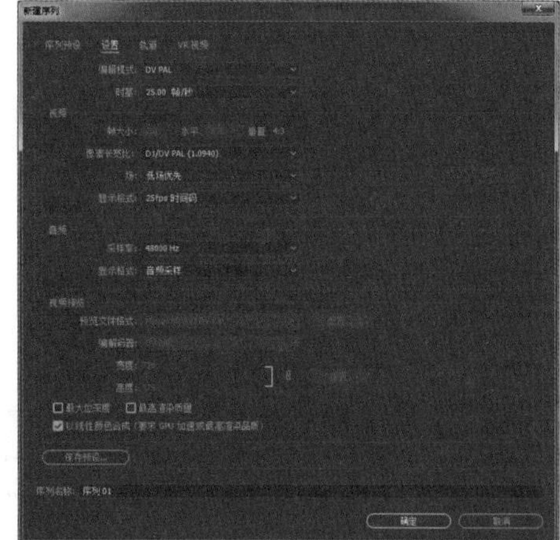

图 3.10

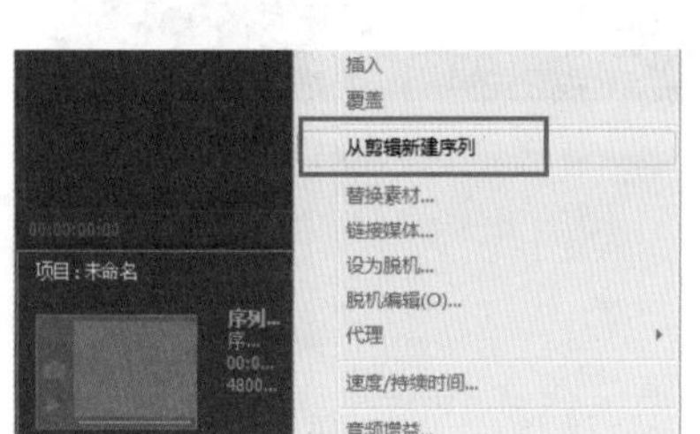


图 3.11

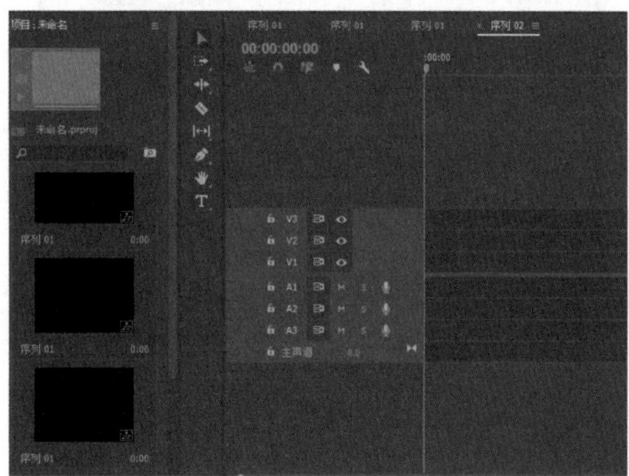

图 3.12

## 3.4 保存项目

要保存编辑过的项目，只需要在菜单栏中选择“文件\保存”命令即可，如图 3.13 所示。

使用“暂存盘”功能可以设置编辑时 Premiere 所使用的各种文件的默认磁盘，包括采集视频、采集音频、视频预览等。要设置特定的磁盘和文件夹，可以选择菜单栏中的“文件\项目设置\暂存盘”命令，设置要使用的存储设备和文件夹，如图 3.14 所示。

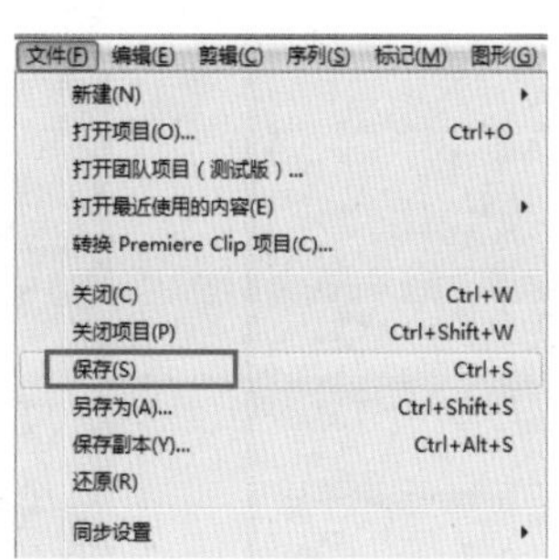


图 3.13

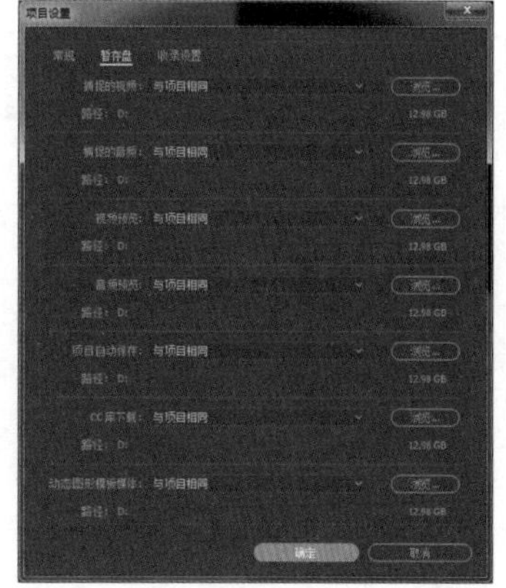

图 3.14

## 3.5 导入视频素材

在使用 Premiere 制作项目文件时，素材文件是必不可少的，Premiere 支持导入多种格式的视频、音频和静态图片文件。Premiere 可以导入多种视频格式，如 AVI、MOV、MP4 等，具体步骤如下。

Step01 选择菜单栏中的“文件 \ 导入”命令，弹出“导入”对话框，如图 3.15 所示。

Step02 在“导入”对话框中选择文件夹中的“C4D 电商产品动态课 0.mp4”文件，单击“打开”按钮，即可将该素材导入，在“项目”面板中可以看到该文件，如图 3.16 所示。

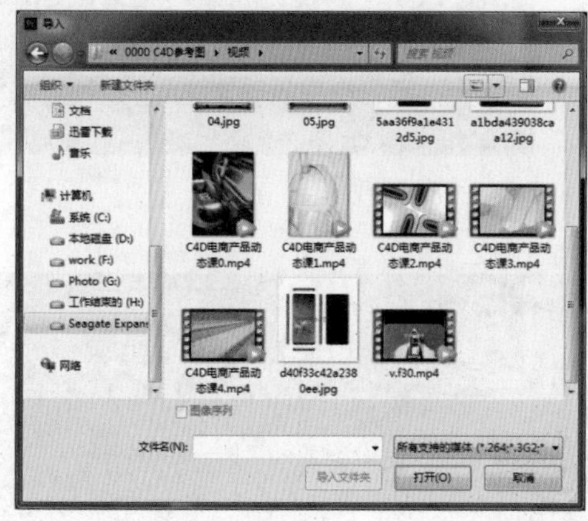

图 3.15

图 3.16

## 3.6 导入音频素材

Premiere 支持使用 CD 音频文件（CDA），但在将其导入前，需要先将其转换为软件所支持的文件格式，如 WAV 音频文件。Premiere 支持导入 WAV 和 MP3 格式的音频文件，具体步骤如下。

Step01 选择菜单栏中的“文件 \ 导入”命令，弹出“导入”对话框，在“导入”对话框中选择文件夹中的 Monica.mp3 文件，如图 3.17 所示。

Step02 单击“打开”按钮，即可将该素材导入，在“项目”面板中则生成该文件，如图 3.18 所示。

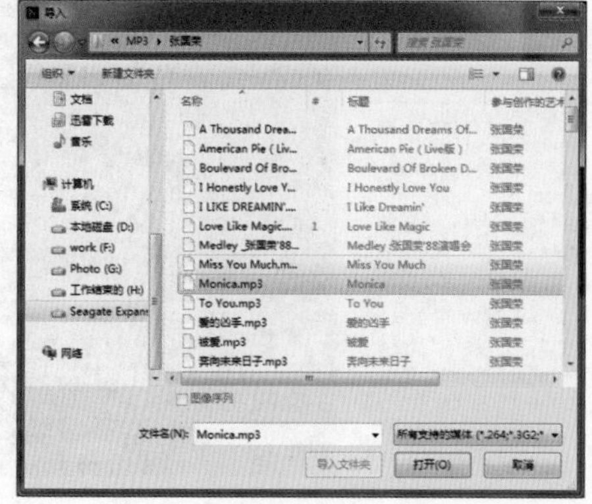


图 3.17

图 3.18

## 3.7 导入静止图片素材

Premiere 支持导入小于 4096×4096 像素的静止图片，并且支持的文件格式较多，如 BMP、JPG、PNG、TIF、PSD、AI 等。本节以 JPG 格式和 PSD 格式的文件为例进行讲解。

Step01 选择菜单栏中的“文件 \ 导入”命令，弹出“导入”对话框，在对话框中选择文件夹下的 10bbe*.jpg 格式文件，如图 3.19 所示。

Step02 单击“打开”按钮，即可将该素材导入，在“项目”面板中则生成该文件，如图 3.20 所示。

Step03 重复同样步骤，选择一个“作品包装模板 .psd”格式的文件，如图 3.21 所示。

图 3.19

图 3.20

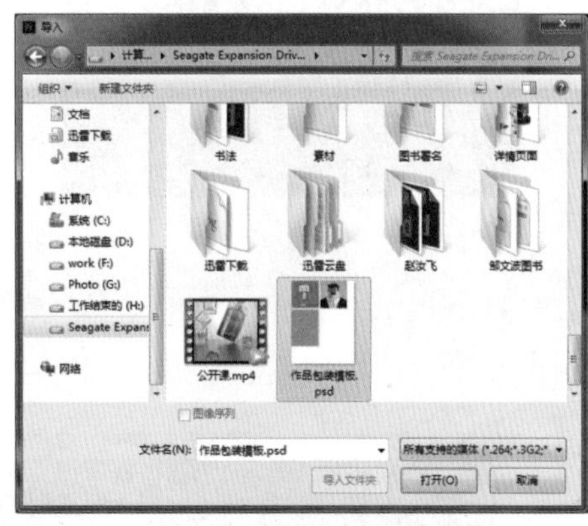


图 3.21

Step04 单击“打开”按钮，因为此次导入的是 PSD 文件，因此系统弹出“导入分层文件”对话框，在对话框中可以用“合并所有图层”的方式导入，也可以选择“各个图层”进行分层导入，如图 3.22 所示。

Step05 单击“确定”按钮，则在“项目”面板中生成这些文件的预览，如图 3.23 所示。

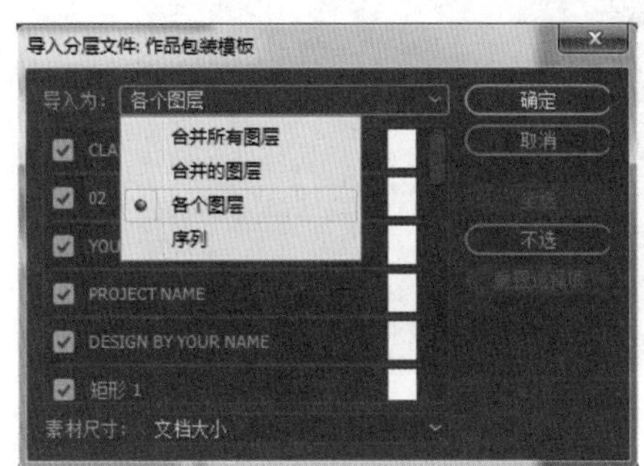


图 3.22

图 3.23

## 3.8 输出单帧图像

在影片编辑完成后，若要得到便于分享和随时观看的视频，就需要将 Premiere 中的剪辑进行输出。通过 Premiere 自带的输出功能，可以将影片输出为各种格式，以便分享到网上与朋友共同观赏。在 Premiere 中，可以选择影片序列的任意一帧，将其输出为一张静态图片。下面为大家介绍输出单帧图像的操作方法。

Step01 启动 Premiere 软件，按组合键 Ctrl+O，打开本书资源中的“口红广告 .prproj”文件。进入工作界面后，可以看到“时间线”面板中已经添加好的一段视频素材，如图 3.24 所示。

Step02 在“时间线”面板中，选择时间线上的 mp4 素材，然后将时间线移动到想要的位置（即确定要输出的单帧图像画面所处时间点），如图 3.25 所示。

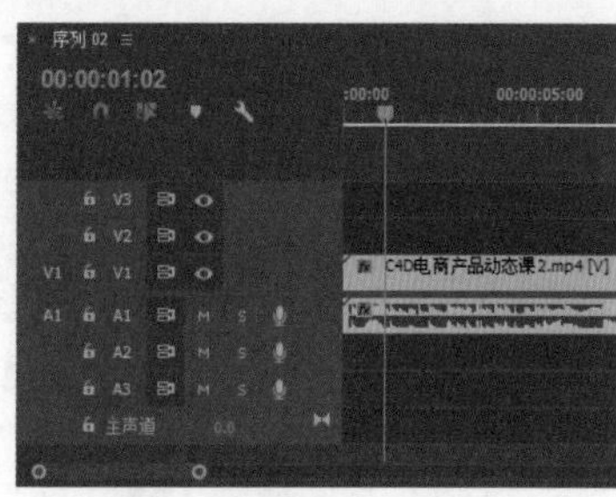


图 3.24

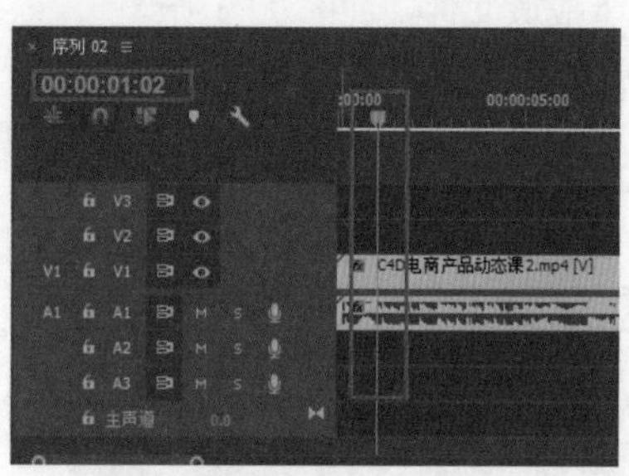


图 3.25

Step03 选择菜单栏中的“文件 \ 导出 \ 媒体”命令，或按组合键 Ctrl+M，弹出“导出设置”对话框，如图 3.26 所示。

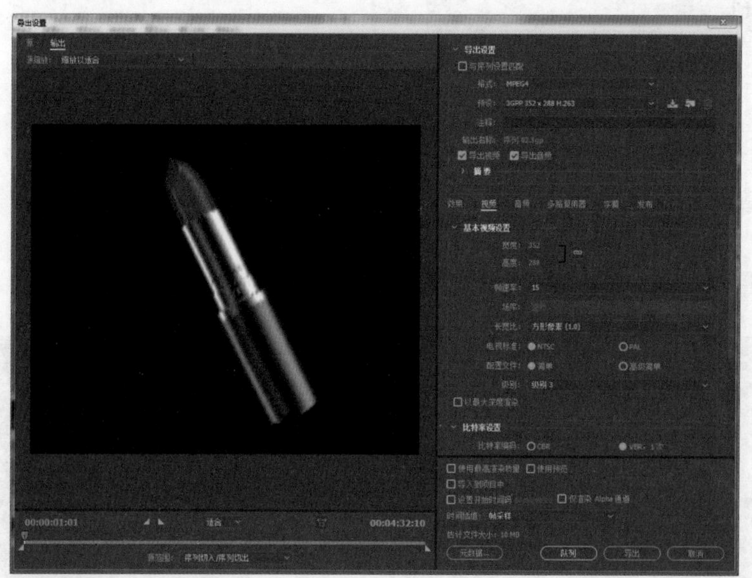

图 3.26

Step04 在“导出设置”对话框中展开“格式”下拉列表，在下拉列表中选择“JPEG”格式，然后单击“输出名称”右侧文字，在弹出的“另存为”对话框中，为输出文件设定名称及存储路径，如图 3.27 所示。

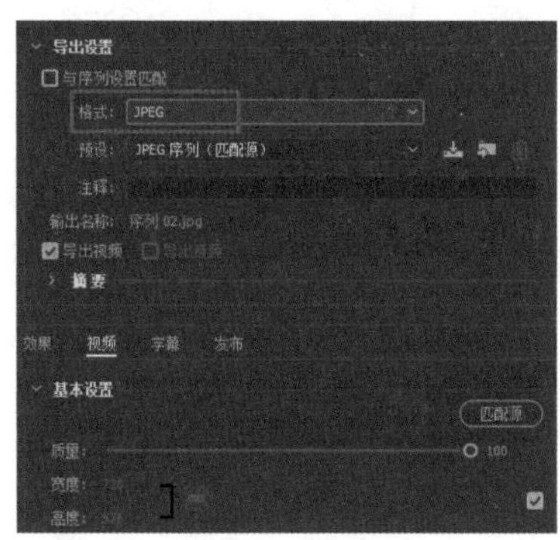
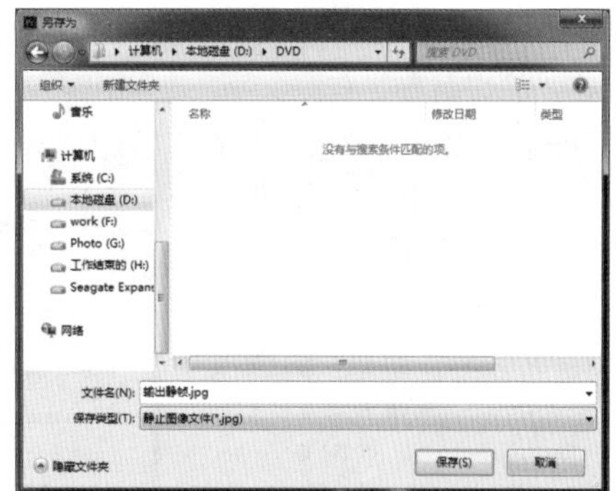

图 3.27

Step05 在“视频”选项卡中，取消勾选“导出为序列”复选框，如图 3.28 所示。单击“导出设置”对话框底部的“导出”按钮，如图 3.29 所示。

Step06 在上述步骤中，若设置格式后不取消勾选“导出为序列”复选框，那么最终在存储文件夹中将导出连串序列图像，而不是单帧序列图像。完成上述操作后，可在设定的计算机存储文件夹中找到输出的单帧图像文件，如图 3.30 所示。

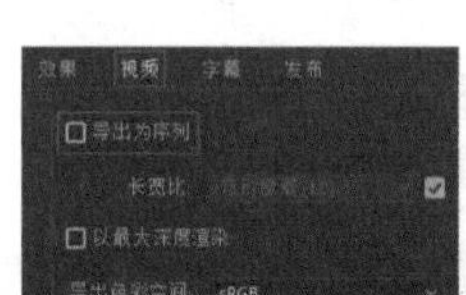

图 3.28

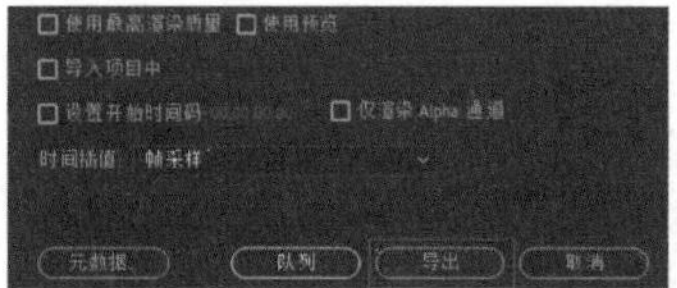

图 3.29

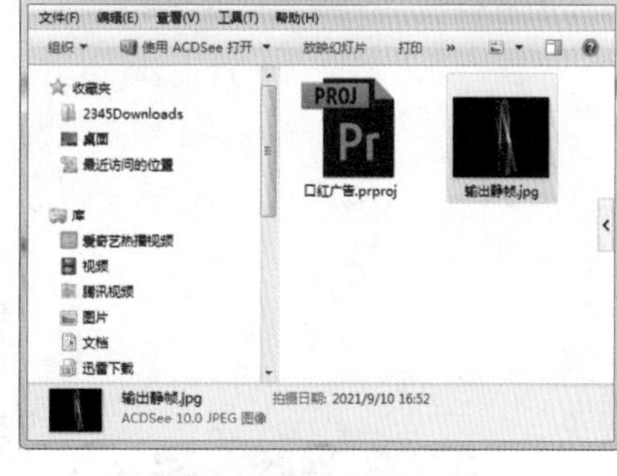

图 3.30

## 3.9 输出序列文件

Premiere 可以将编辑完成的影片输出为一组带有序列号的序列图片，下面为大家介绍输出序列图片的操作方法。

Step01 启动 Premiere 软件，按组合键 Ctrl+O，打开本书资源中的“口红广告 .prproj”文件。在“时间线”面板中选择视频素材，并将时间线移动到素材起始位置，如图 3.31 所示。

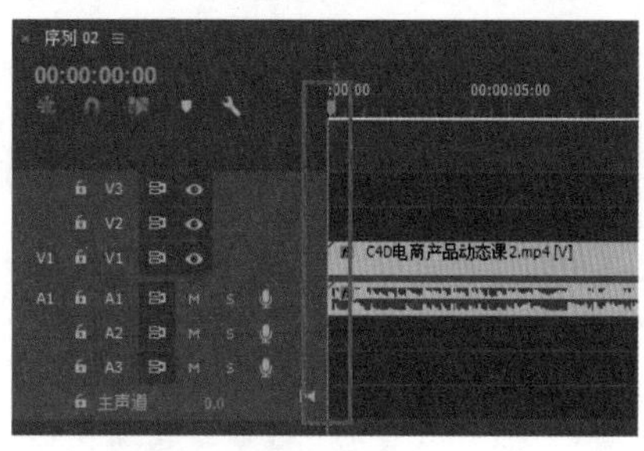

图 3.31

Step02 选择菜单栏中的“文件 \ 导出 \ 媒体”命令，或按组合键 Ctrl+M，弹出“导出设置”对话框。展开“格式”下拉列表，在下拉列表中选择“JPEG”格式，也可以选择

“PNG”“Targa”或“TIFF”等格式，如图 3.32 所示。

Step03 单击“输出名称”右侧文字，在弹出的“另存为”对话框中为输出文件设定名称及存储路径，如图 3.33 所示，完成后单击“保存”按钮。

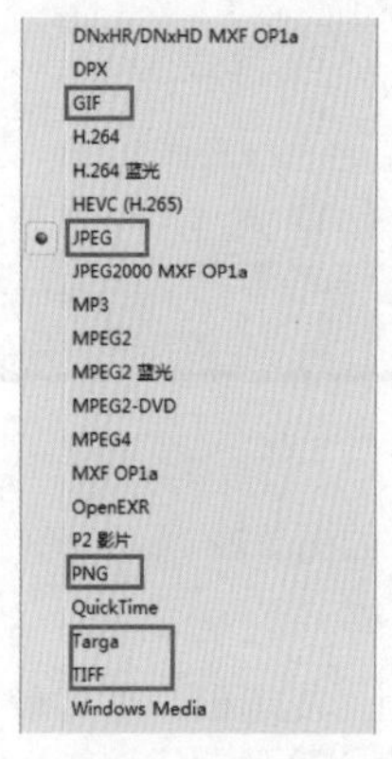


图 3.32

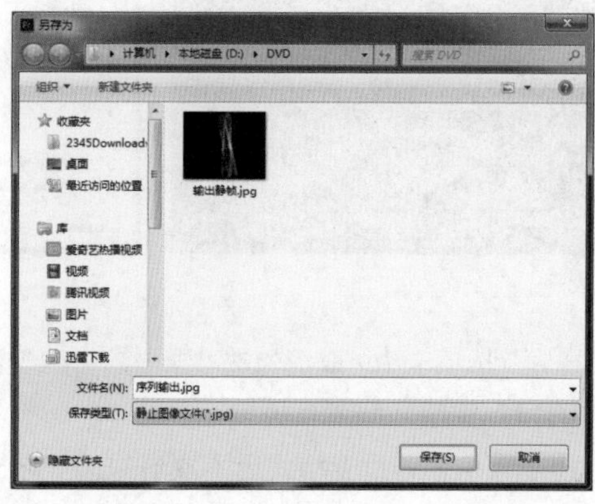


图 3.33

Step04 在“视频”选项卡中，勾选“导出为序列”复选框，如图 3.34 所示。

Step05 完成上述操作后，单击“导出设置”对话框底部的“导出”按钮，导出完成后可在设定的计算机存储文件夹中找到输出的序列图像文件，如图 3.35 所示。

图 3.34

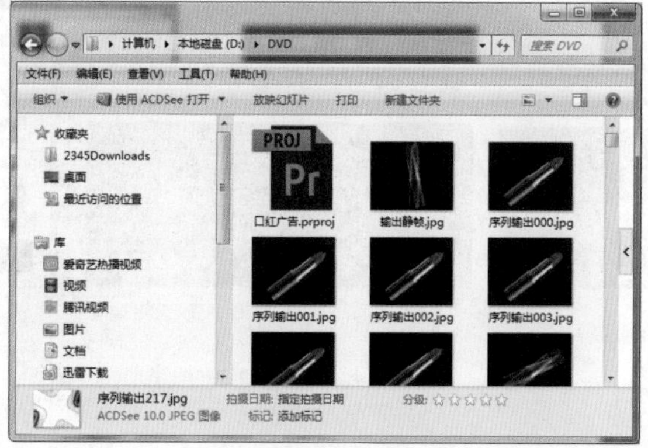


图 3.35

## 3.10 输出 MP4 格式影片

MP4 格式是目前比较主流且常用的一种视频格式，下面就为大家介绍如何在 Premiere 中输出 MP4 格式的影片。

Step01 启动 Premiere 软件，按组合键 Ctrl+O，打开路径文件夹中的“口红广告 .prproj”项目文件。

Step02 选择菜单栏中的“文件\导出\媒体”命令，或按组合键 Ctrl+M，弹出“导出设置”对话框。展开“格式”下拉列表，在下拉列表中选择“MPEG4”格式，然后展开“源缩放”选项的下拉列表，选择“缩放以填充”选项，如图 3.36 所示。

Step03 单击“输出名称”右侧文字，在弹出的“另存为”对话框中，为输出文件设定名称及存储路径，如图 3.37 所示，完成后单击“保存”按钮。

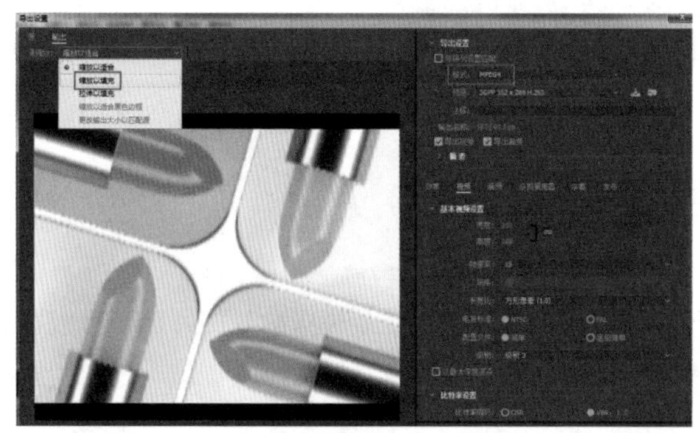

图 3.36

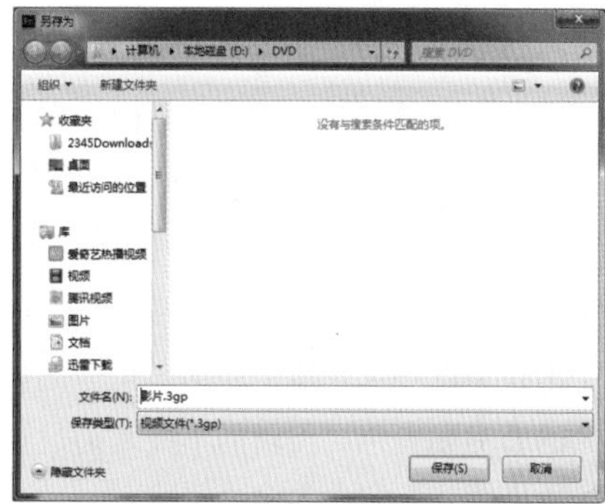


图 3.37

Step04 切换至“多路复用器”选项卡，在“多路复用器”下拉菜单中选择“MP4”选项，如图 3.38 所示。

Step05 切换至“视频”选项卡，在该选项卡中设置“帧速率”为 25，设置“长宽比”为“D1/DV PAL 宽银幕 16:9（1.4587）”，设置“电视标准”为“PAL”，如图 3.39 所示。

图 3.38

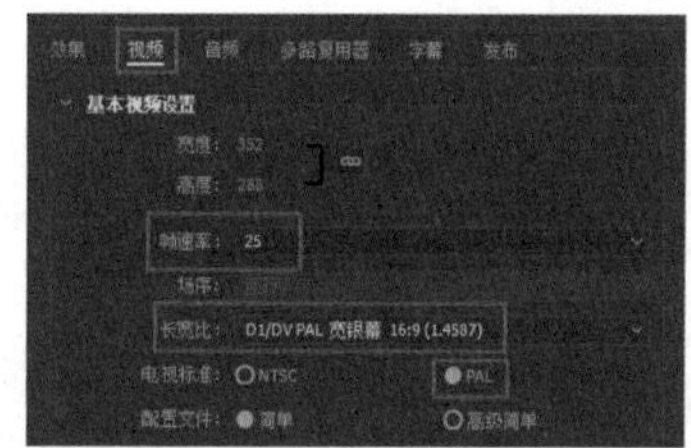


图 3.39

Step06 设置完成后，单击“导出”按钮，影片开始输出，同时弹出正在渲染的对话框，在该对话框中可以看到输出进度和剩余时间，如图 3.40 所示。

Step07 导出完成后可在设定的计算机存储文件夹中找到输出的 MP4 格式视频文件，如图 3.41 所示。

图 3.40

图 3.41

# 第4章

# Premiere 素材剪辑

剪辑是视频制作过程中必不可少的技术环节，在一定程度上决定了视频质量的好坏，可以影响作品的节奏和美感。剪辑的本质是通过视频中主体动作的分解、组合来完成影片的叙事过程，从而传达故事情节，完成内容的叙述。

## 4.1 利用剃刀工具分割素材

“剃刀工具”是一个使用频率较高的修剪类型工具，能对单个对象进行分割操作。下面将介绍该工具的使用方法。

Step01 新建项目，然后新建序列，在“新建序列”对话框中选择“设置”选项卡，在其中设置项目参数，如图 4.1 所示，单击“确定”按钮。

Step02 将图片 5ea27*.jpg 素材导入“项目”面板，如图 4.2 所示。

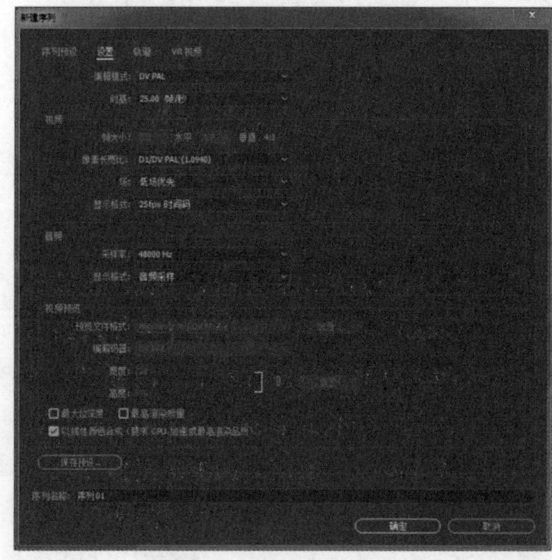

图 4.1

图 4.2

Step03 将导入“项目”面板中的素材插入“时间线”面板，如图 4.3 所示。

Step04 在“节目”面板中，拖动时间滑块，浏览素材的效果。图 4.4 所示为面板素材预览区的素材显示效果。

Step05 在“工具”面板中，激活“剃刀工具”，如图 4.5 所示。

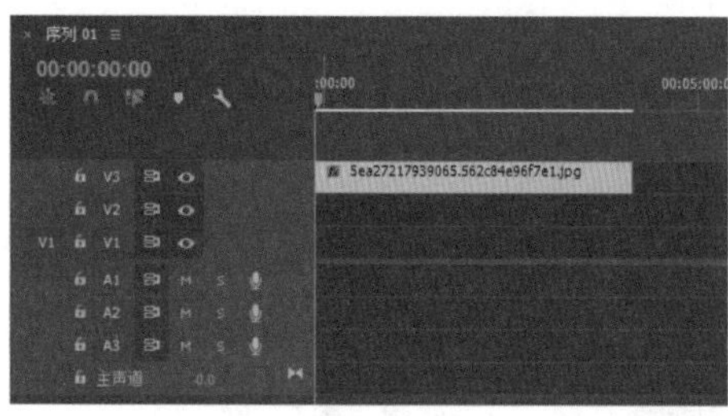

图 4.3

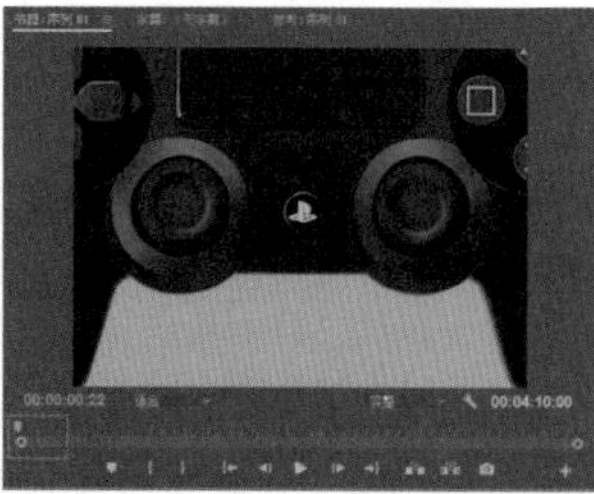

图 4.4

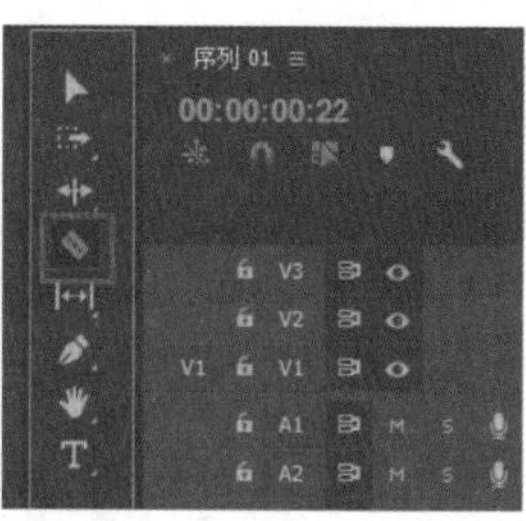

图 4.5

Step06 在“时间线”面板中，将时间滑块拖动至00:00:10:00，如图 4.6 所示。

Step07 在“时间线”面板的左下角，调整缩放工具栏中的滑块，放大编辑序列，如图 4.7 所示。

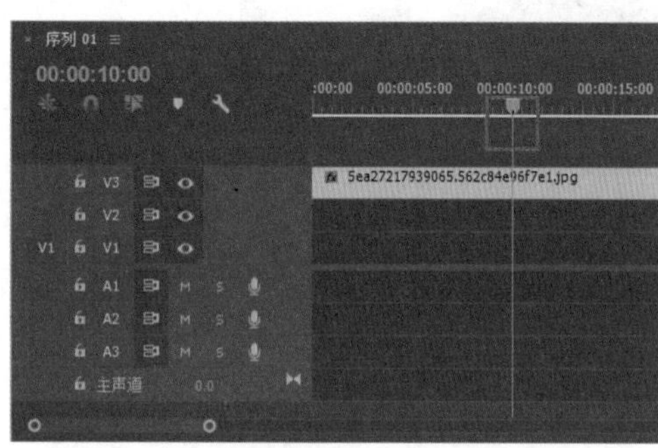

图 4.6

图 4.7

Step08 在00:00:10:00帧，通过单击鼠标左键，使用“剃刀工具”将素材分割为两段，如图 4.8 所示。

Step09 在“时间线”面板的左下角，调整缩放工具栏中的滑块，放大编辑序列。在00:00:07:00帧，通过单击鼠标左键，使用“剃刀工具”将后半部素材再次分割为两段，如图 4.9 所示。

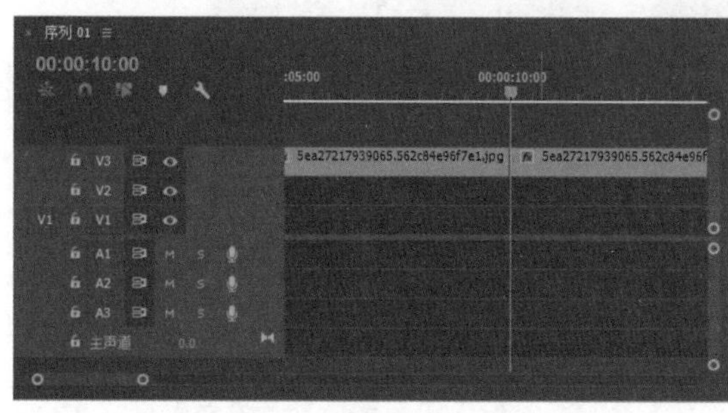

图 4.8

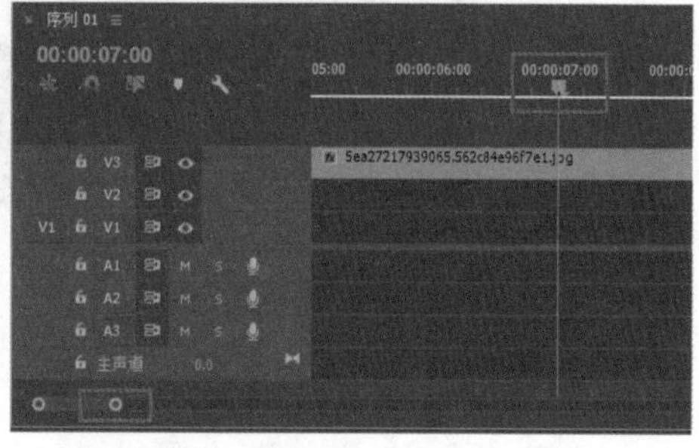

图 4.9

Step10 执行菜单栏中的“文件\另存为”命令，将当前的编辑操作进行保存。

## 4.2 添加、删除轨道

在 Premiere 中，用户可以根据编辑的需求随时添加音频轨道或者视频轨道，并且系统还会在轨道不够的时候自动为序列添加合适的轨道，以便用户编辑操作。下面介绍如何在 Premiere 序列中添加和删除轨道。

Step01 启动 Premiere 软件，按组合键 Ctrl+O，打开路径文件夹中的“轨道操作 .prproj”项目文件。进入工作界面后，可在“时间线”面板中查看当前轨道分布情况，如图 4.10 所示。

Step02 在轨道编辑区的空白区域右击，在弹出的快捷菜单中选择“添加轨道”选项，如图 4.11 所示。

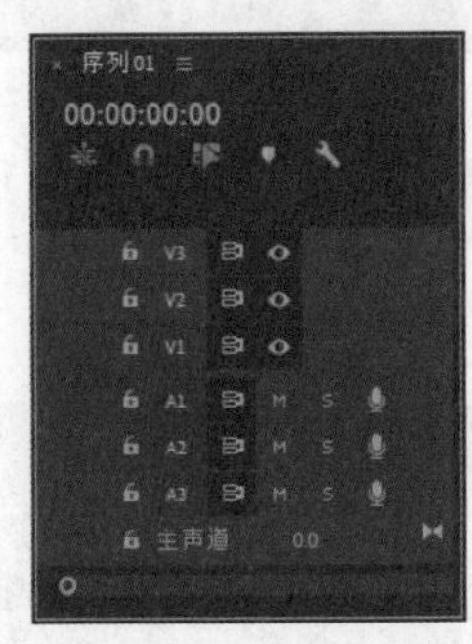


图 4.10

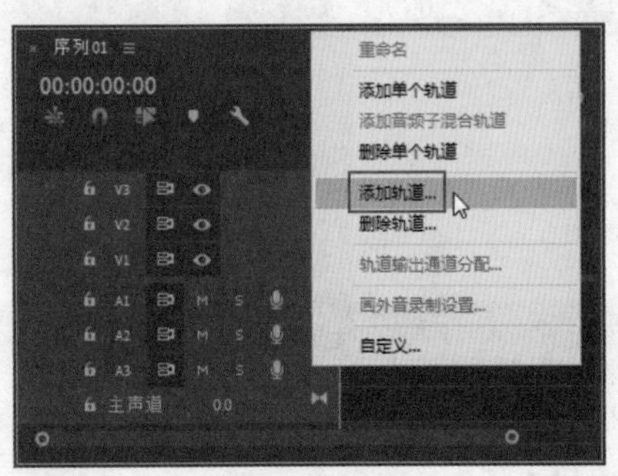


图 4.11

Step03 弹出“添加轨道”对话框，在其中可以添加视频轨道、音频轨道和音频子混合轨道。单击“视频轨道”选项下“添加”参数后的数字 1，激活文本框，输入数字 2，如图 4.12 所示，单击“确定”按钮，即可在序列中新增 2 条视频轨道，如图 4.13 所示。

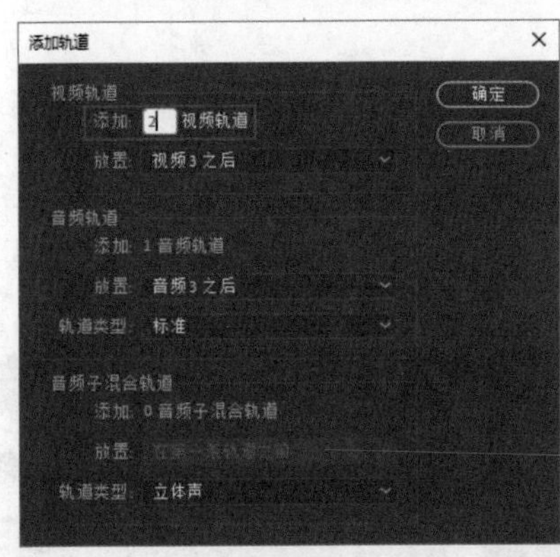


图 4.12

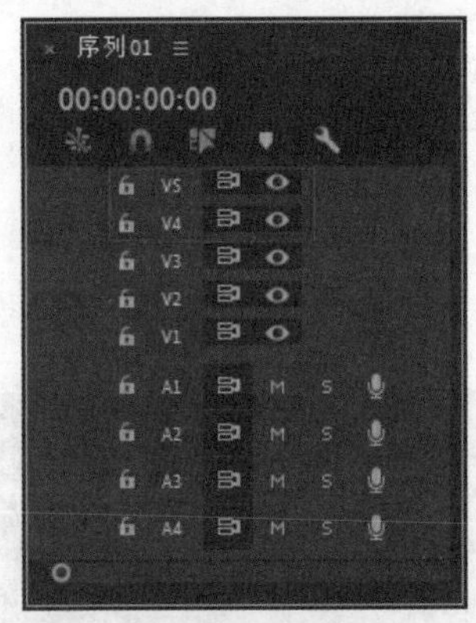


图 4.13

**提示**

在“添加轨道”对话框中，用户可以展开“放置”选项下拉列表，来选择将新增的轨道放置在已有轨道的前方或后方。

Step04 在轨道编辑区的空白区域右击，在弹出的快捷菜单中选择“删除轨道”选项，如图 4.14 所示。

Step05 弹出“删除轨道”对话框，在其中勾选“删除音频轨道”复选框，如图 4.15 所示，然后单击“确定”按钮，关闭对话框。

Step06 上述操作完成后，可查看序列中的轨道分布情况，如图 4.16 所示。

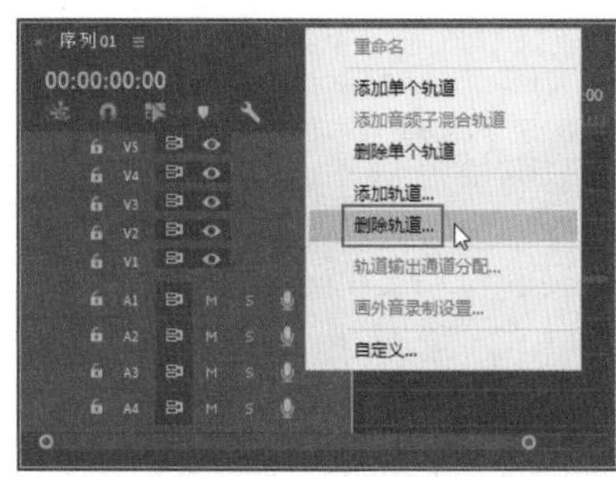


图 4.14

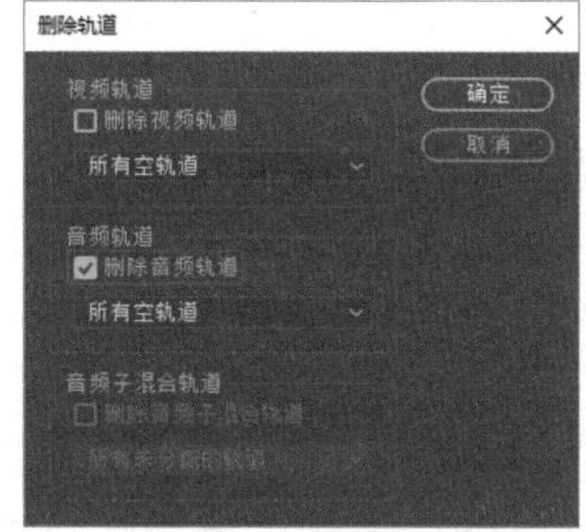


图 4.15

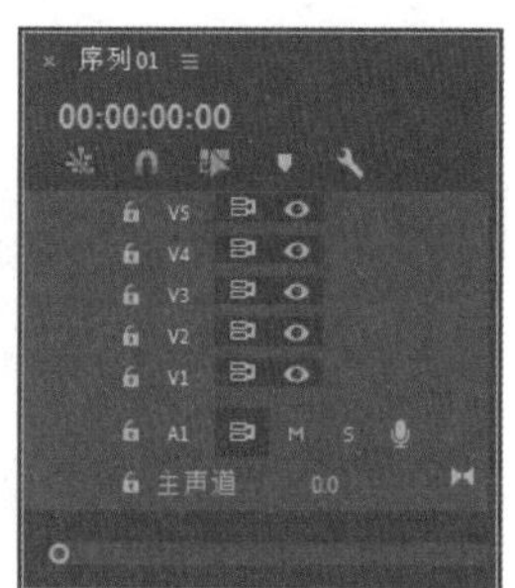


图 4.16

## 4.3 设置缩略图显示样式

素材缩略图的显示风格对画面有变化效果的视频素材具有特别意义，如在一个持续时间较长的视频素材寻找一个画面细节是十分困难的，若通过在“源”监视器中播放素材来寻找该画面细节，也会浪费许多的工作时间。利用缩略图显示命令，使素材在轨道中显示出大概的画面关键帧效果，之后再将时间滑块拖动至该画面细节的大概位置是提升工作效率的好方法。

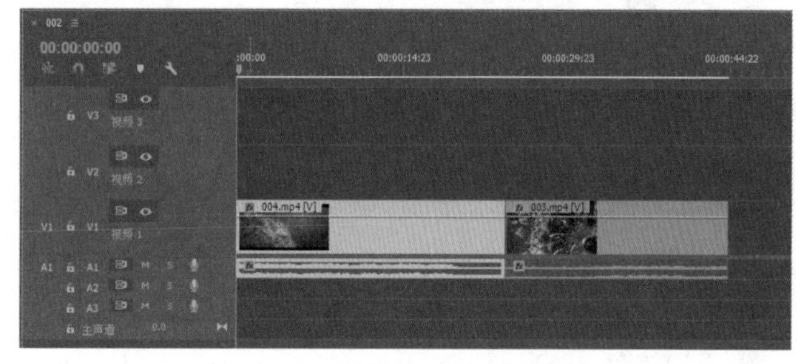

图 4.17

本例我们来设置素材在轨道中的显示风格样式，默认为“视频头缩略图”，如图 4.17 所示。

Step01 启动 Premiere 软件，按组合键 Ctrl+O，打开路径文件夹中的“缩略图显示 .prproj”项目文件。单击≡按钮，弹出所有的显示风格样式，如图 4.18 所示。

Step02 图 4.19 所示为选择“视频头和视频尾缩略图”命令后的时间线显示效果，视频的两头都有缩略图。

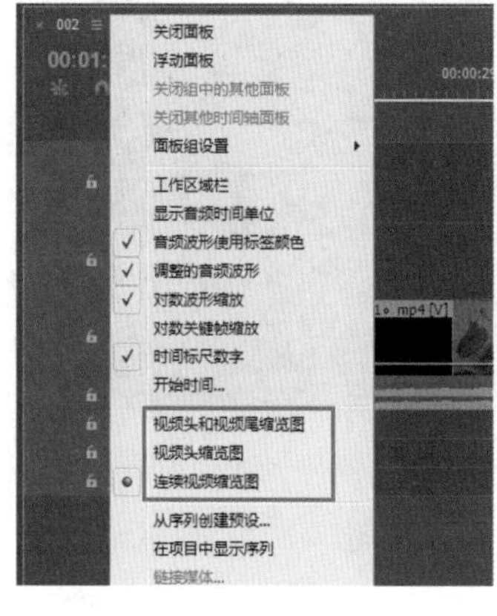


图 4.18

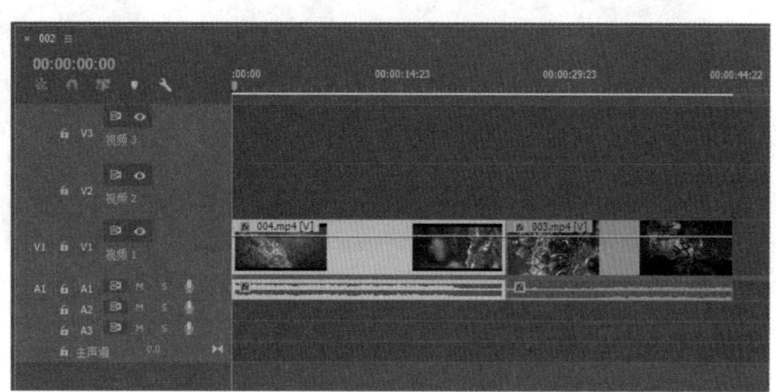

图 4.19

Step03 图 4.20 所示为选择“连续视频缩略图”命令后的时间线显示效果，整条视频都有缩略图。

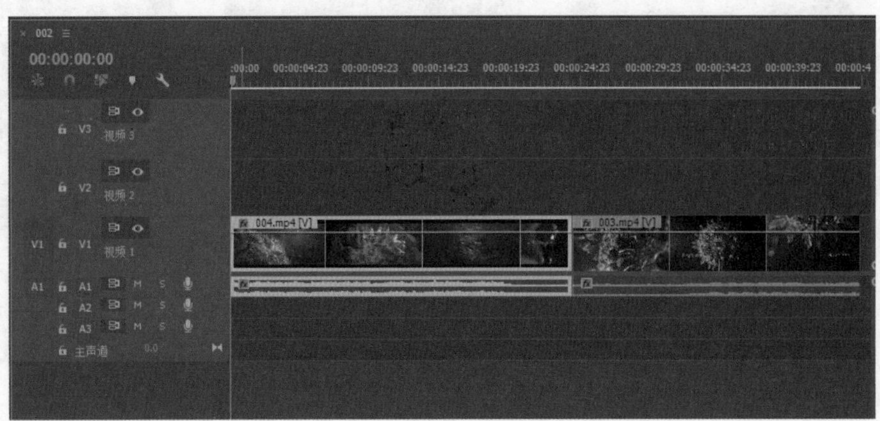

图 4.20

## 4.4 设置素材出入点

在将素材添加到序列中之前，用户可以先在“源”监视器中对素材进行出入点标记，对素材片段进行内容筛选，再添加到序列中。

Step01 启动 Premiere 软件，按组合键 Ctrl+O，打开路径文件夹中的“剪辑素材 .prproj”项目文件。

Step02 在“项目”面板中双击“001.mp4”素材，将其在“源”监视器中打开，可以看到此时素材片段的总时长为 00:01:29:22，如图 4.21 所示。

Step03 在“源”监视器中，将播放指示器移动到 00:00:05:00 位置，单击“标记入点”按钮 {，将当前时间点标记为入点，如图 4.22 所示。

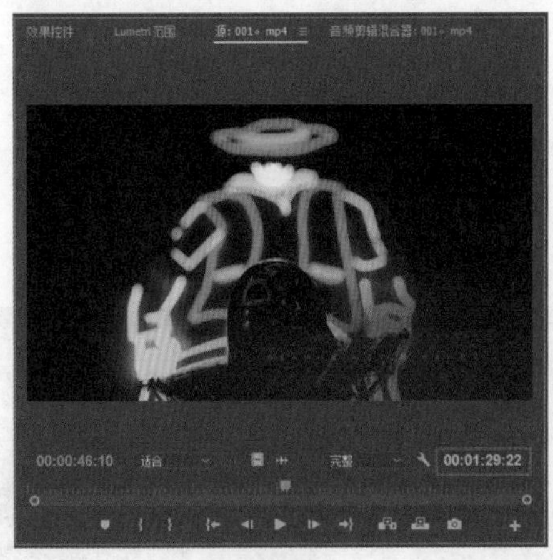

图 4.21

图 4.22

Step04 将播放指示器移动到 00:00:20:00 位置，单击“标记出点”按钮 }，将当前时间点标记为出点，如图 4.23 所示。

**Step05** 将素材从“项目”面板中拖入“时间线”面板，即可看到素材片段的持续时长由00:01:29:22变为了00:00:15:01，如图 4.24 所示。用户在对素材设置入点和出点时所做的改变，将影响剪辑后的素材文件的显示，不会影响磁盘上源素材本身的设置。

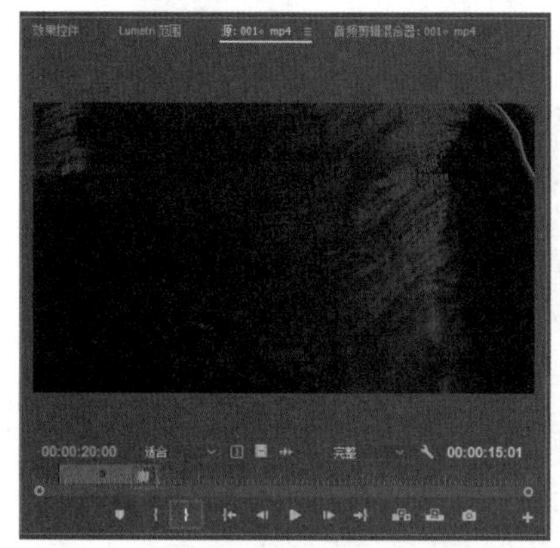


图 4.23

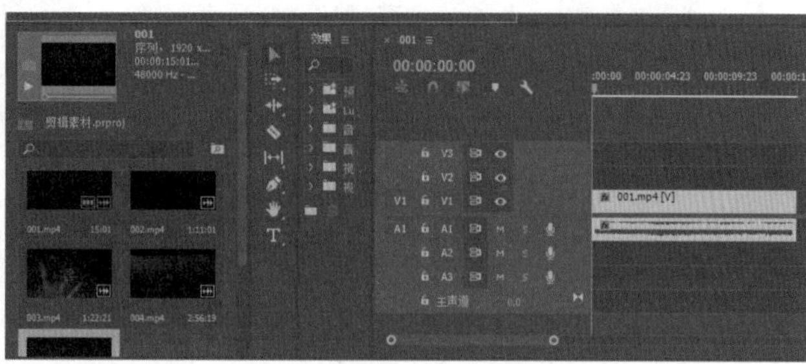


图 4.24

## 4.5 插入和覆盖编辑

插入编辑是指在播放指示器位置添加素材，同时播放指示器后面的素材将向后移动；覆盖编辑是指在播放指示器位置添加素材，添加素材与播放指示器后面的素材重叠的部分被覆盖了，且不会向后移动。下面分别介绍插入和覆盖编辑的操作。

**Step01** 继续 4.4 节的项目文件进行操作（也可以打开本书资源中的“插入覆盖 .prproj”），进入工作界面后，可查看“时间线”面板中已经添加的素材片段，如图 4.25 所示，可以看到该素材片段的持续时间为 15s。

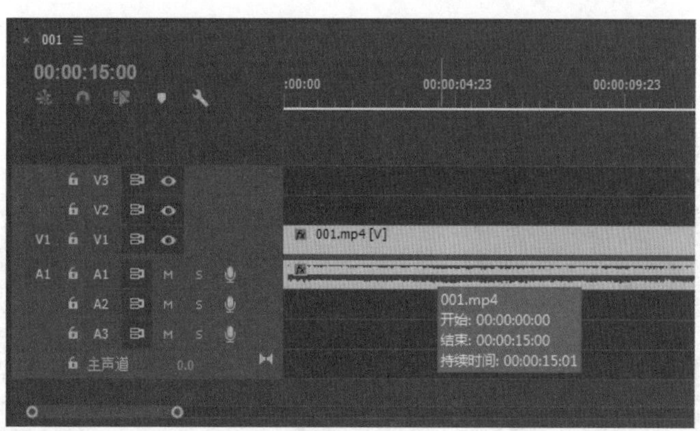


图 4.25

**Step02** 在“时间线”面板中，将播放指示器移动到 00:00:05:00 位置，如图 4.26 所示。

**Step03** 将“项目”面板中的“002.mp4”素材拖入“源”监视器，然后单击“源”监视器下方的“插入”按钮，如图 4.27 所示。

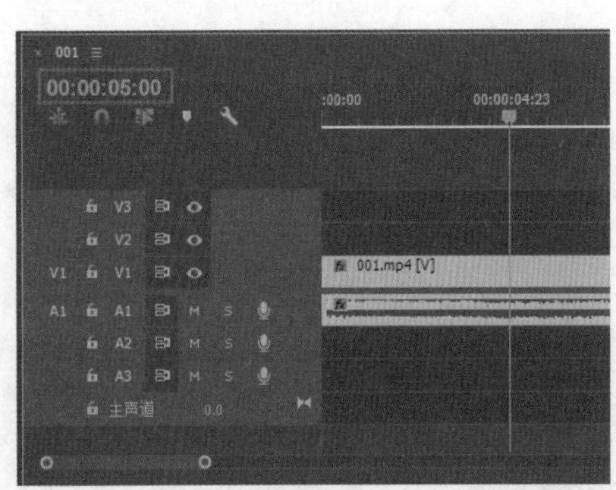

图 4.26

图 4.27

Step04 上述操作完成后，“002.mp4”素材将被插入序列中 00:00:05:00 位置，同时“001.mp4”素材被分割为两个部分，原本位于播放指示器后方的“001.mp4”素材向后移动了，如图 4.28 所示。

Step05 在“时间线”面板中，将播放指示器移动到 00:00:25:00 位置，如图 4.29 所示。

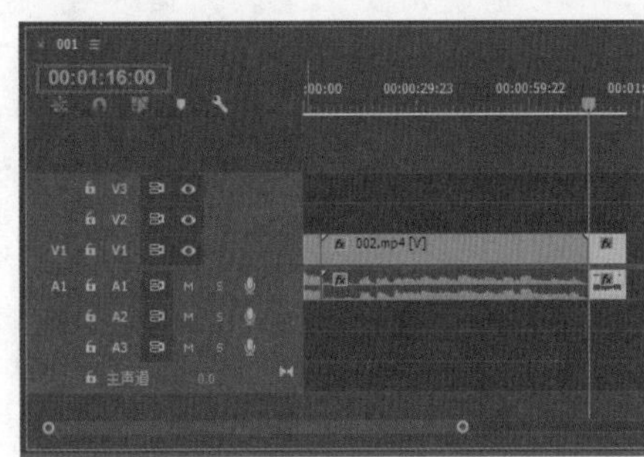

图 4.28

图 4.29

Step06 将“项目”面板中的“003.mp4”素材拖入“源”监视器，然后单击“源”监视器下方的“覆盖”按钮，如图 4.30 所示。

Step07 上述操作完成后，“003.mp4”素材将被插入 00:00:25:00 位置，同时原本位于播放指示器后方的素材被替换（即被覆盖）成了“003.mp4”，如图 4.31 所示。

图 4.30

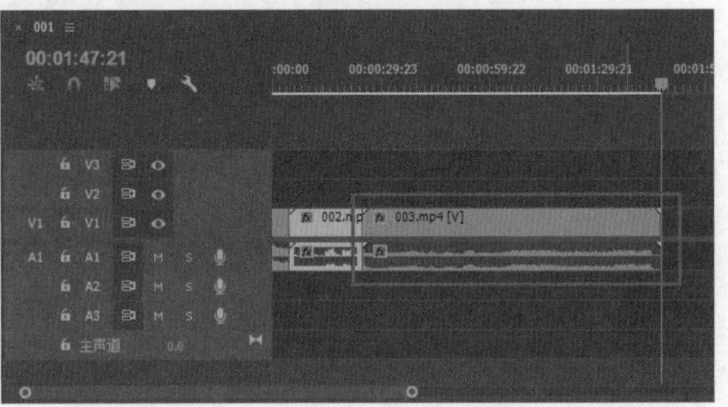

图 4.31

Step08 在“节目”监视器中可以预览调整后的影片效果，如图 4.32 所示。

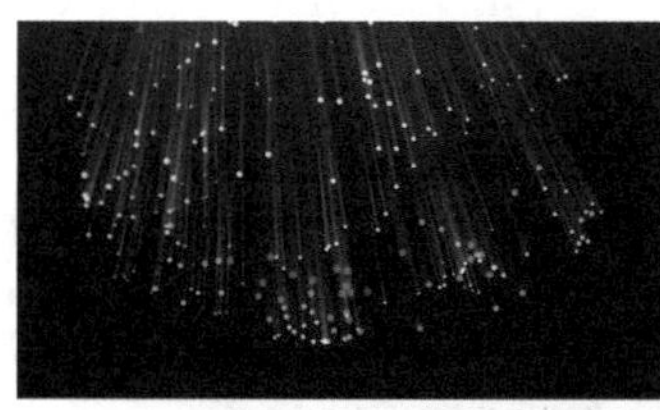

图 4.32

还有一种比较高效的素材剪辑方法，在“源”监视器编辑完素材后，直接将画面拖动到“项目”面板上停留 1s，会出现 6 个不同的选项，如图 4.33 所示，可以选择是否替换、叠加、覆盖或插入片头和片尾。

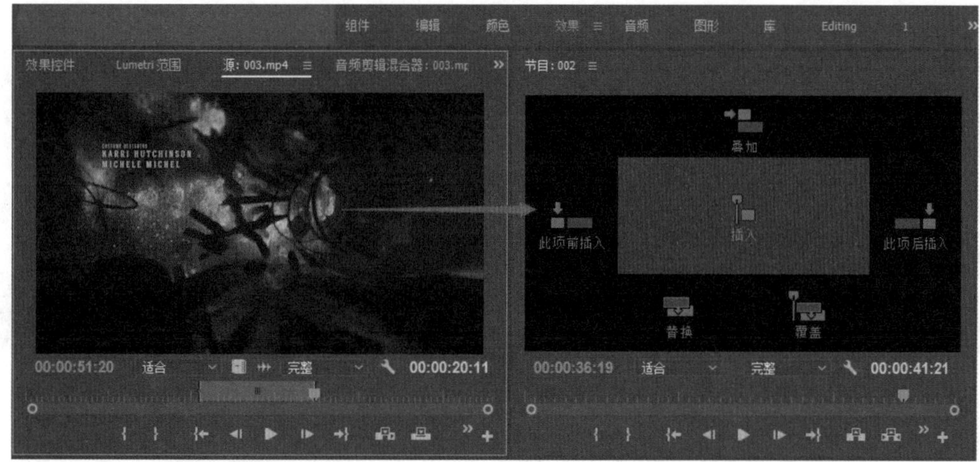


图 4.33

## 4.6 提升和提取编辑

通过执行序列“提升”或“提取”命令，可以使序列标记从“时间线”中轻松移除素材片段。

在执行“提升”编辑操作时，会从“时间线”面板中提升出一个片段，然后在已删除素材的地方留下一段空白区域；在执行“提取”编辑操作时，会移除素材的一部分，然后素材后面的帧会前移，补上删除部分的空缺，因此不会有空白区域。

Step01 启动 Premiere 软件，按组合键 Ctrl+O，打开路径文件夹中的“提升和提取 .prproj”项目文件。在序列中有一段持续时间为 1 分钟 20 秒左右的素材，如图 4.34 所示，然后将播放指示器移动到 00:00:05:00 位置，按快捷键 I 标记入点，如图 4.35 所示。

Step02 将播放指示器移动到 00:00:20:00 位置，按快捷键 O 标记出点，如图 4.36 所示。

Step03 标记好片段的入点和出点后，执行菜单栏中的“序列 \ 提升”命令，或者在“节目”监视器中单击“提升”按钮，即可完成“提升”编辑操作，如图 4.37 所示，此时在视频轨道中将留下一段空白区域。

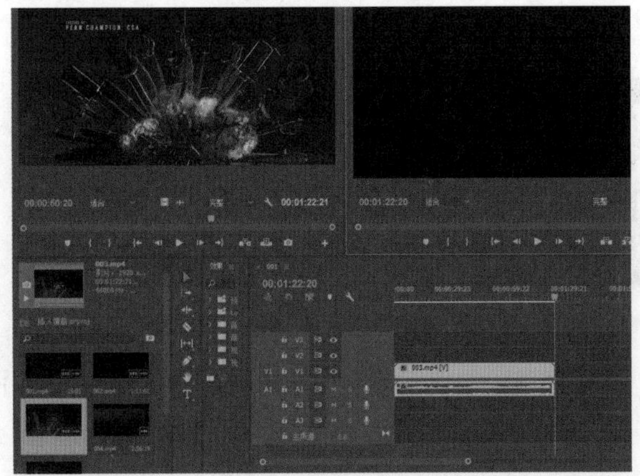

图 4.34

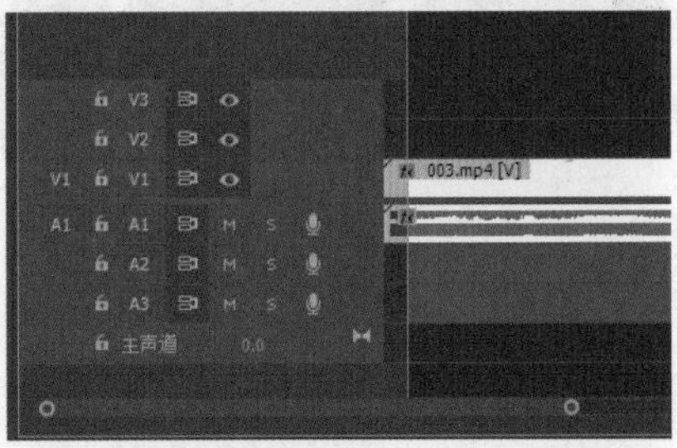

图 4.35

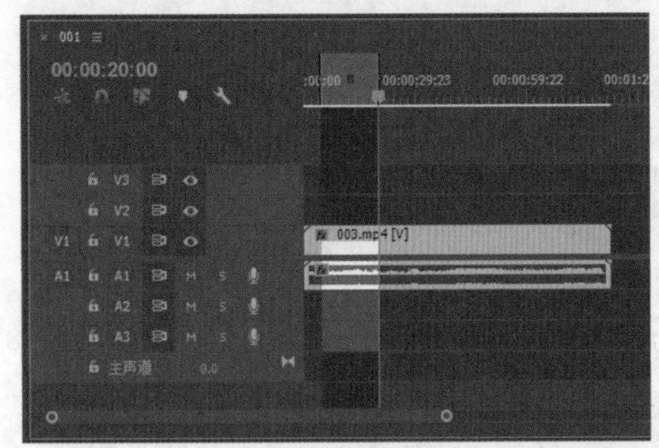

图 4.36

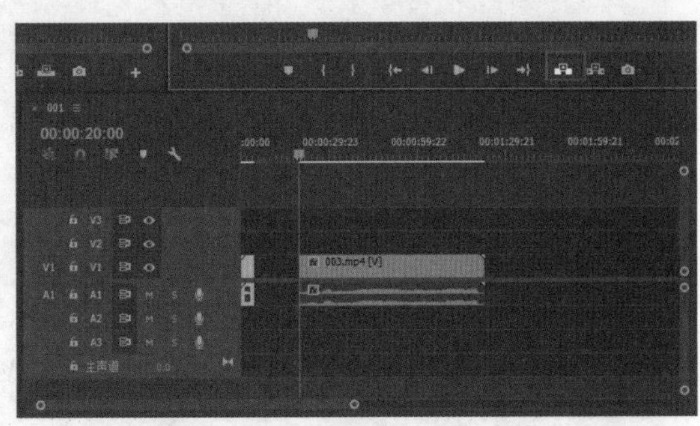

图 4.37

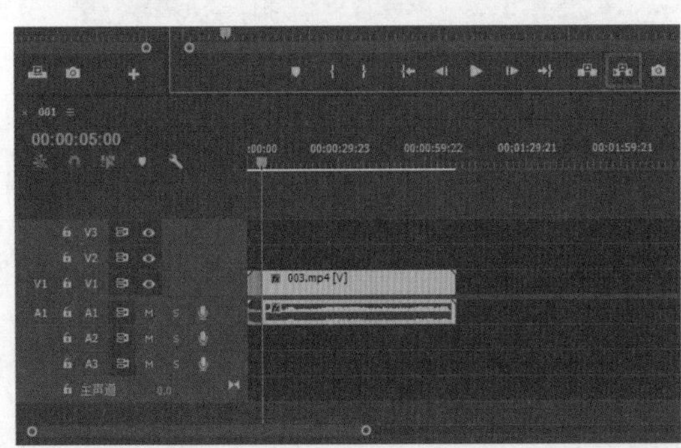

图 4.38

Step04 执行菜单栏中的“编辑 \ 撤销”命令，撤销上一步操作，使素材回到未执行“提升”命令前的状态。接着，执行菜单栏中的“序列 \ 提取”命令，或者在“节目”监视器中单击“提取”按钮，即可完成“提取”编辑操作，如图 4.38 所示，此时从入点到出点之间的素材都已被移除，并且出点之后的素材向前移动，在视频轨道中没有留下空白区域。

## 4.7 分离和链接素材

在 Premiere 中处理带有音频的视频素材时，有时需要将捆绑在一起的视频和音频分开成独立个体，分别进行处理，这就需要用到分离操作。而对于某些单独的视频和音频需要同时进行编辑处理时，就需要将它们链接起来，便于一次性操作。

Step01 启动 Premiere 软件，按组合键 Ctrl+O，打开路径文件夹中的“分离和链接 .prproj”项目文件，如图 4.39 所示，要将链接的视音频分离，可选择序列中的素材片段，执行菜单栏中的“剪

辑 \ 取消链接”命令，或按组合键 Ctrl+L，即可分离视频和音频，此时视频素材的命名后少了“V”字符，如图 4.40 所示。

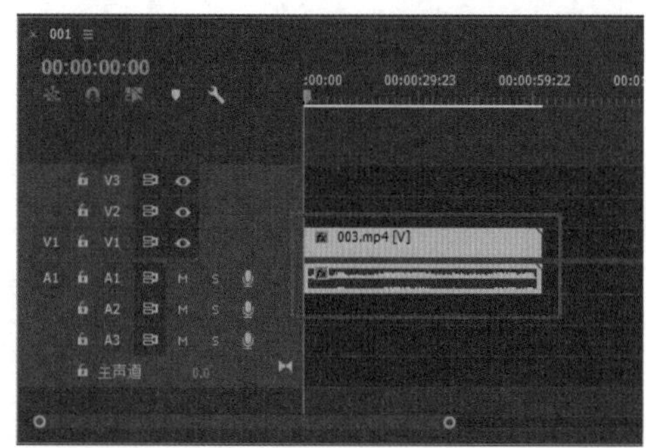

图 4.39

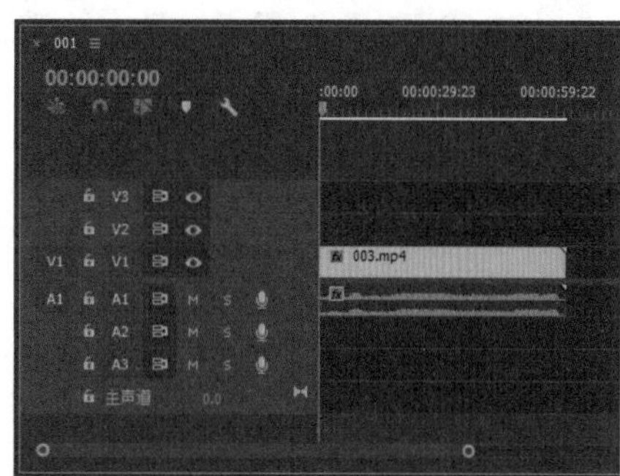

图 4.40

Step02 若要将视频和音频重新链接起来，只需同时选择要链接的视频和音频素材，执行菜单栏中的“剪辑 \ 链接”命令，或按组合键 Ctrl+L，即可链接视频和音频素材，此时视频素材的名称后方重新出现“V”字符，如图 4.41 所示。

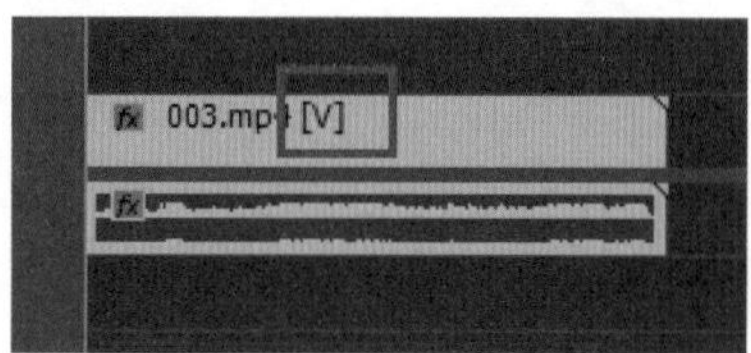


图 4.41

# 第 5 章

# Premiere 字幕编辑

字幕就是以各种字体、效果、动画出现在荧幕上的文字。随着影视艺术的发展和现代科技的应用，字幕在影视作品里的表现也在变化着，以往只是为了说明故事发生的背景、叙述故事的情节等，现在却以各种各样的形式、各种各样的字体、各种各样的艺术手段而成为现代影视作品不可或缺的组成部分。

## 5.1 创建并添加字幕

下面将以实例的形式，为大家演示如何在项目中创建并添加字幕。

Step01 启动 Premiere 软件，新建一个项目文件。进入工作界面后，在“时间线”面板中添加一个背景图像素材 85952*.jpg，如图 5.1 所示。在“节目”监视器中可以预览当前素材效果，如图 5.2 所示。

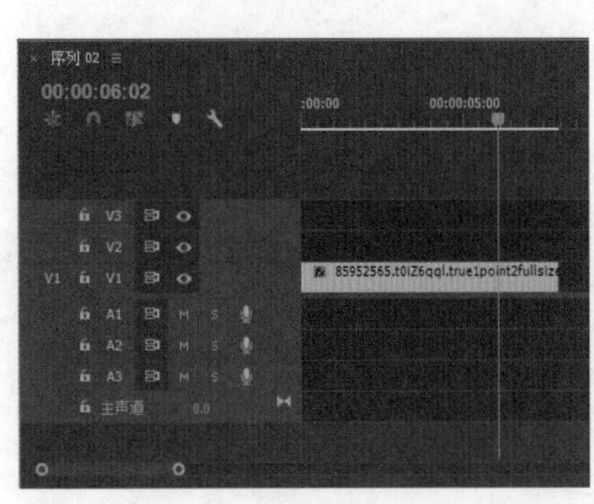


图 5.1

图 5.2

Step02 执行菜单栏中的“文件\新建\旧版标题”命令，弹出“新建字幕”对话框，保持默认设置，单击“确定”按钮，如图 5.3 所示。

Step03 弹出“字幕”面板，在“文字工具”按钮T选中状态下，在工作区域合适位置单击并输入文字“国际象棋”。然后选中文字对象，在右侧的“旧版标题属性”区域中设置字体、颜色等参数，如图 5.4 所示。

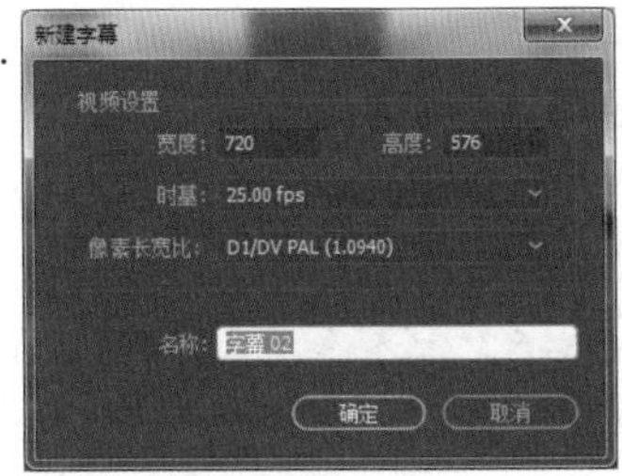
图 5.3

图 5.4

Step04 完成字幕设置后，单击面板右上角的“关闭”按钮，返回工作界面。此时在“项目”面板中已生成了字幕素材，将该素材拖曳添加至“时间线”面板的 V2 视频轨道中，如图 5.5 所示。

至此，就完成了字幕的创建和添加工作，如图 5.6 所示。

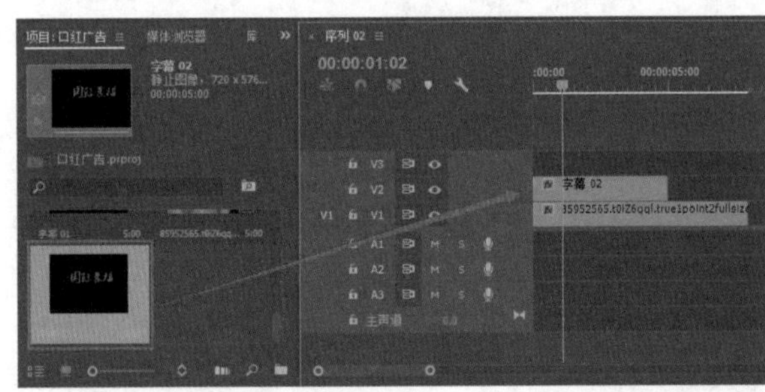
图 5.5

图 5.6

**提示**

在创建字幕素材后，若想对字幕参数进行调整，可在“项目”面板中双击字幕素材，即可再次打开“字幕”面板进行参数调整。

## 5.2 制作滚动字幕

在“字幕”面板中，用户可以自行创建字幕，并可以根据需求赋予字幕不同的字体、填充颜色、描边颜色、动效等特性。下面以实例的形式，为大家讲解如何在项目中创建滚动字幕效果。

Step01 启动 Premiere 软件，新建一个项目文件。进入工作界面后，在“时间线”面板中添加背景图像素材 beach*.jpg，如图 5.7 所示。在“节目”监视器中可以预览当前素材效果，如图 5.8 所示。

Step02 执行菜单栏中的“文件\新建\旧版标题”命令，弹出“新建字幕”对话框，保持默认设置，如图 5.9 所示，单击“确定”按钮。

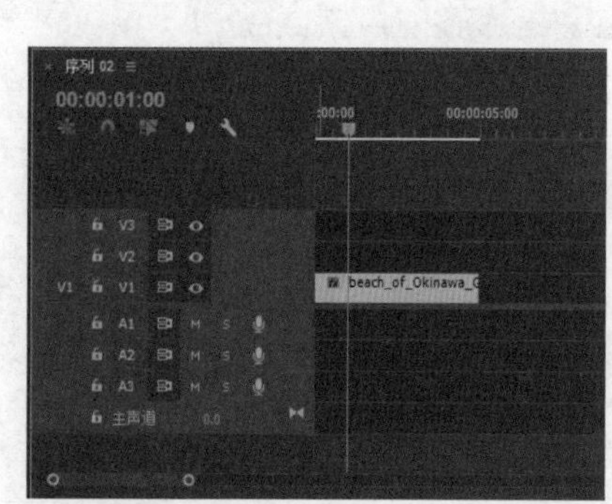


图 5.7

图 5.8

Step03 打开路径文件夹中的文本文档，复制文本内容。进入“字幕”面板中，在“文字工具”按钮T选中状态下，在工作区域单击，然后按组合键 Ctrl+V 粘贴复制的文本内容，如图 5.10 所示。

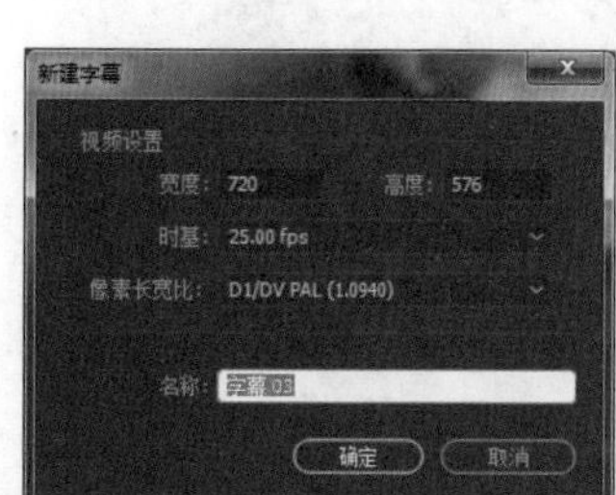


图 5.9

图 5.10

**提示**

部分创建的文字不能正常显示，是由于当前的字体类型不支持该文字的显示，替换合适的字体后即可正常显示。

Step04 选中文字对象，在右侧的“旧版标题属性”区域中设置字体、行距和填充颜色等参数，并将文字摆放至合适位置，如图 5.11 所示。

Step05 单击“字幕”面板上方的“滚动 / 游动选项”按钮，弹出“滚动 / 游动选项”对话框，将“字幕类型”设置为“滚动”，勾选“开始于屏幕外”复选框，在“过卷”下的文本框中输入数值 5（数字越大，滚动速度越快），如图 5.12 所示，单击“确定”按钮，完成设置。

图 5.11

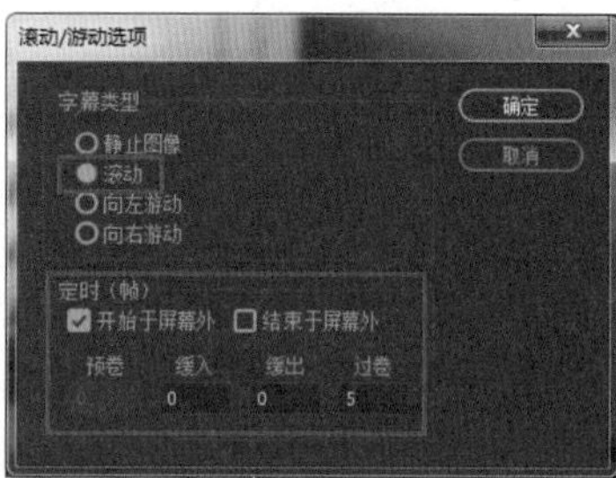


图 5.12

Step06 关闭“字幕”面板，回到 Premiere 工作界面。将“项目”面板中的“字幕 01”素材拖曳添加至“时间线”面板的 V2 视频轨道中，如图 5.13 所示。

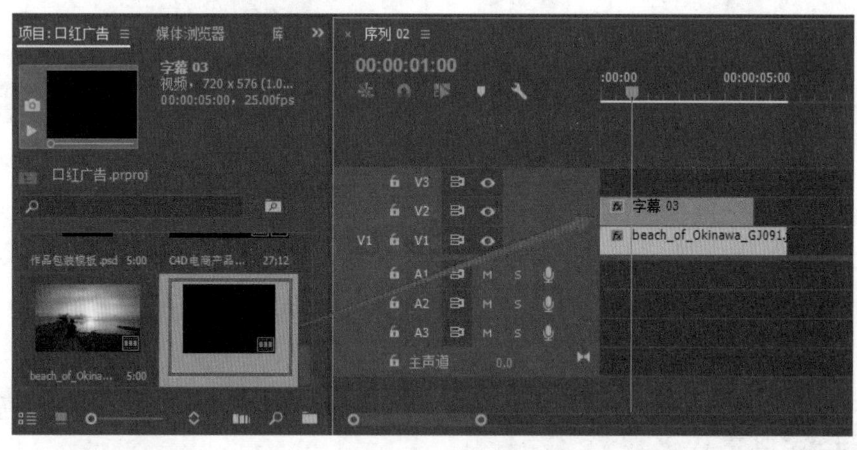


图 5.13

Step07 在“时间线”面板中将鼠标移动到字幕素材右侧，出现红色箭头后拉长“持续时间”，让“时间线”面板中的字幕素材的时长与 V1 轨道的背景素材长度一致，如图 5.14 所示。

Step08 在“节目”监视器中可预览最终的字幕效果，如图 5.15 所示。

图 5.14

图 5.15

## 5.3 为字幕添加样式

在“字幕”面板的工作区域中输入文本内容后，为文字对象应用“旧版标题样式”区域中的文字样式，可以有效地简化创作的流程，帮助用户快速获取完整的文字效果。

Step01 启动 Premiere 软件，新建一个项目文件。进入工作界面后，在“时间线”面板中添加一个背景图像素材 006.bmp，如图 5.16 所示。在“节目”监视器中可以预览当前素材效果，如图 5.17 所示。

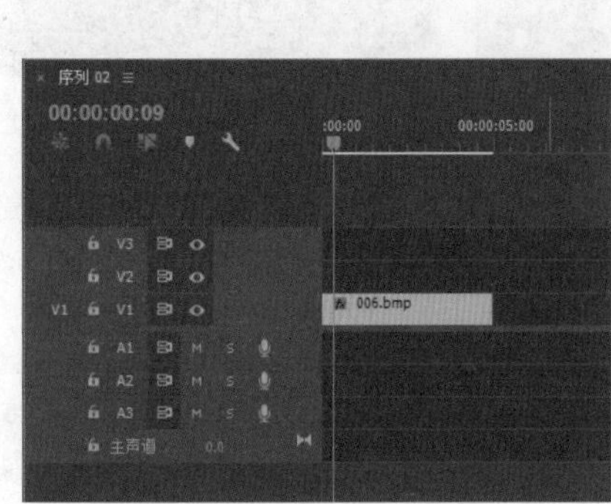


图 5.16

图 5.17

Step02 执行菜单栏中的“文件 \ 新建 \ 旧版标题”命令，弹出“新建字幕”对话框，保持默认设置，如图 5.18 所示，单击“确定”按钮。

Step03 弹出“字幕”面板，在“文字工具”按钮选中状态下，在工作区域合适位置单击并输入文字“电影胶片”，如图 5.19 所示。

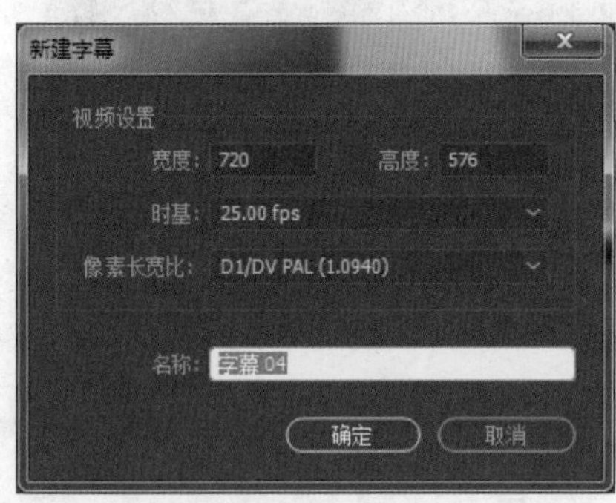


图 5.18

图 5.19

Step04 使用“选择工具”选中文字对象，在“旧版标题属性”区域中设置文字的字体和大小参数，将文字移动到合适位置，如图 5.20 所示。

Step05 文字对象选中状态下，在“旧版标题样式”区域中右击选择好的样式，在弹出的快捷菜单中选择“仅应用样式颜色”选项，如图 5.21 所示。完成上述操作后，样式被应用到文字对象上，如图 5.22 所示。

图 5.20

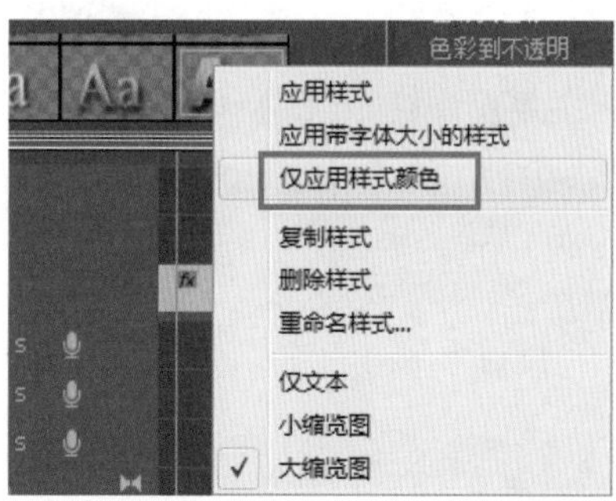

图 5.21　　　　　　　　　　　　　　图 5.22

Step06 关闭“字幕”面板，回到 Premiere 工作界面。将“项目”面板中的字幕素材拖曳添加至“时间线”面板的 V2 视频轨道中，如图 5.23 所示。

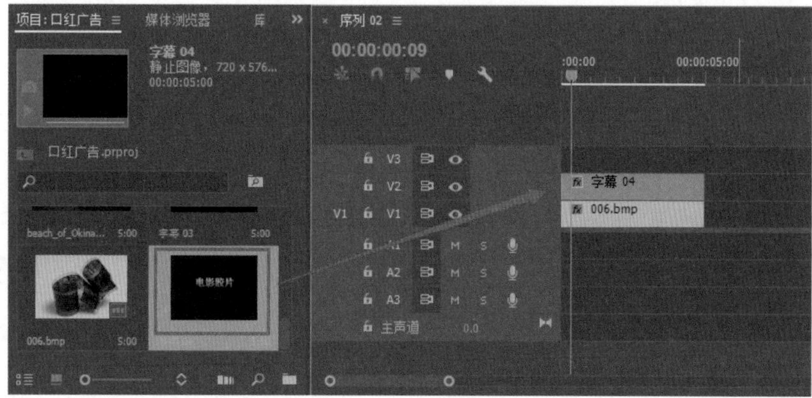


图 5.23

至此，就完成了字幕的创建及样式的添加。添加字幕后的画面效果如图 5.24 所示。

图 5.24

字幕制作的手法千变万化，实现一种字幕效果的方法也有多种，读者在学习时切记不要只局限于书本知识，在制作时要根据实例的具体情况思考制作方法，并同时思考这些方法是否还能实现其他的字幕效果，灵活运用所学知识。另外，建议读者在观看电视节目、MTV 时，思考当前呈现的字幕效果可以通过什么方法实现，以及实现的方法有多少种，注意平时知识的积累，可以在实际工作中更好地解决问题。

# 第 6 章 Premiere 视频效果应用

在利用 Premiere 编辑影片时，系统自带了众多的视频效果，能对原始素材进行调整，如调整画面对比度、为画面添加粒子或者光照等。这些视频效果为影视作品增加了较强的艺术感，为观众带来了丰富多彩、精美绝伦的视觉盛宴。

## 6.1 为素材添加视频效果

下面介绍如何为素材应用这些内置的视频效果，如图 6.1 所示。给视频素材添加视频效果的操作步骤如下。

Step01 打开“效果”面板，展开“视频效果”选项栏，从中选择一种特效类别，如图 6.2 所示。

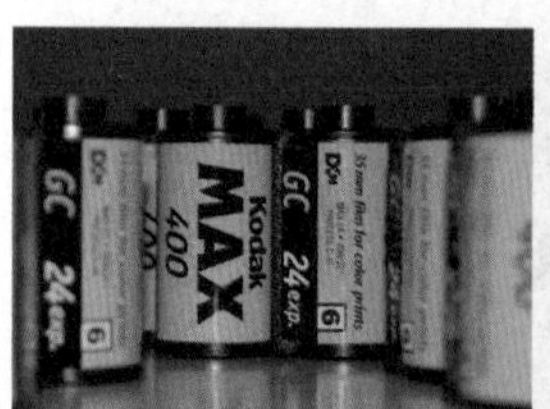

图 6.1

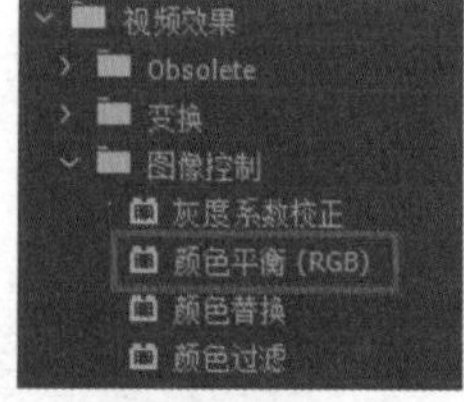


图 6.2

Step02 将 Nao*.jpg 素材文件拖放到“时间线”面板中，从效果列表中选择一种需要的效果拖放到素材上，如图 6.3 所示。应用了视频效果后，在“时间线”面板的视频素材上会显示一条紫色的边界线。

Step03 添加特效后，打开“效果控件”面板，对效果参数进行调整，如图 6.4 所示。

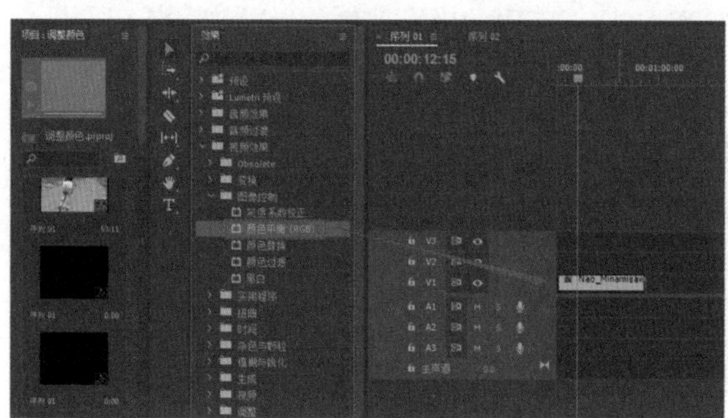

图 6.3

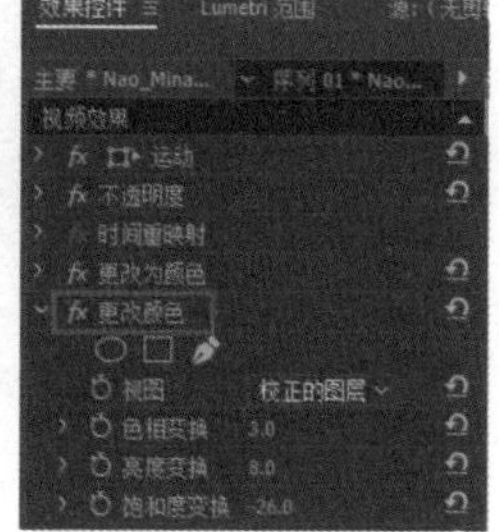


图 6.4

## 6.2 替换对象颜色

本例将为素材添加“更改为颜色”和“更改颜色”效果，来对画面主体对象的颜色进行替换，具体操作如下。

Step01 启动 Premiere 软件，按组合键 Ctrl+O，打开路径文件夹中的“调整颜色 .prproj”项目文件。进入工作界面后，可以看到“时间线”面板中已经添加好的素材，如图 6.5 所示。在“节目”监视器中可以预览当前素材效果，如图 6.6 所示。

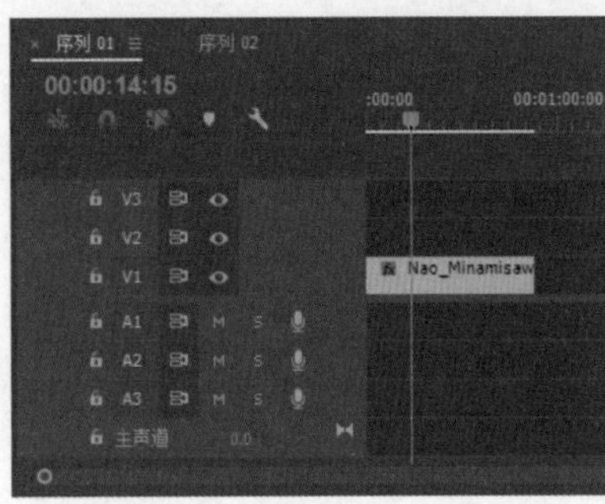


图 6.5

图 6.6

Step02 在“效果”面板中，展开“视频效果”选项栏，选择“颜色校正”效果组中的“更改为颜色”选项，将其拖曳添加至“时间线”面板的素材中，如图 6.7 所示。

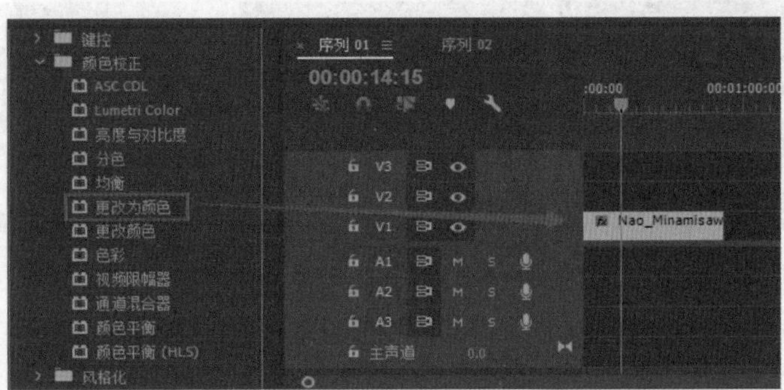


图 6.7

Step03 选择 V1 视频轨道上的素材，在“效果控件”面板中展开“更改为颜色”属性栏，设置“自”为蓝色，“至”为红色，“色相”为 30%。此时人物蓝色服装变成了红色，如图 6.8 所示。

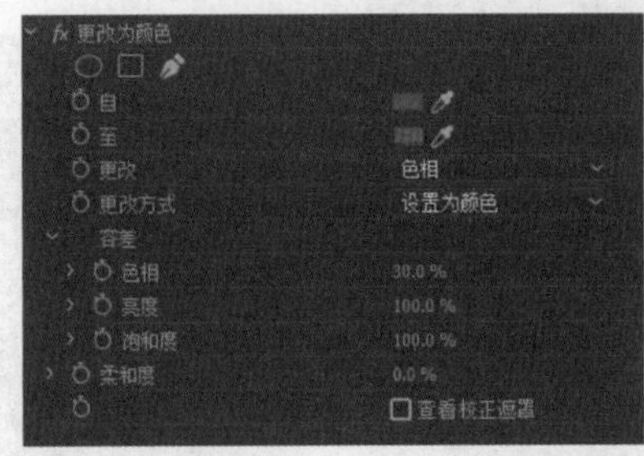

图 6.8

Step04 更改地面颜色。在“效果”面板中，展开“视频效果”选项栏，选择“颜色校正”效果组中的“更改颜色”选项，将其拖曳添加至“时间线”面板的素材中，如图 6.9 所示。

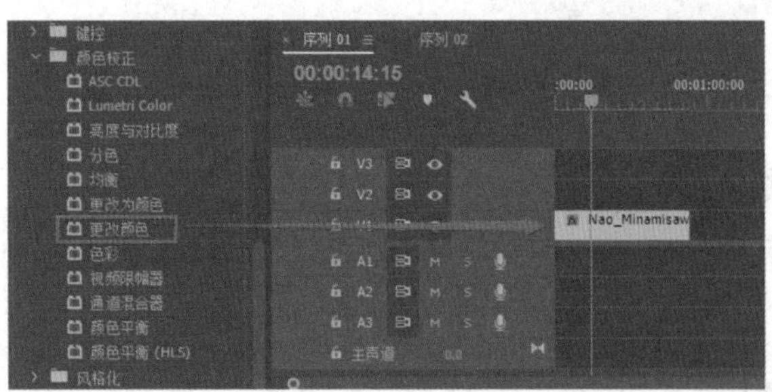


图 6.9

Step05 选择 V1 视频轨道上的素材，在“效果控件”面板中展开“更改颜色”属性栏，单击按钮，选择画面中的地面区域。完成上述操作后，可在“节目”监视器中预览最终效果，如图 6.10 所示。

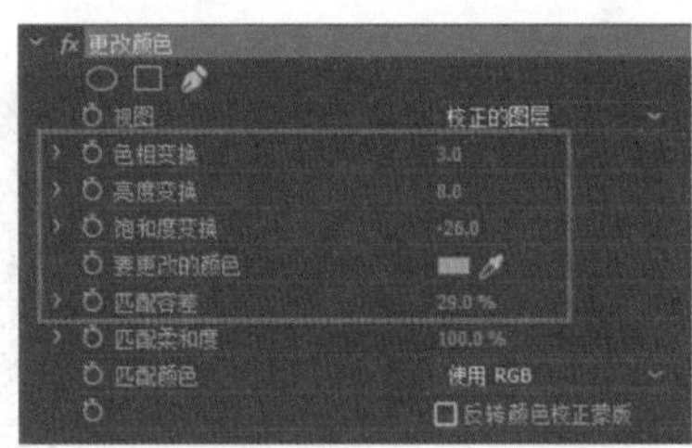

图 6.10

## 6.3 任意颜色的抠像操作

本实例将应用“键控”视频效果组中的“颜色键”视频效果进行图像抠像操作。通过对本实例的操作，读者可以掌握使用“颜色键”视频效果的方法。

Step01 启动 Premiere 软件，按组合键 Ctrl+O，打开路径文件夹中的“转场和抠像 .prproj”项目文件，人物前景图片和作为背景的风景图片已经分别放入 V2 和 V1 轨道，如图 6.11 所示。

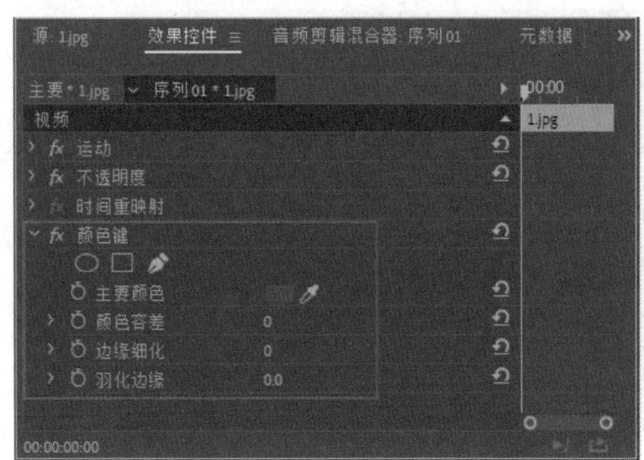


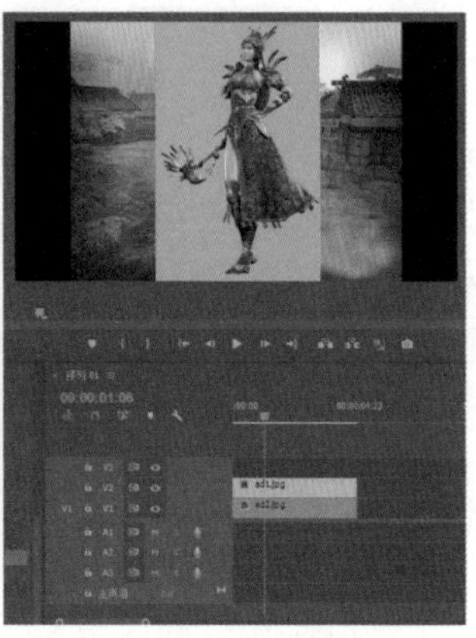

图 6.11

Step 02 打开“效果”面板并将图 6.12 所示的“颜色键”视频效果拖动到 V2 轨道中的素材文件上。

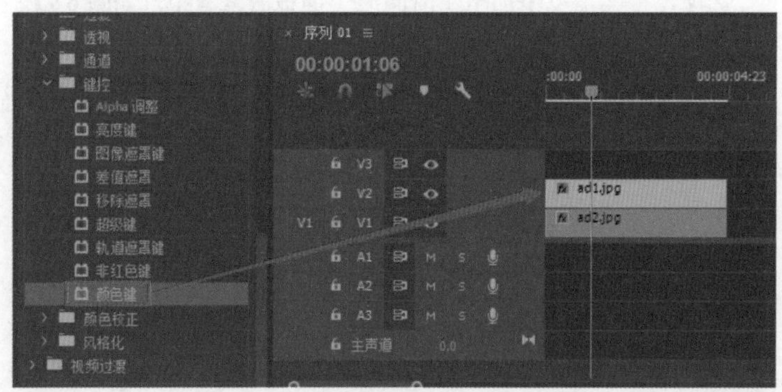


图 6.12

Step 03 打开“节目”面板，在该面板的预览区中可观察到“颜色键”视频效果默认参数并未对画面起任何作用，如图 6.13 所示。

图 6.13

Step 04 打开“效果控件”面板，单击“主要颜色”后的按钮，在人物素材的绿色区域取色，绿色背景被抠除，但是还有锯齿状边缘，如图 6.14 所示。

图 6.14

Step05 在“效果控件”面板中设置“颜色容差”为100，锯齿状边缘变得柔和，抠像效果完成，如图6.15所示。对于边缘比较复杂的画面，可以配合“边缘细化”和“羽化边缘”来控制抠像效果。

图6.15

Step06 在“节目”面板中即可预览修改参数后的抠像效果，如图6.16所示。

图6.16

## 6.4 添加转场效果

影像是把几个画面连接起来形成一个主题，所以，不管单个的部分有多美，如果连接不好，缺乏了连续性，也同样是个失败的作品。这就涉及画面的转换问题。不同的情节需要不同的画面转换，也就是转场。在非编辑软件中，我们经常要运用软件自身强大的转场特效来增加作品的艺术感染力。

画面的淡化过渡可以使画面平稳地进行过渡。本实例将使用“3D 运动”转场特效组中的“翻转”转场特效，从而实现画面的翻转过渡效果。

Step01 新建项目，将本书资源中的素材文件 Professional01.jpg 和 Professional02.jpg 导入“项目”面板，如图 6.17 所示。

Step02 将导入“项目”面板的素材文件插入“时间线”面板中，如图 6.18 所示。

图 6.17

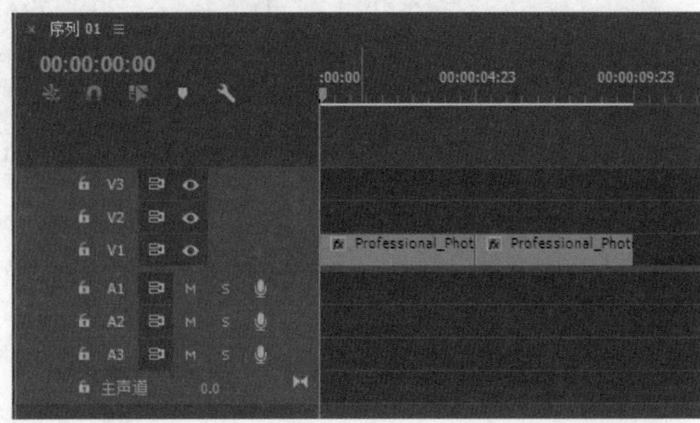


图 6.18

Step03 在“效果”面板中将图 6.19 所示的“翻转”转场特效添加到“时间线”面板中两素材的连接处。

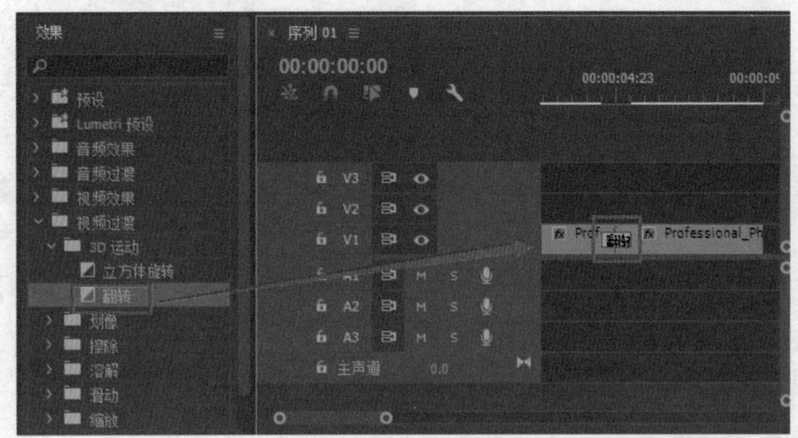


图 6.19

Step04 选择添加的“翻转”转场特效，在“效果控件”面板中设置参数，如图 6.20 所示，最后保存编辑项目。

在默认情况下，预览面板用A、B来表示实际的素材，如果要显示出对应的素材，可以勾选“效果控件”面板中的“显示实际源”复选框，即可在预览面板中显示出对应素材，如图6.21所示。

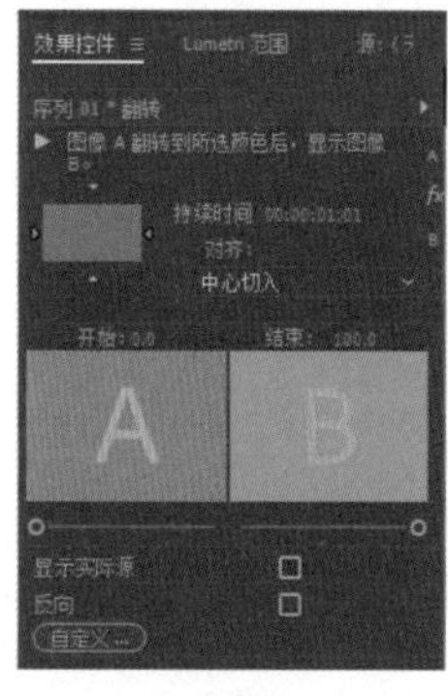


图6.20

图6.21

## 6.5 设置默认转场

为了提高编辑效率，可以将使用频率最高的视频转场或音频转场设置为默认转场。默认转场在“效果”面板中的图标具有蓝色外框，如图6.22所示。

将转场效果设置为默认转场的操作步骤如下。

**Step01** 打开“效果”面板，展开“视频切换”选项栏，选中要设置为默认转场的转场。

**Step02** 在选中的转场名称上右击，在弹出的快捷菜单中选择“将所选过渡设置为默认过渡”选项，如图6.23所示。

**Step03** 设置为默认转场的转场名称前的小矩形框上将会出现一个蓝色的边框，表明设置成功，如图6.24所示。

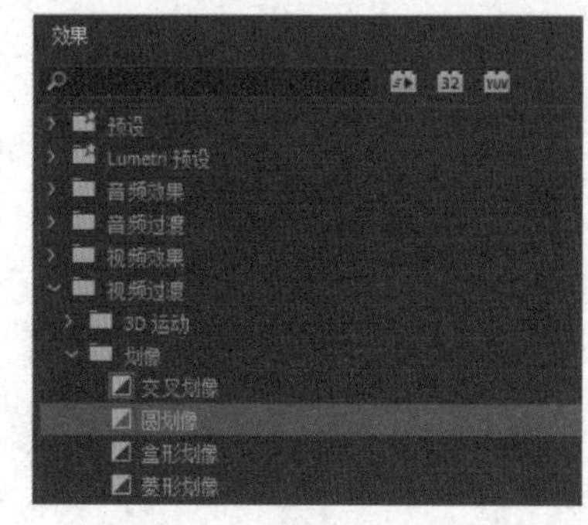


图6.22

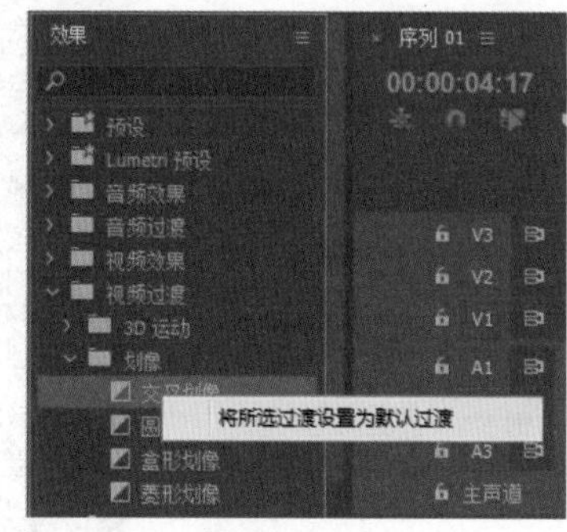


图6.23

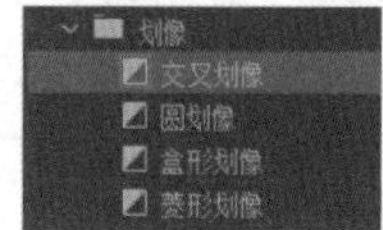


图6.24

## 6.6 添加默认转场

将设置好的默认转场添加到轨道的操作步骤如下。

**Step01** 单击“轨道”选项卡，选中要添加转场的目标轨道，拖动时间滑块到素材之间的编辑点上。

**Step02** 选择菜单栏中的“序列\应用默认过渡到选择项”命令或按组合键 Ctrl+D，如图 6.25 所示。

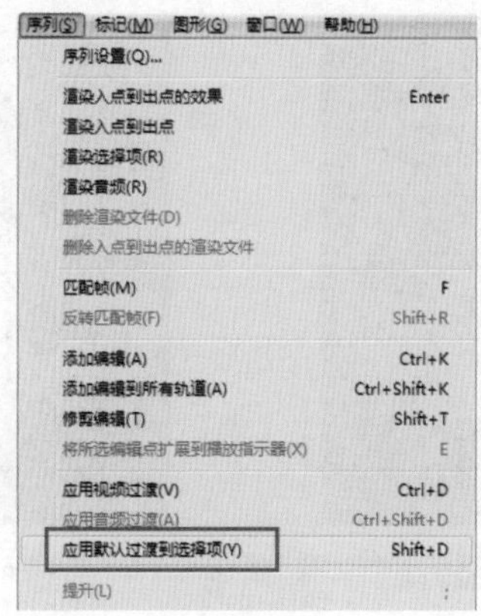


图 6.25

**Step03** 执行命令后，即可为素材片段添加默认转场效果。

## 6.7 设置默认转场的持续时间

**Step01** 单击“效果”面板右上角的图标，在弹出的菜单中选择“设置默认过渡持续时间”选项，如图 6.26 所示。

**Step02** 弹出“首选项”对话框，设置“视频过渡默认持续时间”项，默认视频过渡持续时间的单位为“帧”，如图 6.27 所示。

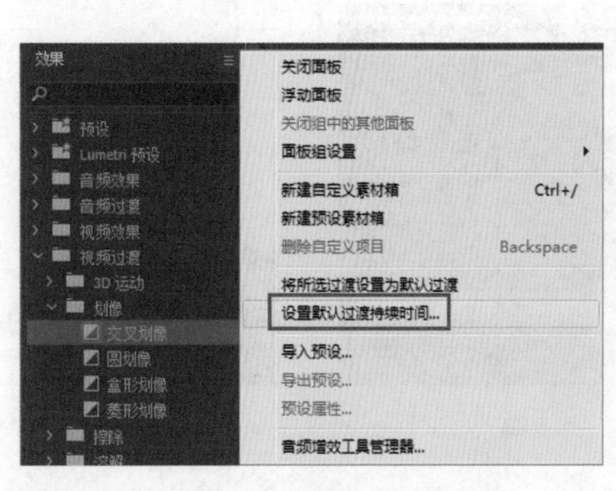


图 6.26

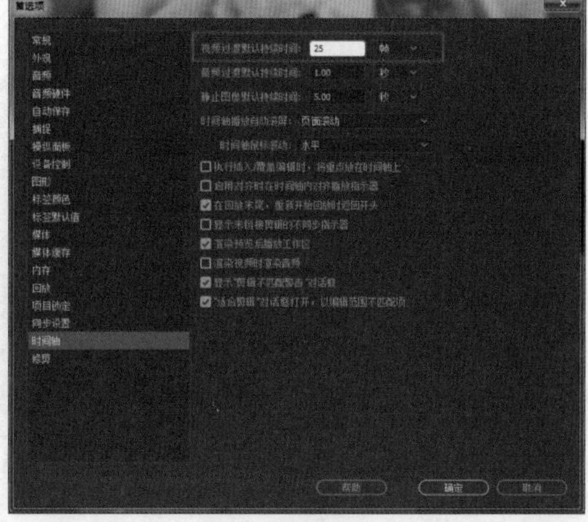


图 6.27

**Step03** 设置完成后单击“确定”按钮，将默认过渡长度设置为所需要的值。

# 第7章 Premiere 关键帧动画

在 Premiere 中，通过为素材的运动参数添加关键帧，可以产生基本的位置、缩放、旋转和不透明度等动画效果，还可以为已经添加至素材的视频效果属性添加关键帧，来营造丰富的视觉效果。

## 7.1 添加关键帧

影片由一张张连续的图像组成，每一张图像代表一帧。帧是动画中最小单位的单幅影像画面，相当于电影胶片上的每一格镜头。在动画软件的时间线上，帧表现为一格或一个标记。在影片编辑处理中，PAL 制式每秒为 25 帧，NTSC 制式每秒为 30 帧，而“关键帧”是指动画上关键的时刻，任何动画要表现运动或变化，至少前后要给出两个不同状态的关键帧，而中间状态的变化和衔接，由计算机自动创建完成，称为过渡帧或中间帧。

在 Premiere 中，用户可以通过设置动作、效果、音频及多种其他属性参数，来制作出连贯的动画效果。图 7.1 所示为动画的关键帧示意图。

图 7.1

下面我们来创建关键帧动画。

Step01 在“效果控件”面板中，每个属性前都有一个“切换动画”按钮，如图 7.2 所示，单击该按钮可激活关键帧，此时按钮会由灰色变为蓝色；再次单击该按钮，则会关闭该属性的关键帧，此时按钮变为灰色。

Step02 在“效果控件”面板中，使用“切换动画”按钮为某一属性添加关键帧后（激活关键帧），属性右侧将出现“添加 / 移除关键帧”按钮，如图 7.3 所示。

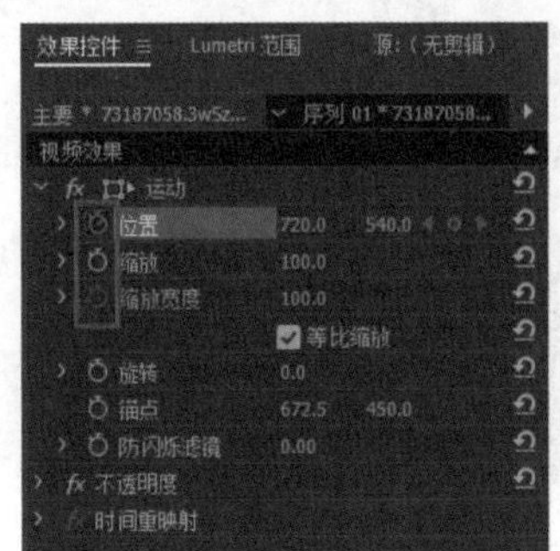

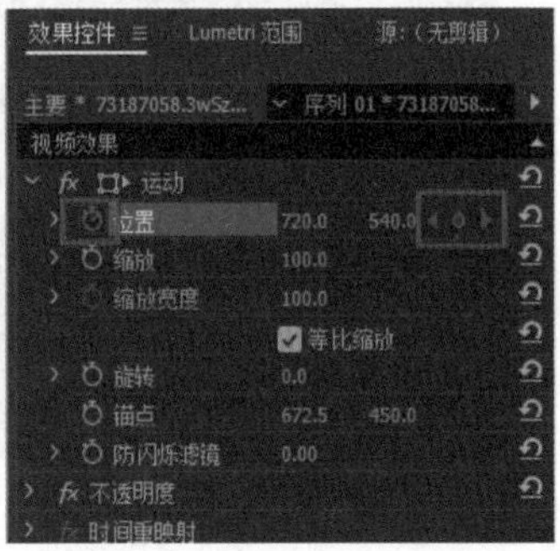

图 7.2

图 7.3

Step03 当播放指示器处于关键

帧位置时，“添加/移除关键帧”按钮为蓝色状态，此时单击该按钮可以移除该位置的关键帧；当播放指示器所处位置没有关键帧时，“添加/移除关键帧”按钮为灰色状态，此时单击该按钮可在当前时间点添加一个关键帧。

Step04 在按钮旁边有两个箭头，分别代表上一个关键帧和下一个关键帧，如果设置了多个关键帧，可以快速切换关键帧位置。

## 7.2 为图像设置缩放关键帧

在将素材添加到“时间线”面板中后，选择需要设置关键帧动画的素材，然后在“效果控件”面板中通过调整播放指示器的位置确定需要插入关键帧的时间点，并通过更改所选属性的参数来生成关键帧动画。

Step01 启动 Premiere 软件，在“时间线”面板中添加素材“76927*.jpg”，如图 7.4 所示。

Step02 在“时间线”面板中选择素材，进入“效果控件”面板，单击“缩放”属性前的“切换动画”按钮，在 00:00:00:00 时间点创建第 1 个关键帧，如图 7.5 所示。

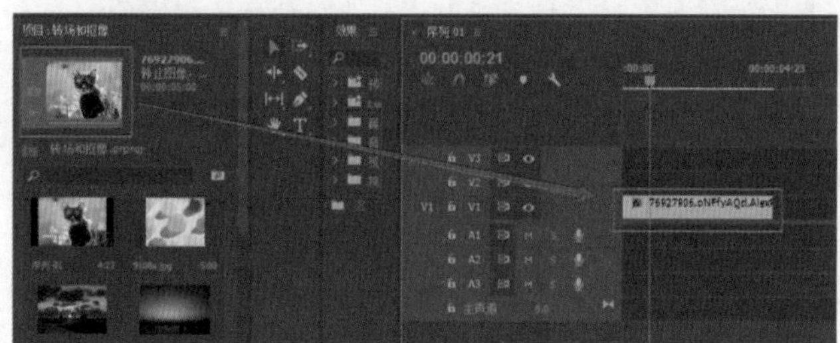

图 7.4

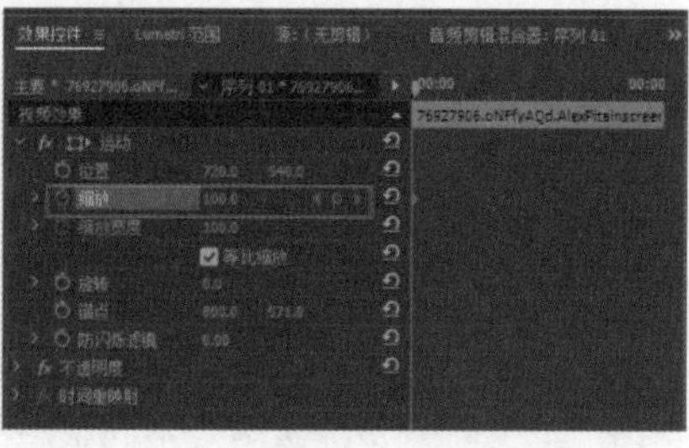

图 7.5

Step03 调整播放指示器位置，将当前时间设置为 00:00:03:00，然后修改“缩放”参数为 200，此时会自动创建第 2 个关键帧，在创建关键帧时，需要在同一个属性中至少添加两个关键帧才能产生动画效果，如图 7.6 所示。

图 7.6

Step04 完成上述操作后，在“节目”监视器中可预览缩放动画效果，如图 7.7 所示。

图 7.7

## 7.3 复制关键帧到其他素材

除了可以在同一个素材中复制和粘贴关键帧，用户还可以选择将关键帧动画复制到其他素材上。下面为大家讲解复制关键帧到其他素材的具体操作方法。

Step01 继续 7.2 节的案例操作，在“时间线”面板中继续添加另一个素材“9108a*.jpg”，如图 7.8 所示。

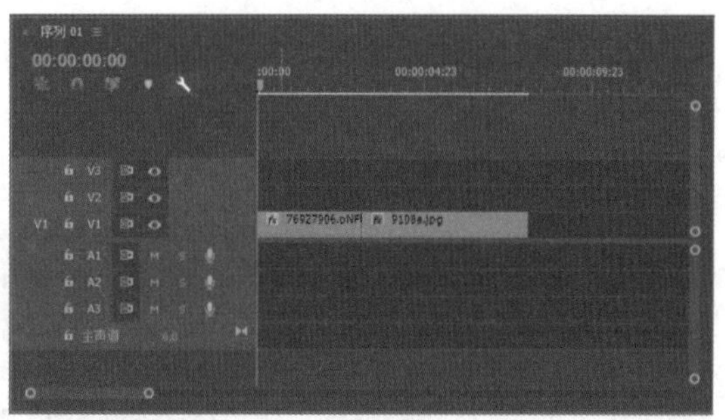

图 7.8

Step02 在“效果控件”面板中，按住 Ctrl 键，然后分别单击两个“缩放”关键帧，将它们选中，如图 7.9 所示，按组合键 Ctrl+C 进行复制。

图 7.9

Step03 在“时间线”面板中选择最后添加的素材，移动时间滑块到该素材的起始位置，如图 7.10 所示。

Step04 在“效果控件”面板中选择“缩放”属性，按组合键 Ctrl+V 粘贴关键帧，如图 7.11 所示。

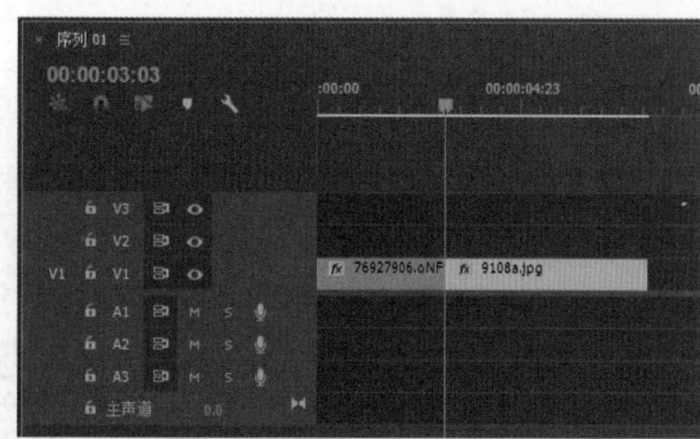

图 7.10

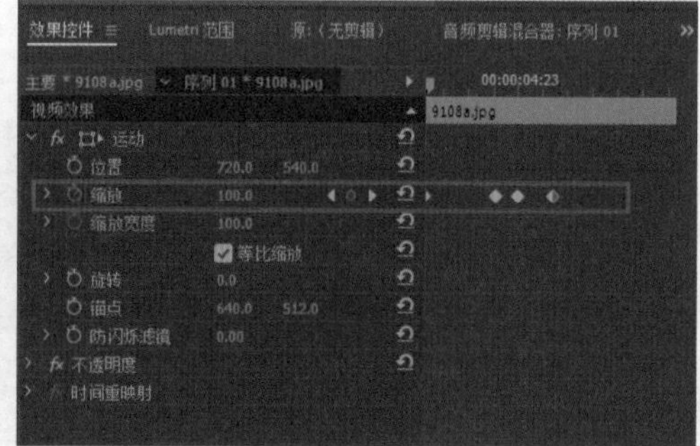

图 7.11

完成上述操作后，第 2 个素材也具有相同的关键帧动画。

## 7.4 实现马赛克效果

本实例通过为素材设置“比例”动画关键帧以及为素材添加“马赛克”特效，来实现为画面添加马赛克效果的目的。通过对本实例的学习，读者可以掌握为画面添加马赛克的方法。

Step01 启动 Premiere 软件，在“时间线”面板中添加素材“11049*.jpg”，如图 7.12 所示。

图 7.12

Step02 在“时间线”面板中选择素材，并将时间滑块移动到素材起始位置，进入“效果控件”面板，单击“缩放”属性前的“切换动画”按钮，在00:00:00:00时间点创建第1个关键帧，如图7.13所示。

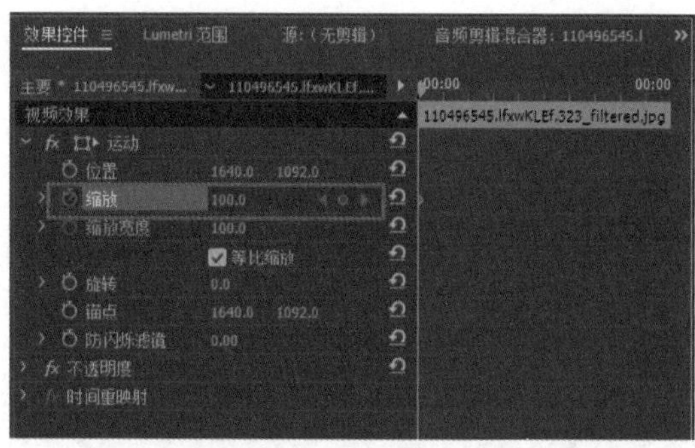


图7.13

Step03 将时间滑块拖动至素材的结束位置，在“效果控件”面板中设置素材的“缩放”参数为240，系统自动在00:00:05:00时间点添加第2个关键帧，如图7.14所示。

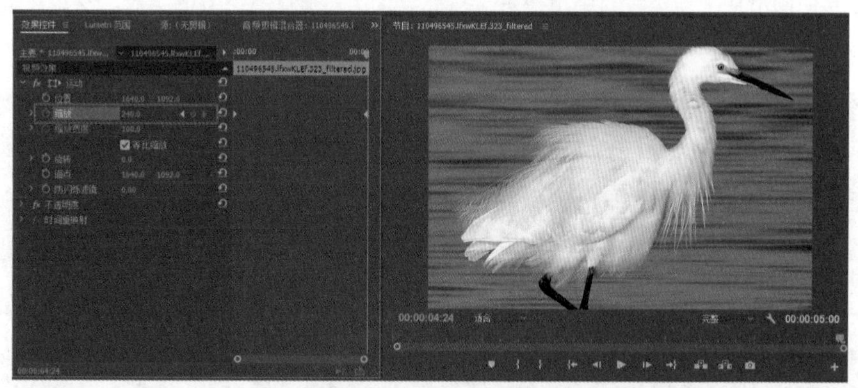


图7.14

Step04 在“效果”面板中，将“风格化”组中的“马赛克”特效添加给“时间线”面板中的素材，如图7.15所示。

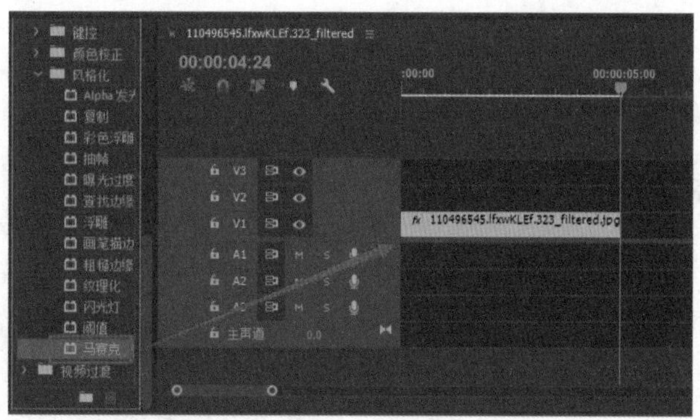


图7.15

Step05 在“效果控件”面板中，在素材的起始位置设置“马赛克”特效参数，如图7.16所示。

分别单击“水平块”和“垂直块”属性前的“切换动画”按钮，在 00:00:00:00 时间点创建第 1 个关键帧。

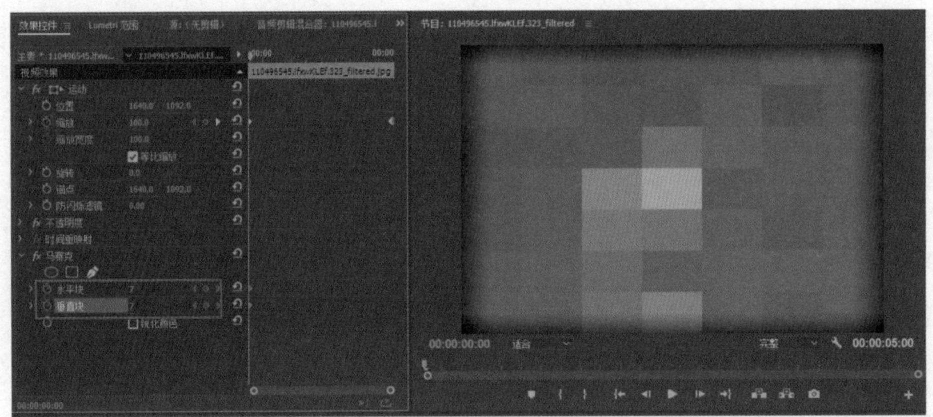


图 7.16

Step06 将时间滑块拖动至素材结束位置，在此设置“马赛克”特效的参数，参数设置如图 7.17 所示，系统自动在 00:00:05:00 时间点添加第 2 个关键帧。

图 7.17

Step07 预览动画效果，画面逐渐放大并且越来越清晰，如图 7.18 所示。

图 7.18

## 7.5 实现画面的多角度变换效果

本实例将通过为素材应用“变换”视频特效，来实现画面的多角度变换效果。通过对本实例的学习，读者可以掌握为画面添加多角度变换效果的方法。

Step01 新建项目，执行菜单栏中的“文件\导入”命令，导入本书资源中的“10848*.jpg” 和 “11360*.jpg” 文件，如图 7.19 所示。

Step02 在“项目”面板右击，在弹出的快捷菜单中选择“新建项目\颜色遮罩”选项，如图 7.20 所示。

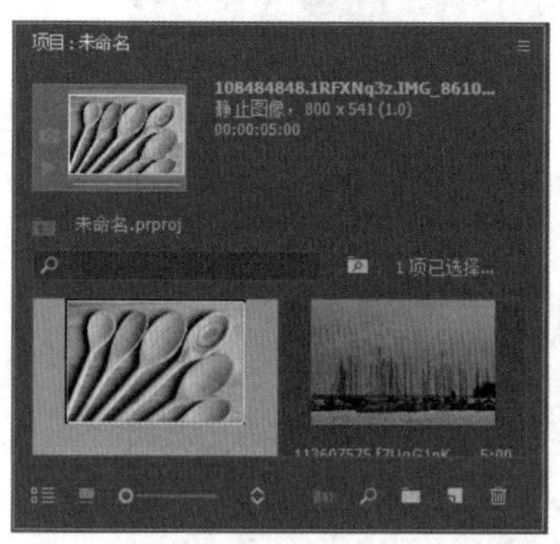


图 7.19

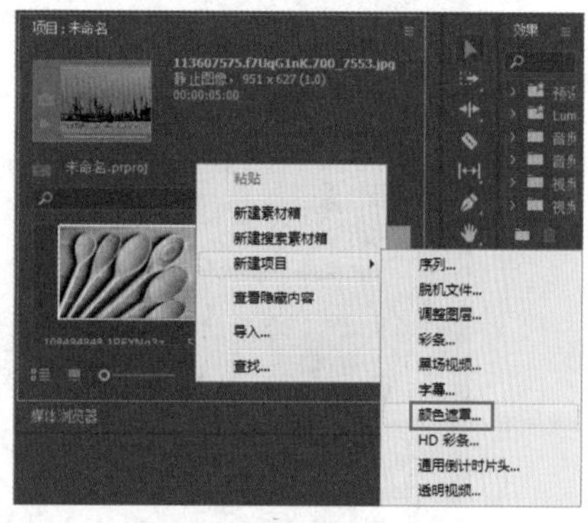


图 7.20

Step03 在弹出的“新建颜色遮罩”对话框中设置颜色遮罩对象的“宽度”等参数，如图 7.21 所示，单击“确定”按钮。

Step04 在弹出的“拾色器”对话框中设置颜色参数（淡蓝色），单击“确定”按钮，如图 7.22 所示。

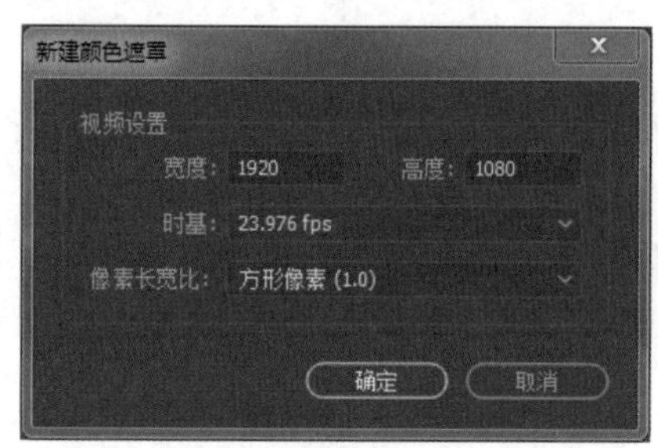


图 7.21

图 7.22

Step05 将保存于“项目”面板中的“颜色遮罩”对象重命名为“背景”，如图 7.23 所示。

Step06 将导入的图片素材拖动到“时间线”面板的 V2 轨道，将新建的“背景”素材拖动到 V1 轨道中，如图 7.24 所示。

Step07 打开“效果”面板，将“变换”视频效果添加给 V2 轨道的图片素材，如图 7.25 所示。

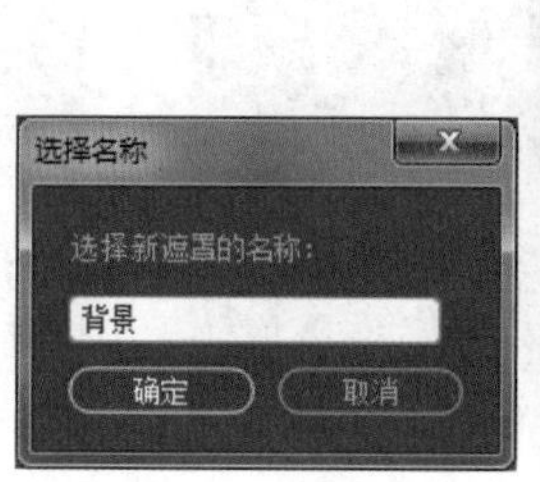


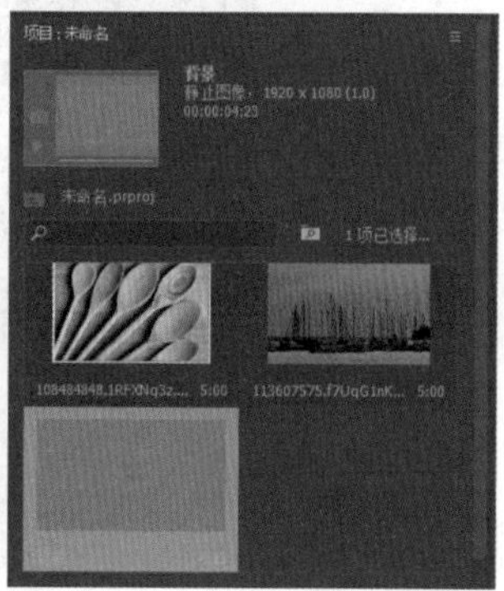


图 7.23

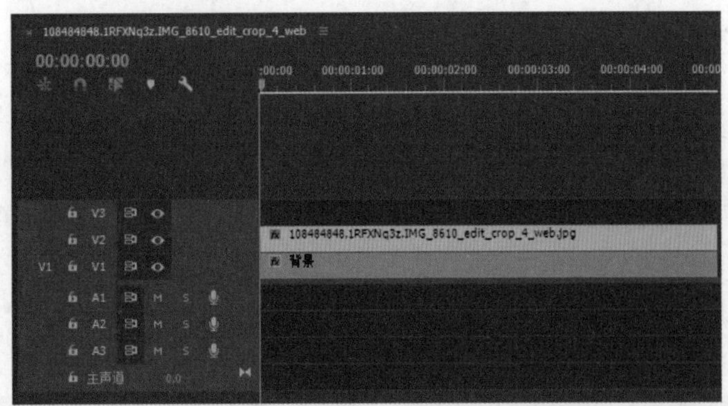

图 7.24

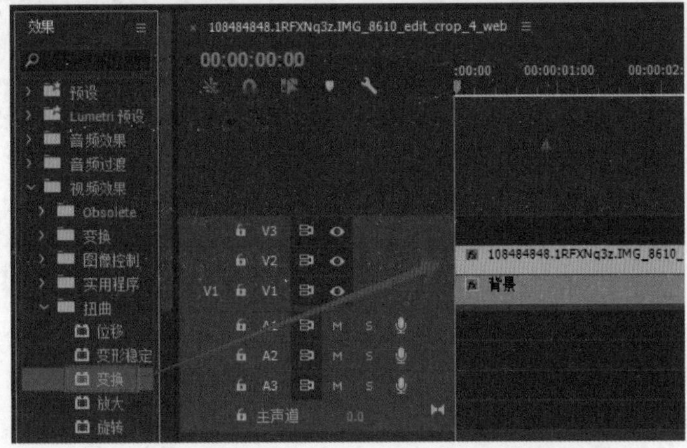

图 7.25

“变换”效果可以将运动属性集成到一个控制面板中，使用该面板可轻松地对图层进行旋转、缩放等操作。

Step08 在“效果控件”面板中设置“锚点”和“位置”参数，如图 7.26 所示。

Step09 在“效果控件”面板中为素材的起始位置设置“缩放”关键帧参数，如图 7.27 所示。

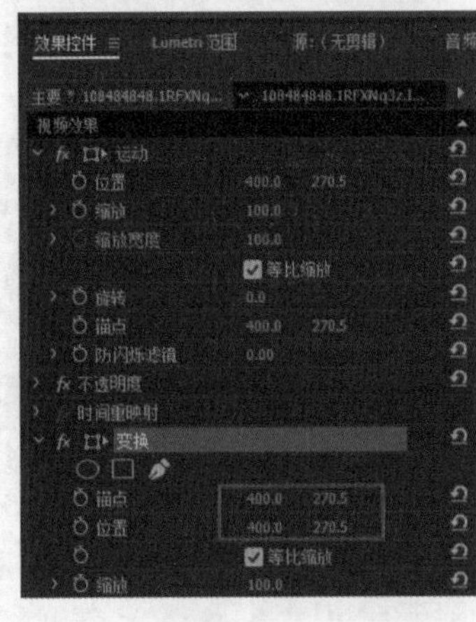

图 7.26

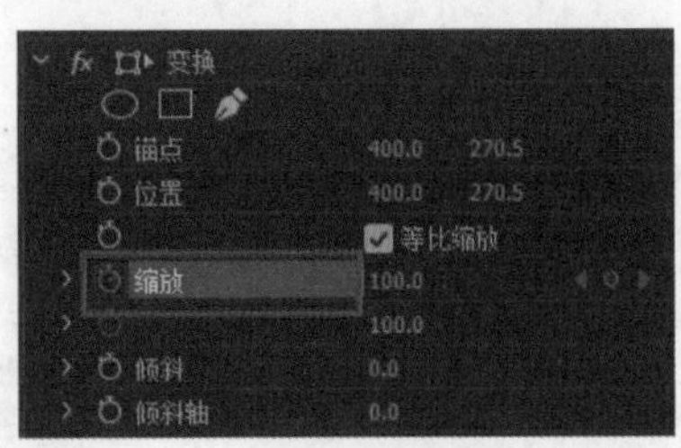

图 7.27

Step10 将时间滑块拖动至 00:00:00:15 处，为“缩放”参数添加一个关键帧，如图 7.28 所示，使画面缩小。

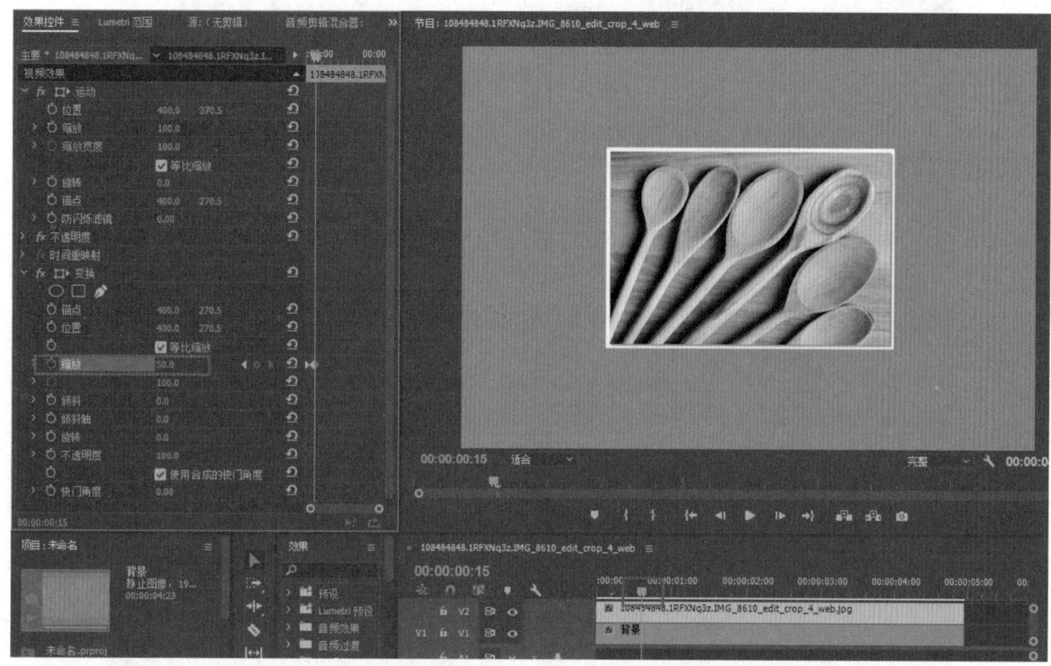

图 7.28

Step11 将时间滑块拖动至 00:00:01:00 处，为“缩放”参数添加一个关键帧，如图 7.29 所示，使画面放大。

Step12 为“变换”视频效果的“倾斜”“旋转”参数添加关键帧，如图 7.30 所示。

图 7.29

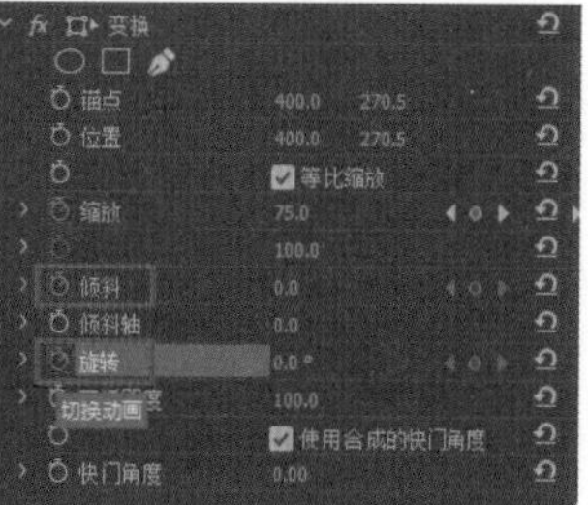

图 7.30

Step13 将时间滑块拖动至 00:00:01:15 处，再次分别为“倾斜”“旋转”参数添加关键帧，如图 7.31 所示。

Step14 将时间滑块拖动至素材的结束位置，为“倾斜”“旋转”参数添加关键帧，如图 7.32 所示。

图 7.31

图 7.32

**Step 15** 使用同样的方法，还可以对动态的视频素材进行图层旋转等操作，从而制作出动态画面的图层旋转等效果，如图 7.33 所示。

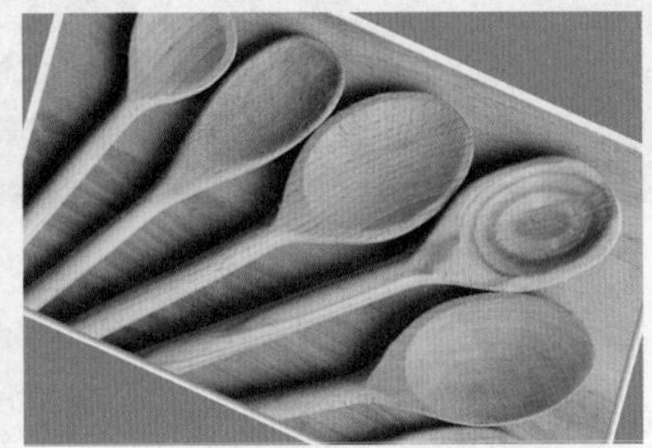

图 7.33

## 7.6 实现画面局部放大效果

本实例将应用“放大”视频效果制作画面局部放大效果。该视频效果通过设置放大区域的中心坐标值以及放大区域的形状，对效果的区域进行放大，用于模拟放大镜放大图像某部分的效果。

Step01 新建项目，执行菜单栏中的“文件\导入”命令，导入本书资源中的“11085*.jpg”文件，如图 7.34 所示。

Step02 将“项目”面板中的图片素材文件插入“时间线”面板中，如图 7.35 所示。

图 7.34

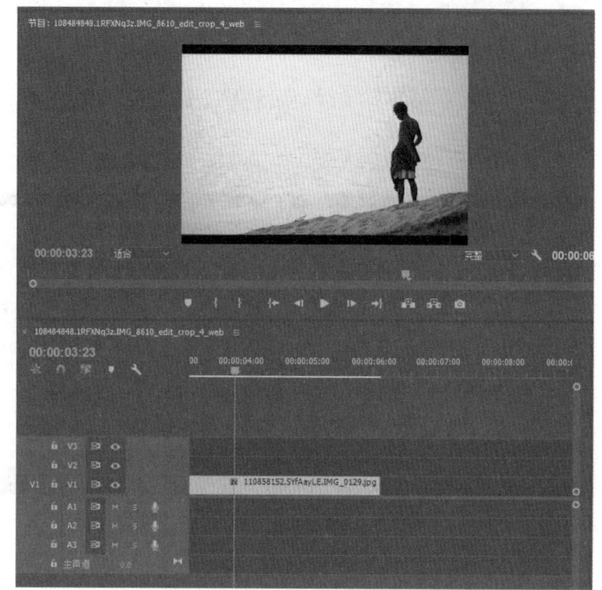

图 7.35

Step03 打开“效果”面板，将“放大”视频效果添加给“时间线”面板中的素材文件，如图 7.36 所示。

Step04 在“效果控件”面板中选择“放大”视频效果，在“节目”面板移动锚点到需要放大的位置，如图 7.37 所示。

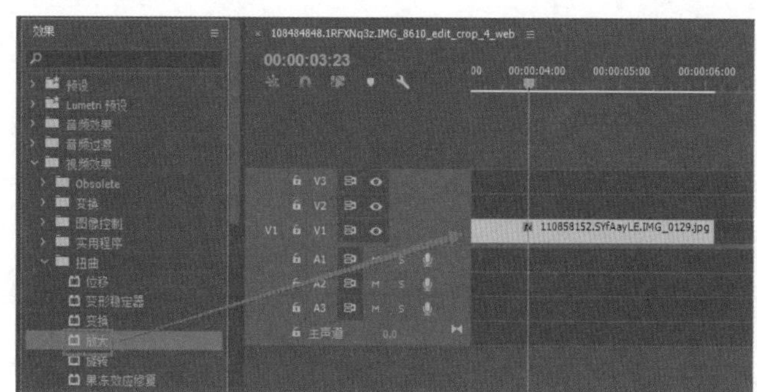

图 7.36

图 7.37

Step05 在“效果控件”面板中设置“放大”视频效果“大小”等参数，最后保存编辑项目，如图 7.38 所示。

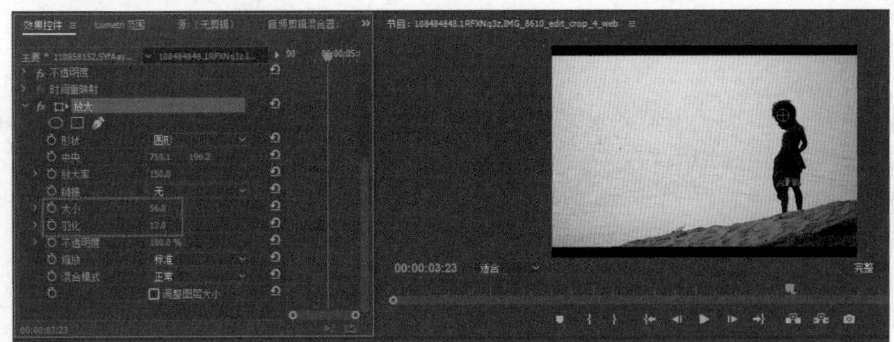


图 7.38

Step 06 若为“中央”参数添加动画关键帧，还可以制作出具有运动效果的画面放大效果，如图 7.39 所示。

图 7.39

# 第 8 章 Premiere 音频特效

画面与声音是构成有声电影艺术的两大基本元素。电影起初只是视的艺术，过了将近 30 年声音才进入其中，才使电影成为视听艺术，人们对声音的认识也就相对晚一些。声音给影视艺术带来了强有力的表现手段。

影视艺术中的声音只有经过重新组织才能有很好的表达能力，今天我们许多使用声音的手法就是当时那些影视工作者们为开辟影视新的表现手段而创造的。

## 8.1 切割视频中的音频

本实例将演示如何对音频进行剪切加工，从而达到最理想的效果。通过对本实例的学习，读者可以掌握对音频素材进行编辑的方法。

Step01 新建项目，导入本书资源中的“2.mp4”素材文件，在“项目”面板素材以缩略图方式显示，如图 8.1 所示。

Step02 将导入的素材文件插入“时间线”面板中，此时素材中的音频部分也被自动插入 A1（音频）轨道上，如图 8.2 所示。

图 8.1

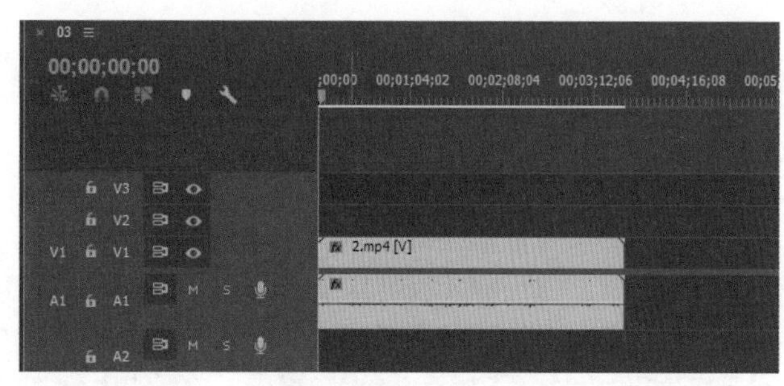

图 8.2

Step03 同时选择素材的视频和音频部分，右击，在弹出的快捷菜单中选择“取消链接”选项，将视频和音频部分分离，如图 8.3 所示。

除了使用本实例中所介绍的使用快捷菜单命令分离音频与视频素材外，还可以通过执行菜单栏中的“编辑 \ 取消链接”命令将音、视频素材进行分离。

Step04 在 Premiere 的“工具”面板中选择“剃刀”工具，如图 8.4 所示。

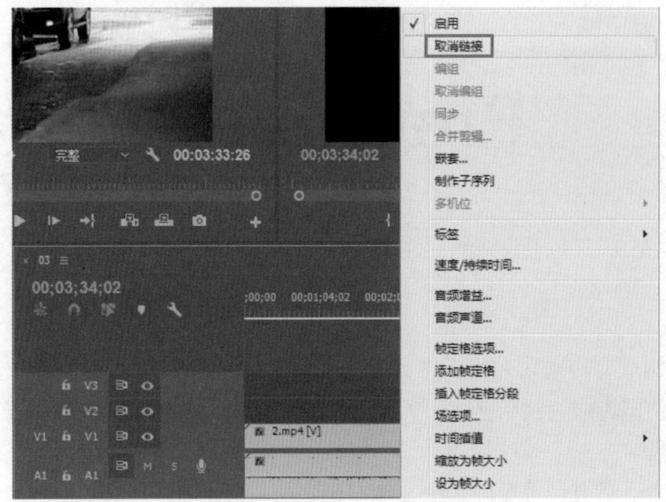


图 8.3

Step05 在“时间线”面板中，将时间滑块拖动至00;02;00;02处，使用“剃刀”工具对素材的音频及视频进行剪切，如图 8.5 所示。

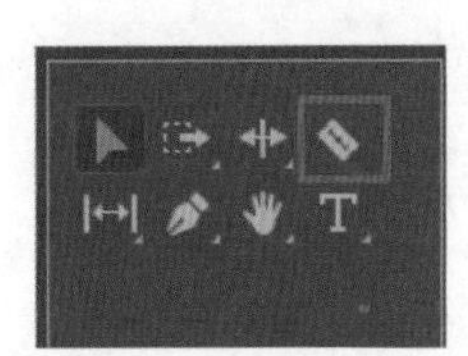

图 8.4

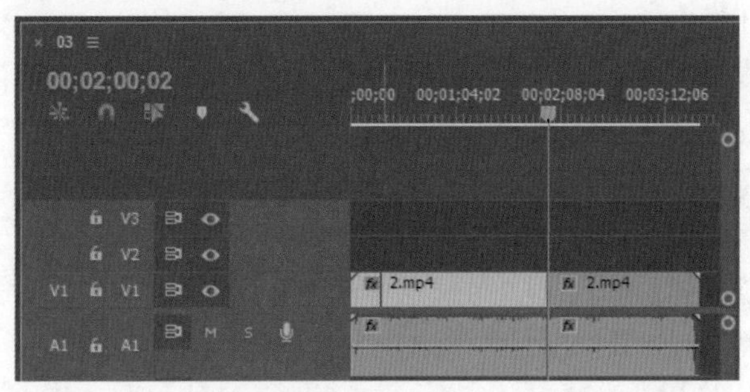


图 8.5

Step06 选择“工具”面板中的“选择”工具，在“时间线”面板中选择需要删除的音频素材，如图 8.6 所示。

Step07 选择目标音频素材后，按下 Delete 键将其删除，如图 8.7 所示。

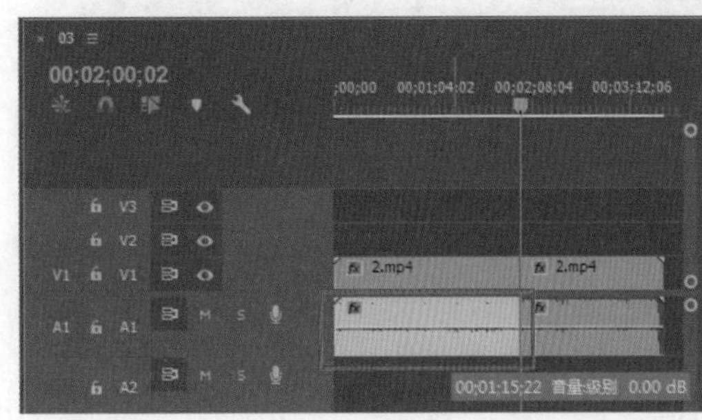


图 8.6

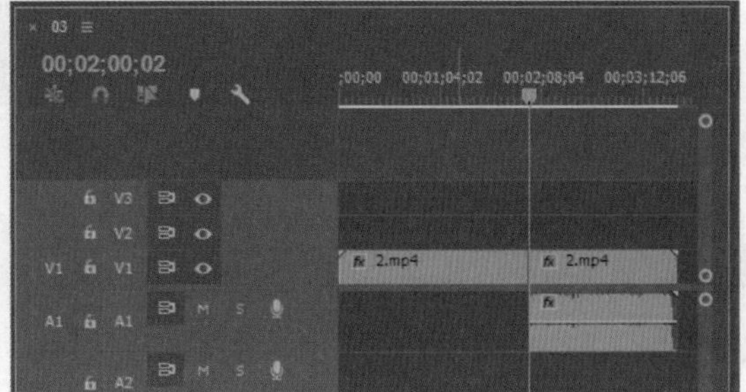


图 8.7

使用本实例所介绍的“剃刀”工具，还可以将一个大的音频素材分割为多个小的音频素材。

## 8.2 成人声音变童音

正常播放速度播放的音频素材，听起来声音是正常的，但是若降低或者增加音频素材的播放速度，则能使音频素材的声音效果发生变化。在本节中将通过增加播放速度来实现童音的效果。

Step01 将本书资源中的“演讲 2.mp3”音频素材导入“项目”面板，将素材插入“时间线”面板，如图 8.8 所示。

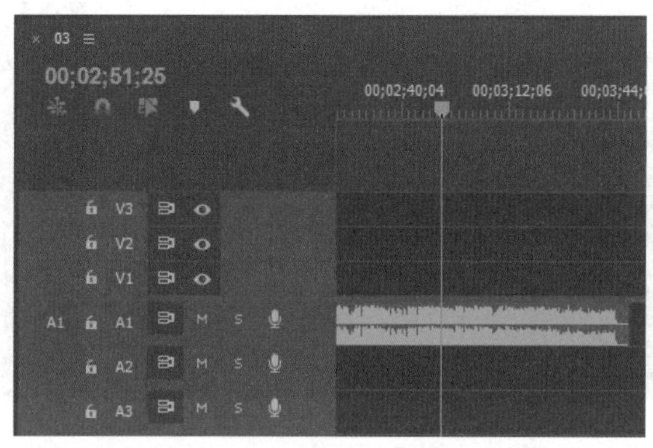


图 8.8

Step02 在“时间线”选择插入的素材，在菜单栏中选择“剪辑 \ 速度 / 持续时间”命令，如图 8.9 所示。

Step03 弹出“剪辑速度 / 持续时间”对话框，设置“速度”为 200，如图 8.10 所示。播放音频，我们将听到成人声音变成了童音。

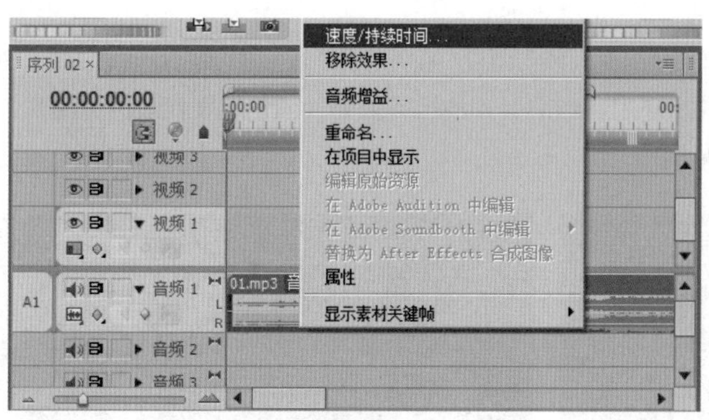

图 8.9

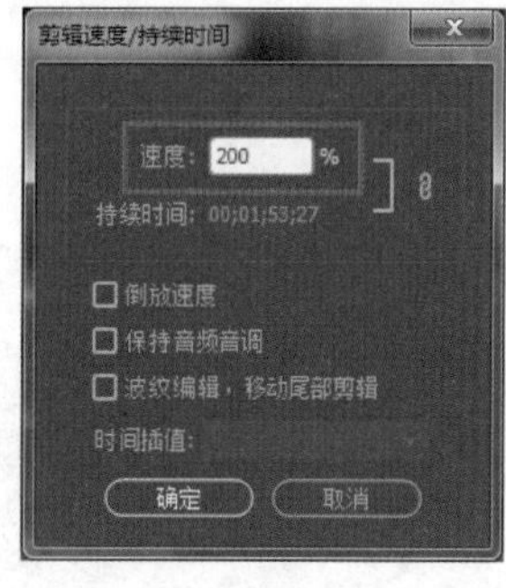


图 8.10

## 8.3 实现余音绕梁效果

本实例通过使用“多功能延迟”音频特效在指定素材上实现山谷回声的效果。通过对本实例的学习，读者可以掌握回声效果的制作方法。

Step01 将本书资源中的“演讲 2.mp3”音频素材导入“项目”面板，将素材插入“时间线”面板。

Step02 打开“效果”面板，选择“音频效果\多功能延迟”音频特效，将其拖动到“时间线”面板的音频素材上，如图 8.11 所示。

Step03 在“时间线”面板中选择音频素材“演讲 2.mp3”，在效果控件窗口中即可预览到“多功能延迟”的相关参数。

Step04 将“延迟 1”设置为 0.5s，“反馈 1”设置为 20%，“混合”设置为 16%，如图 8.12 所示。播放音频，我们将听到余音绕梁的效果。

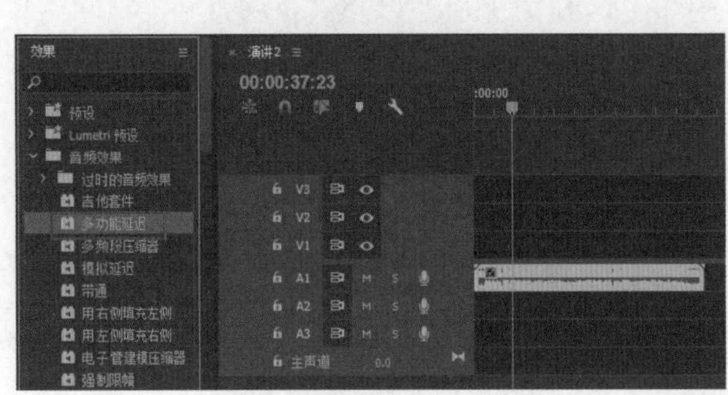


图 8.11

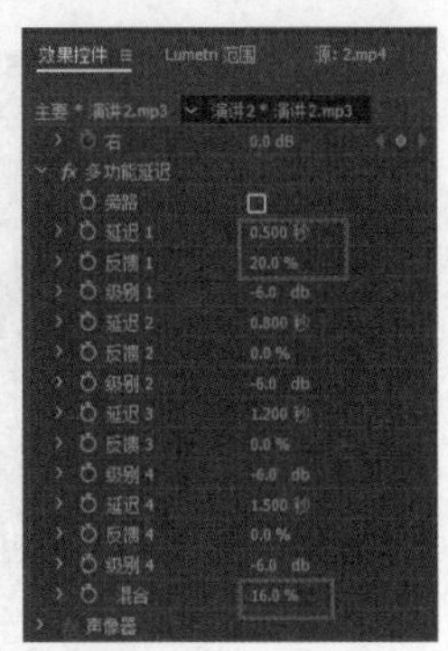


图 8.12

## 8.4 调节音频增益

在 Premiere 中，用于浏览音频素材增益强弱的面板是“音频剪辑混合器”面板，该面板只能用于浏览，而无法对素材进行编辑调整，如图 8.13 所示。

Step01 将音频素材“演讲 2.mp3”插入“时间线”面板，在“节目”面板中播放音频素材时，在“音频剪辑混合器”面板中，将以两个柱状来表示当前音频的增益强弱（颜色越暖代表声音越高，出现红色则代表音量太大），如图 8.14 所示。

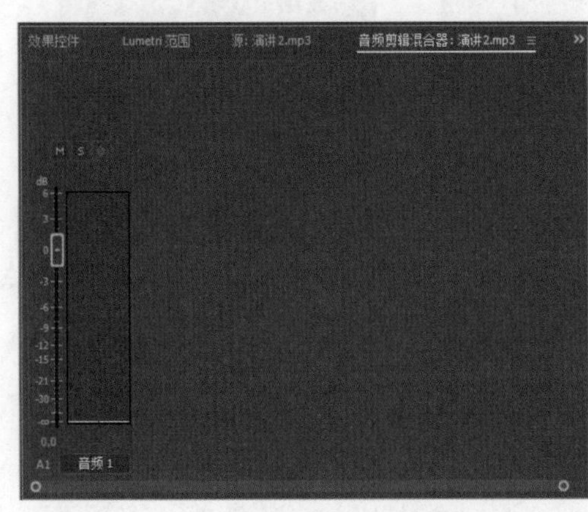


图 8.13

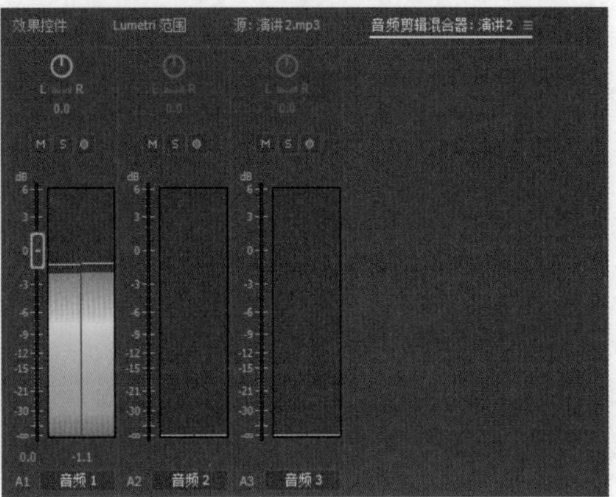


图 8.14

Step02 在“音频剪辑混合器”面板中如果发现音频超出安全范围（出现红色报警），如图 8.15 所示，就要给音频降音量。

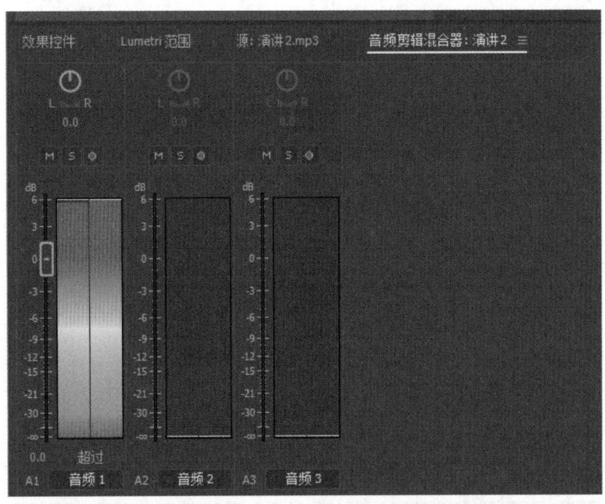


图 8.15

Step03 右击“时间线”面板的音频素材，在弹出的快捷菜单中选择“音频增益”选项，弹出“音频增益”对话框，如图 8.16 所示。

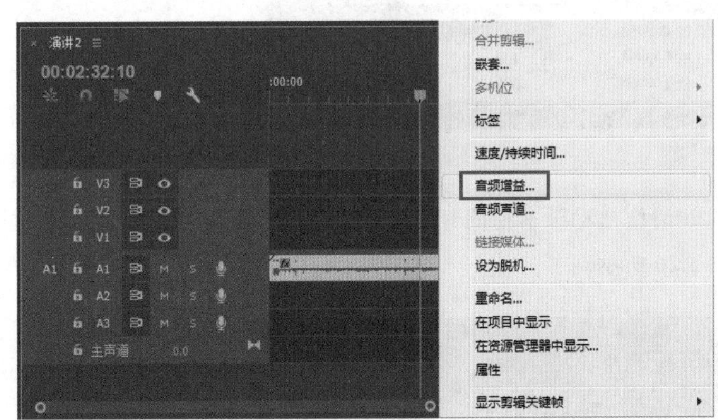


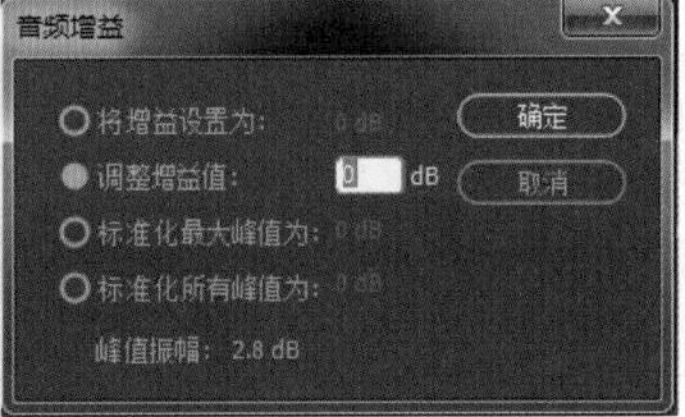


图 8.16

Step04 在弹出的“音频增益”对话框中设置“调整增益值”为负数，负数是降低音量的意思，如图 8.17 所示。调整完成后单击“确定”按钮。

Step05 重新播放音频，音频音量已经降低。

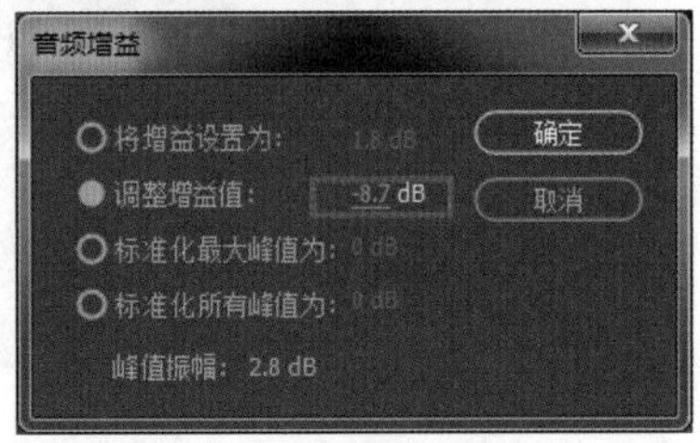


图 8.17

## 8.5 音乐淡出效果

优雅的音乐能够陶冶人们的情操，一般音乐的开始与结尾都会制作淡入淡出的效果。在本节中，将通过制作音乐的淡出效果来介绍实现淡入淡出效果的方法。

Step01 将本书的“音频 .mp3”音频素材导入“项目”面板，并将素材拖动到“时间线”面板，如图 8.18 所示。

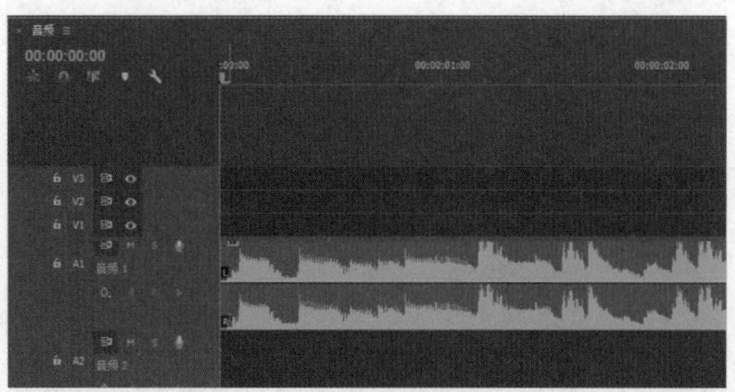

图 8.18

Step02 在“时间线”面板的左侧单击“显示关键帧”按钮，在弹出的菜单中选择“轨道关键帧 \ 音量”选项，如图 8.19 所示。

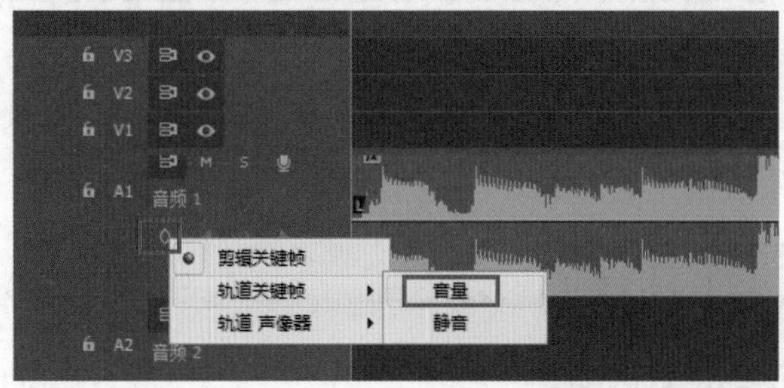


图 8.19

Step03 在“时间线”面板中将时间滑块拖动至素材的开始位置，单击“添加 \ 移除关键帧”按钮，为素材添加一个关键帧，如图 8.20 所示。

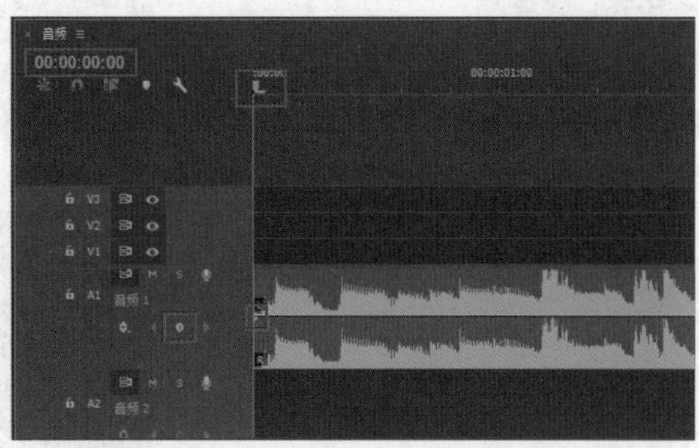


图 8.20

Step04 在“时间线”面板中将时间滑块拖动至00:00:00:10处，再次单击“添加 \ 移除关键帧”按钮，添加一个关键帧，如图 8.21 所示。

Step05 单击工具，选择创建的第 1 个关键帧，将第 1 个关键帧移动到最低位置（降低音量），如图 8.22 所示。声音的淡入操作完成。

Step06 下面设置声音淡出。在“时间线”面板中，将时间滑块拖动至音频素材末尾处和快到末尾处，单击“添加 \ 移除关键帧”按钮，为这两个地方各添加一个关键帧，如图 8.23 所示。

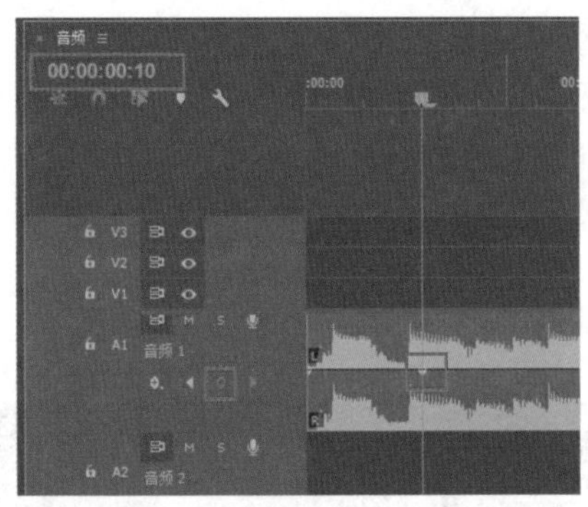

图 8.21

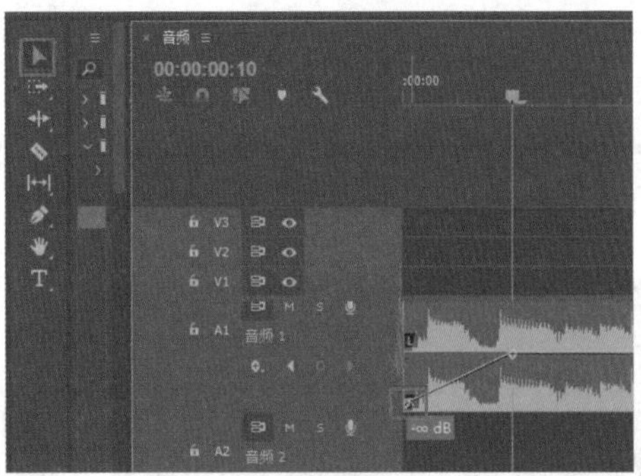

图 8.22

Step07 单击工具，选择创建的末尾处的关键帧，将这个关键帧移动到最低位置（降低音量），如图 8.24 所示。声音的淡出操作完成。

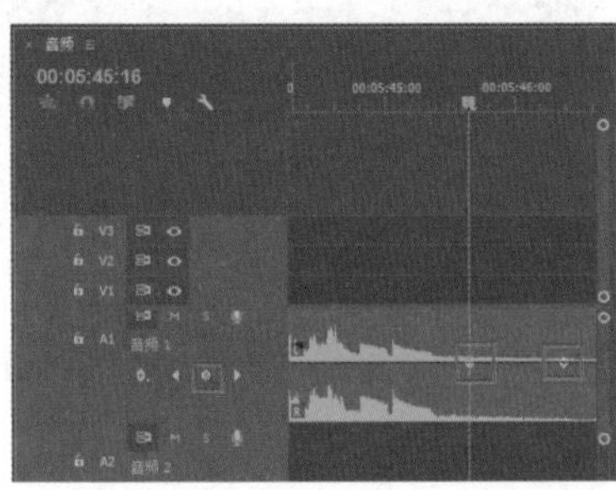

图 8.23

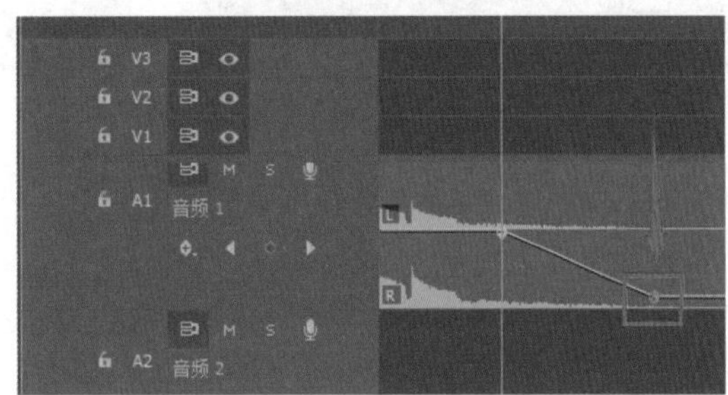

图 8.24

## 8.6 重低音效果制作

本实例主要通过为音频添加“低通”效果，并在“效果控件”面板中调整相关参数，来为音乐营造重低音效果。

Step01 启动 Premiere 软件，按组合键 Ctrl+O，打开路径文件夹中的“重低音效果 .prproj”项目文件。进入工作界面后，可以看到“时间线”面板中已经添加好的视音频素材，如图 8.25 所示。在“节目”监视器中可以预览当前素材效果，如图 8.26 所示。

图 8.25

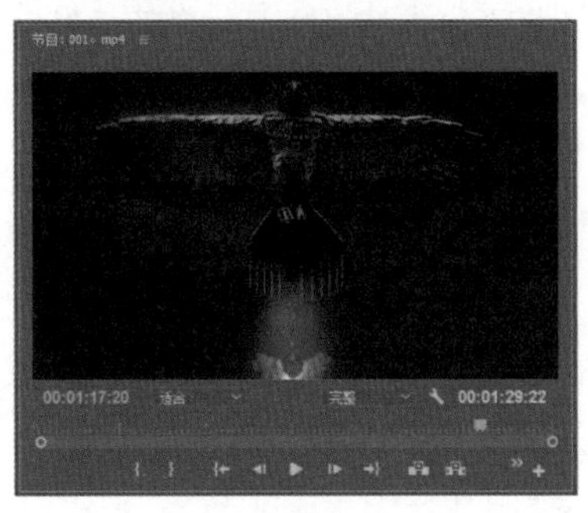

图 8.26

Step02 通过预览会发现 A1 音频轨道中的音频素材音量过大。在“音频剪辑混合器”面板中拖动音量调节滑块至 -3 位置，如图 8.27 所示，将素材的音量适当降低一些。

Step03 按住 Alt 键，单击并向下拖动 A1 轨道中的音频，对该音频进行复制，并放置在 A2 轨道上，如图 8.28 所示。

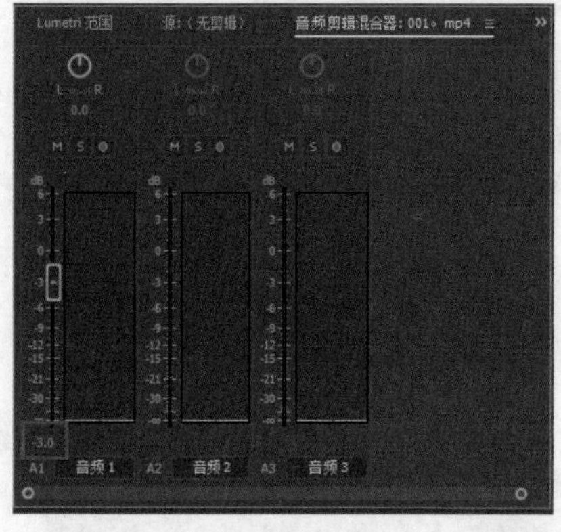


图 8.27

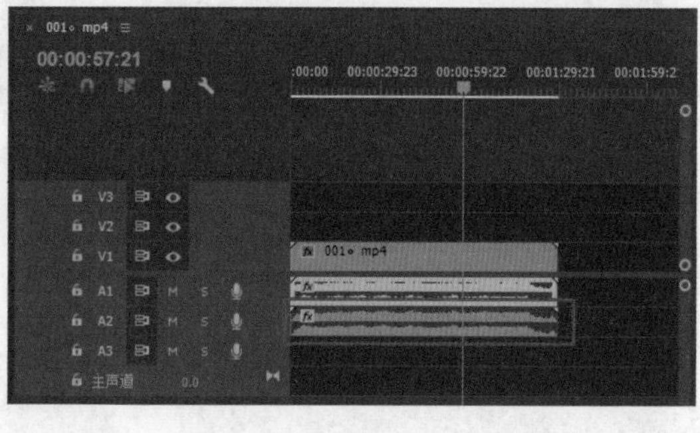


图 8.28

Step04 在“效果”面板中展开“音频过渡”选项栏，选择“低通”效果，将其添加至 A2 轨道中的音频素材上，如图 8.29 所示。

Step05 选择 A2 轨道中的音频素材，在“效果控件”面板中设置“低通”效果属性中的“屏蔽度”参数为 1800 Hz，如图 8.30 所示。

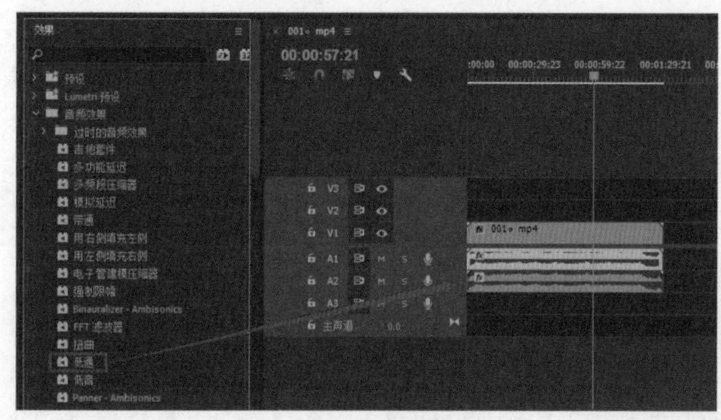


图 8.29

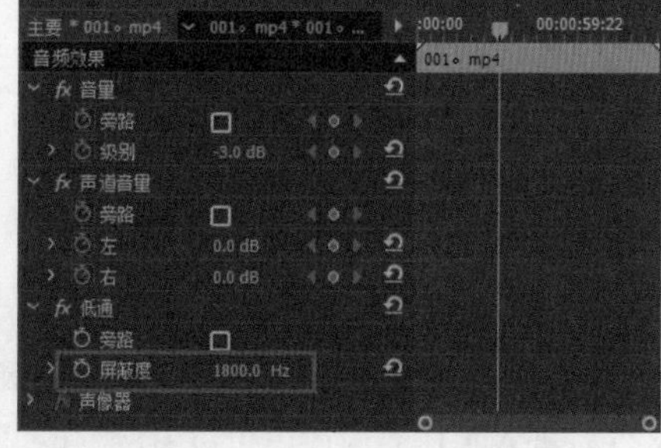


图 8.30

Step06 完成上述操作后，可在“节目”监视器中预览音频效果。

# 第9章 After Effects 基础知识

## 9.1 了解 AE

AE 是 Adobe 公司开发的一个视频剪辑及设计软件，如图 9.1 所示，是动态影像设计不可或缺的辅助工具，是视频后期合成处理的专业非线性编辑软件。AE 应用范围广泛，涵盖电影、广告、多媒体以及网页等，时下最流行的一些电脑游戏，很多都使用它进行合成制作。

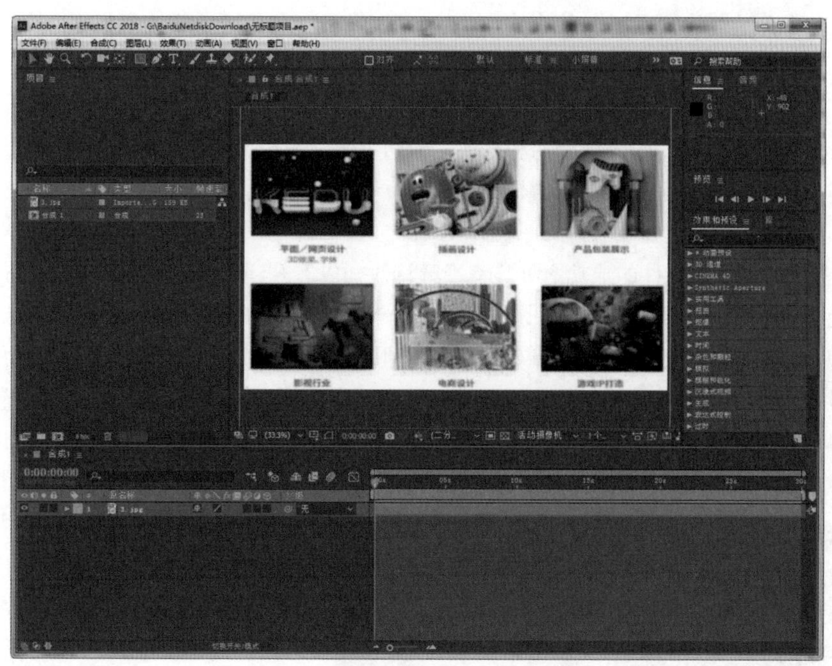

图 9.1

### 1. 视频制作平台

AE 提供了一套完整的工具，能够高效地制作电影、录像、多媒体以及 Web 使用的运动图片和视觉效果。和 Adobe Premiere 等基于时间轴的程序不同的是，AE 提供了一条基于帧的视频设计途径。它还是第一个实现高质量子像素定位的程序，通过它能够实现高度平滑的运动。AE 为多媒体制作者提供了许多有价值的功能，包括出色的蓝屏融合功能、特殊效果的创造功能和 Cinpak 压缩等。

AE 支持无限多个图层，能够直接导入 Illustrator 和 Photoshop 文件。AE 也有多种插件，其中包括 MetaTool Final Effect，它能提供虚拟移动图像以及多种类型的粒子系统，用它还能创造出独特的迷幻效果。

2. 折叠影视媒体表现形式

现在影视媒体已经成为当前最大众化、最具有影响力的媒体表现形式 。从好莱坞创造的幻想世界，到电视新闻所关注的现实生活，再到铺天盖地的广告，无一不影响到我们的生活。

过去，影视节目的制作是专业人员的工作，对大众来说似乎还蒙着一层神秘的面纱；十几年来，数字合成技术全面进入影视制作过程，计算机逐步取代了原有的影视设备，并在影视制作的各个环节中发挥了巨大的作用。但是，在不久前影视制作所使用的一直是价格极为昂贵的专业硬件和软件，非专业人员很难见到这些设备，更不用说用它来制作自己的作品了。

但现在，随着个人计算机性能的显著提高和价格的不断降低，影视制作从以前的专业硬件设备逐渐向个人计算机上转移，原来身份极高的专业软件也逐步移植到计算机平台上来，价格日益大众化，同时影视制作的应用也扩展到电脑游戏、多媒体、网络等更为广阔的领域，许多这些行业的人员或业余爱好者都可以利用手中的计算机制作自己喜欢的东西了。

3. 合成技术

合成技术指将多种素材混合成单一复合画面。早期的影视合成技术主要是在胶片、磁带的拍摄过程及胶片洗印过程中实现的，工艺虽然落后，但效果是不错的。诸如“抠像”“叠画”等合成的方法和手段，都在早期的影视制作中得到了较为广泛的应用。与传统合成技术相比，数字合成技术，利用先进的计算机图像学的原理和方法，将多种源素材采集到计算机里面，并用计算机混合成单一复合图像，然后输入磁带或胶片上的这一系统完整的处理过程。

理论上，我们把影视制作分为前期和后期。前期主要工作包括诸如策划、拍摄及三维动画创作等工序；当前期工作结束后我们得到的是大量的素材和半成品，将它们有机地通过艺术手段结合起来就是后期合成工作。

AE 借鉴了许多优秀软件的成功之处，将视频特效合成上升到了新的高度，Photoshop 中“层”的引入，使 AE 可以对多层的合成图像进行控制，制作出天衣无缝的合成效果；关键帧、路径的引入，使我们对控制高级的二维动画游刃有余；高效的视频处理系统，确保了高质量视频的输出；令人眼花缭乱的特技系统使 AE 能实现使用者的一切创意。AE 同样保留有 Adobe 优秀的软件相互兼容性，可以非常方便地调入 Photoshop 和 Illustrator 的层文件；Premiere 的项目文件也可以近乎完美地再现于 AE 中，甚至还可以调入 Premiere 的 EDL 文件。目前，AE 还能将二维和三维在一个合成中灵活地混合起来。用户可以在二维或者三维中工作，或者混合起来并在层的基础上进行匹配。使用三维的帧切换可以随时把一个层转化为三维的；二维和三维的层都可以水平或垂直移动，三维层可以在三维空间里进行动画操作，同时保持与灯光、阴影和相机的交互影响。AE 支持大部分的音频、视频、图文格式，甚至还能将记录三维通道的文件调入进行更改。图 9.2 所示为 AE 与 C4D 结合使用的案例。

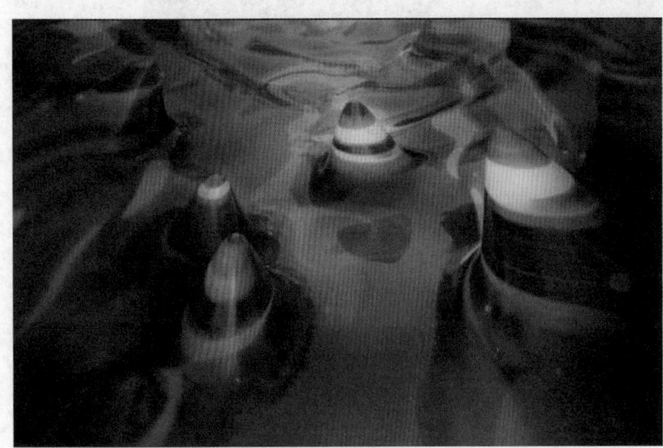

图 9.2

## 9.2 AE 工作界面

AE 的操作界面主要由菜单栏、项目窗口、合成窗口、时间线窗口以及其他面板等几部分构成，如图 9.3 所示。在本章中将针对 AE 最基础的菜单、窗口和面板，介绍其界面分布、操作流程和相关的经验技巧。

图 9.3

### 1. 菜单栏

菜单栏在 AE 界面的顶部，其中包括了程序里大部分命令。

### 2. 时间线

在时间线窗口中，显示了各个图层的多种属性，可以对它们进行调节、修改来制作动画，也可以很清楚地了解图层和关键帧以及时间之间的关系。在时间线窗口中，AE 在动画合成视觉特效方面具有很高的效率。对合成编辑的结果会在合成窗口中显现出来。

### 3. 工具栏

AE 界面的菜单栏下方为工具栏，如果在工作区中没有工具栏，可以直接按组合键 Ctrl+1 将其打开。AE 的工具栏由选取、旋转工具、绘画工具、视图操控工具、坐标系工具组成。

### 4. 项目窗口

素材文件在项目窗口中显示。

### 5. 效果控件窗口

给素材添加效果的操作将在效果控件窗口进行参数设置。

## 9.3 导入素材

一谈到视频的拍摄，大家首先想到的多是设计剧本，实际上，拍摄视频首先需要的是组建一个团结高效的团队，通过借助众人的智慧，才能够将视频打造得更加完美。

### 9.3.1 导入单个素材

AE 作为影视后期编辑软件，其中大部分的工作是在前期拍摄或者三维软件制作的画面基础上进行的。因此导入素材常常是开始合成的第一步。

Step01 开启 AE 后，在项目窗口中的空白处右击，在弹出的快捷菜单中选择“导入 \ 文件”选项，如图 9.4 所示，将会弹出“导入文件”对话框，在对话框中选择一个视频文件，单击“打开”按钮，完成导入文件的操作。

Step02 在项目窗口中可看见素材已经被导入进来。在该窗口中，还可以预览素材以及了解查询对象的属性，如图 9.5 所示。

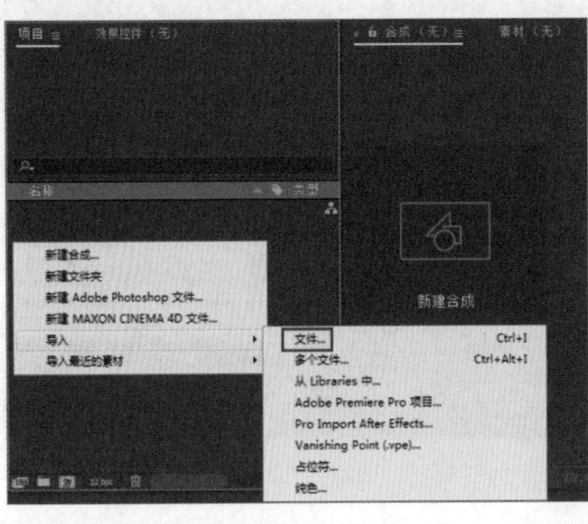


图 9.4

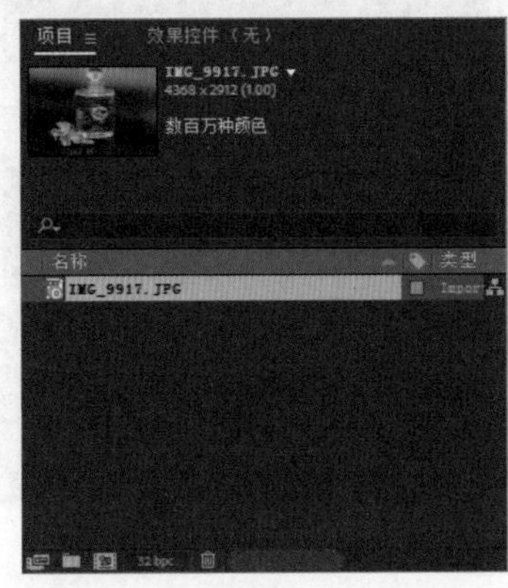


图 9.5

### 9.3.2 一次导入多个素材

在 AE 中，可以一次导入多个素材。

选择菜单栏中的“文件 \ 导入 \ 文件”命令，在弹出的“导入文件”对话框中选择文件的同时，结合 Ctrl 和 Shift 键的运用，可以在同一个文件夹中选择多个文件进行导入。

但是要从不同的文件夹中导入多个文件，就要选择菜单栏中的“文件 \ 导入 \ 多个文件”命令。

建立一个新的项目，选择菜单栏中的“文件 \ 导入 \ 多个文件”命令，弹出“导入多个文件”对话框，选择要导入的文件，单击“打开”按钮，导入文件。

与“导入 \ 文件”命令不同的是，“多个文件”命令在导入一个文件后，“导入多个文件”对话框会保持打开状态，在对话框中继续选择要导入的文件，单击“打开”按钮，导入文件。之后可以继续选择其他的文件导入。当需要的文件全部导入完成后，单击“完成”按钮，完成导入文件工作。

### 9.3.3 导入文件夹

在 AE 中，不但可以导入文件，还可以将文件夹导入。

Step01 建立一个新的项目，选择菜单栏中的“文件 \ 导入 \ 文件”命令，弹出“导入文件”对话框。

然后选择要导入的文件夹。

Step02 单击“导入文件夹”按钮后，文件夹中的文件分别被当作单帧图片导入，放在项目窗口的文件夹中。

Step03 选择要导入的文件夹，将其拖动到项目窗口中，文件夹中所有文件将作为一个图像序列被导入。

### 9.3.4　替换素材

用户可以对已经导入的文件进行替换。

Step01 在项目窗口中选择要被替换的文件，右击，在弹出的快捷菜单中选择“替换素材\文件”选项，弹出“替换素材文件”对话框。选择要替换的文件，单击“打开”按钮。

Step02 在项目窗口中，可以看见原来的文件已经被替换了。

## 9.4　创建合成

素材文件导入AE后，需要加入合成中进行编辑。可以把合成理解成一个操作台，在之上运用各种工具，对各种原材料进行分解、变换、修改和融合等操作，最终才能成为完整的作品。

### 9.4.1　建立一个合成

建立一个合成最基本的方法就是选择菜单栏中的“合成\新建合成”命令，在“合成设置”对话框中设置合成的名称为“合成1”，在“基本”选项卡中设置长宽尺寸、像素比、时间长度以及帧率等属性，单击“确定”按钮完成创建，如图9.6所示。AE会自动打开合成1的时间线窗口和合成窗口，并且在项目窗口中显示刚创建的合成1，如图9.7所示。

图 9.6

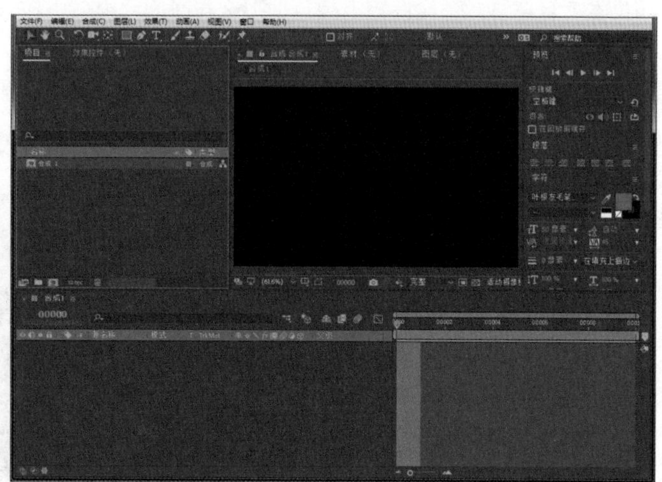

图 9.7

### 9.4.2　用其他方式建立合成

打开AE软件，导入配套素材中的任一素材。在项目窗口中选中单个或多个素材文件，拖动到项目窗口下边的按钮上并释放鼠标左键，然后在“合成设置”对话框中设置相关的属性，单击“确定”按钮。这样就会自动以该文件为基础建立一个合成。

## 9.5 时间线操作

有了时间线窗口，使得 AE 在动画合成和视觉特效方面都有很高的效率，而以节点为基础的后期合成软件，虽然很容易看清渲染顺序，但是调整对象的时间就比较困难。

在时间线窗口中，可以很清楚地了解图层以及关键帧与时间之间的联系。

因为在 AE 中的操作很大一部分时间是花在时间线窗口上的，所以可以利用快捷键和快捷菜单等方式来完成相关操作，以提高效率。这些操作需要在平时逐渐学习和积累。

时间线窗口分为图层控制区和时间线工作区两大部分。在图层控制区中的各个栏目分别是关于图层的一些控制，在时间线工作区中主要是进行时间方面的编辑，如图 9.8 所示。

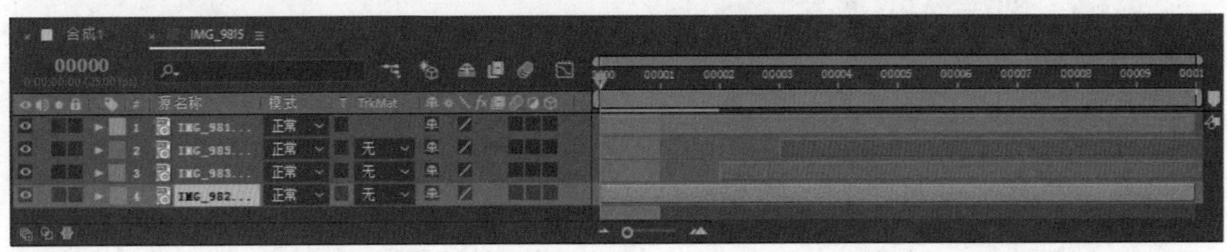


图 9.8

### 9.5.1 时间线窗口和合成

在时间线窗口中可以叠放多个合成。在其中可以单击一个合成的标签，使它成为当前的合成，如果在项目窗口对合成设置了颜色，那么在时间线窗口中该合成的标签将以设置的颜色来显示，如图 9.9 所示。

要在时间线窗口中关闭某一个合成的显示，可以单击合成标签上的按钮；要打开某个合成的时间线窗口，可以在项目窗口中双击该合成，如图 9.10 所示。

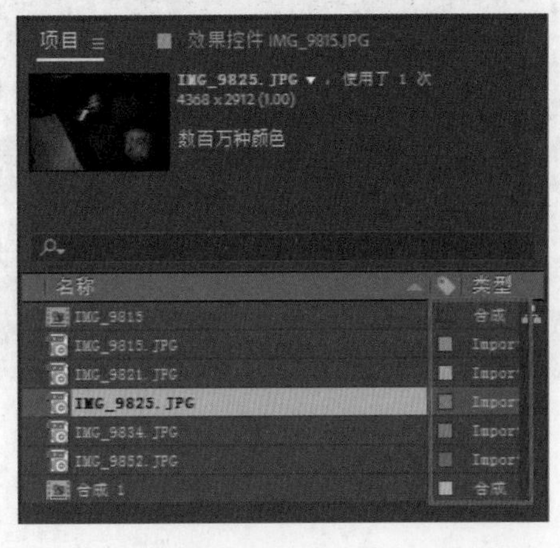


图 9.9

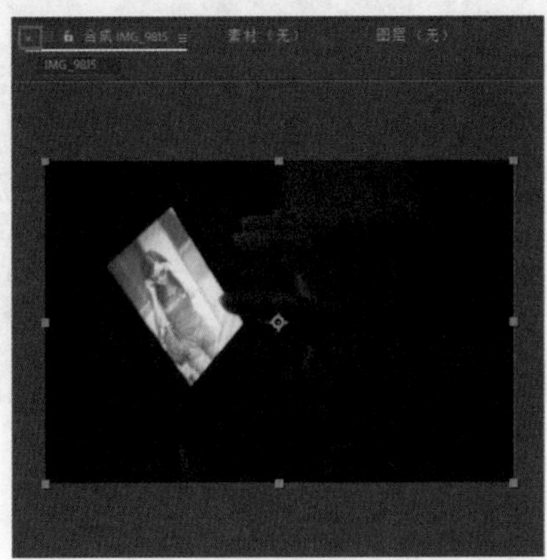

图 9.10

### 9.5.2　时间定位

在时间线窗口中，时间指针用来指示当前的时间点，用户可以直接用鼠标拖动时间指针来指定当前的时间点，精确地在栏中显示时间数值。

**Step01** 要精确地指定时间点，可以单击时间线窗口左上方的蓝色时间栏，然后在其中输入时间点，如图 9.11 所示。

图 9.11

**Step02** 按快捷键 I 则定位时间指针于所选择图层的入点；按快捷键 O 则定位于出点。

**Step03** 按组合键 Shift+Home，将时间指针定位于合成的起点；按组合键 Shift+End，将时间指针定位于合成的终点。

**Step04** 在时间线窗口中的可见关键帧之间移动，按快捷键 J 为选择前 1 个关键帧，按快捷键 K 为选择后 1 个关键帧。

## 9.6　AE 的图层操作

Adobe 公司首次在 Photoshop 中引入图层的概念，而后在影视特效后期编辑软件 AE 中也运用了这一概念，只不过它的图层，可以看作动画图层。

在 AE 中图层自下而上层层叠加，最终形成完整的图像。如果读者对 Photoshop 比较熟悉，那么对图层应该不会陌生。图层是一个合成最为基础的结构。

在时间线窗口中，单击图层名字左侧的▶按钮使其呈▼状态，可以展开图层的属性参数，如图 9.12 所示。

图 9.12

将项目窗口中的素材拖到时间线窗口中，这样就会把素材在时间线窗口中建立成图层。在项目窗口中直接将素材拖动到该窗口的合成文件图标上，同样也可以把文件加入到合成中。

## 9.6.1 建立文字图层

在 AE 中除了从外部导入一些文件建立图层外，程序自身也可以建立新图层，比如文字图层和固态层。

启动 AE，按组合键 Ctrl+N，新建一个合成。在时间线窗口中的空白处右击，在弹出的快捷菜单中选择“新建 \ 文字”选项，建立一个文字图层，然后在合成窗口中输入“文字图层”。

也可以单击工具栏中的T工具，在合成窗口中单击输入文字。在时间线窗口会自动建立文字层，如图 9.13 所示。

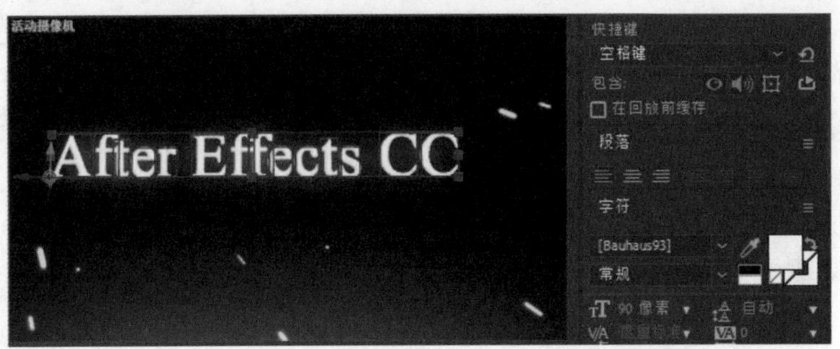


图 9.13

## 9.6.2 创建纯色层

在时间线窗口的空白处右击，在弹出的快捷菜单中选择“新建 \ 纯色”选项，也可直接按组合键 Ctrl+Y 创建纯色层。在弹出的“纯色设置”对话框中设置图层的名称、大小、像素长宽比以及颜色等属性，如图 9.14 所示。

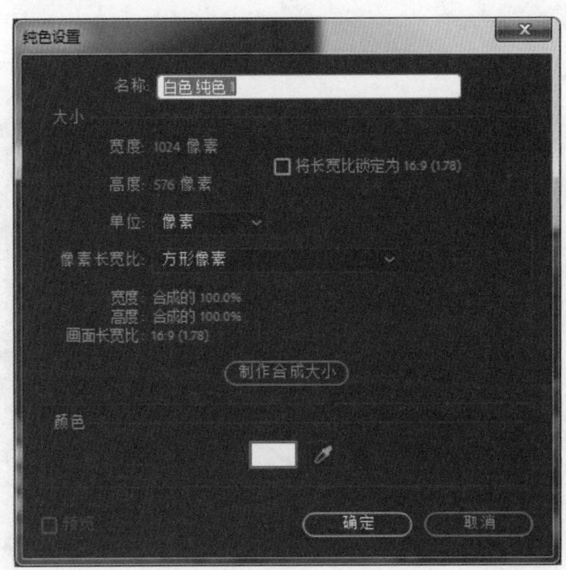


图 9.14

## 9.7　导出 UI 动画

下面我们介绍如何输出动画。动画的输出要看其在哪个媒介中播放，如果是大屏幕，需要高清输出，如果只是手机播放，则要生成 H5 规格的视频。

Step01 如果我们设置了 10s 的动画，就要将整个动画时长设为 10s，按组合键 Ctrl+K，弹出“合成设置”对话框，设置“持续时间”为 0.00.10.00，如图 9.15 所示。

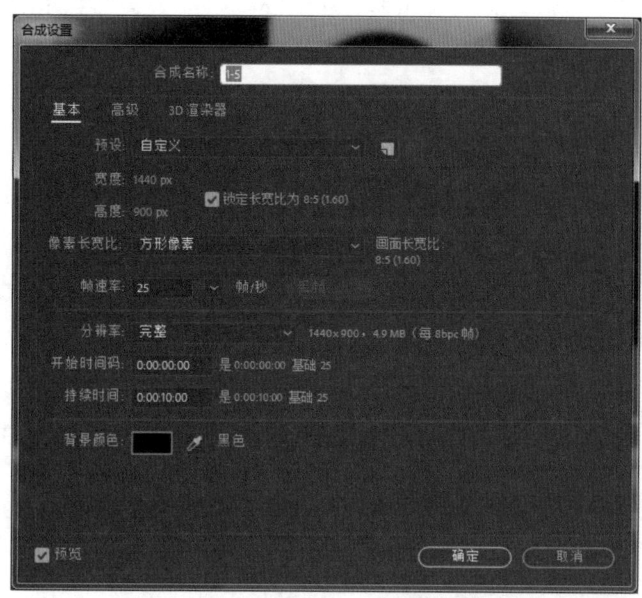


图 9.15

Step02 选择菜单栏中的“文件 \ 导出 \ 添加到渲染队列”命令，准备导出动画，如图 9.16 所示。

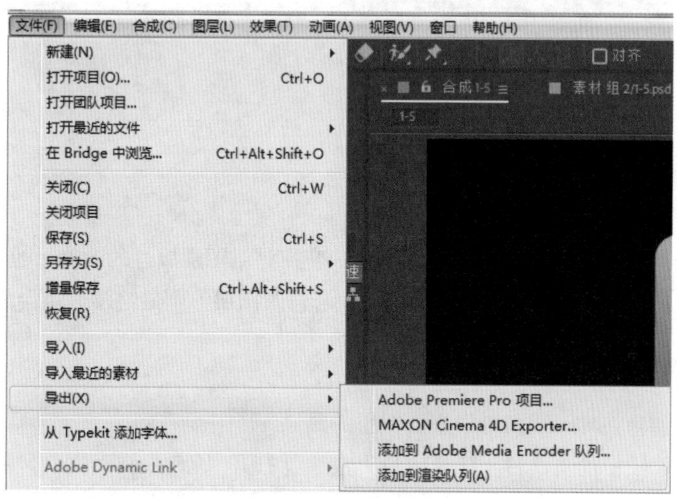


图 9.16

Step03 此时在时间线窗口增加了一个“渲染设置”和“输出模块”选项，在其可以对导出的动画格式、画质以及文件保存的位置进行设置，如图 9.17 所示。

图 9.17

Step04 选择“无损”选项，弹出“输出模块设置”对话框，设置需要的格式，如果想要背景镂空（做表情包），可以选择 RGB+Alpha 选项，如图 9.18 所示。选择“尚未指定”选项，可弹出“将影片输出到”对话框，设置动画的输出文件名，如图 9.19 所示。最后单击时间线窗口右上角的“渲染”按钮，对动画进行最终渲染即可。至此已经完成了第一个 MG 动画。

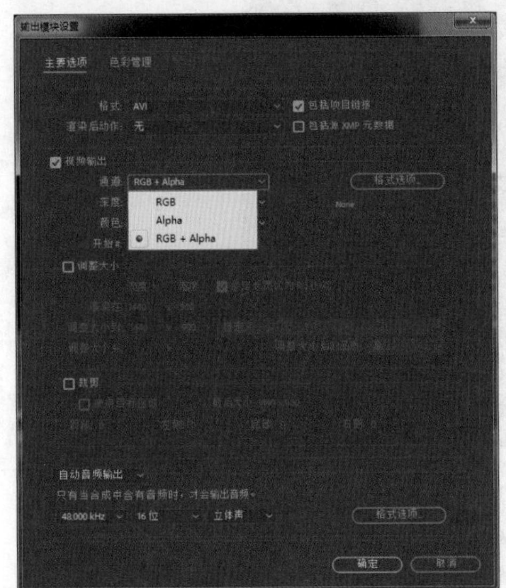


图 9.18

图 9.19

## 9.8 AE 关键帧制作

基于图层的动画大多使用关键帧来进行制作，变换是对图层属性的改变，也就意味着图层之间的层的变换。图层是 AE 中区分各个图像的单位，若修改图层，则最终画面将会随性质改变。

### 9.8.1 在时间线窗口中查看属性

下面我们学习如何在时间线窗口中查看图层的属性。

Step01 选择菜单栏中的“文件 \ 打开项目”命令，打开“9.8.1.aep”文件，如图 9.20 所示。这是一个典型的分层动画。

Step02 将光标移到时间线窗口中选择图层 1。单击图层左边的小三角按钮，将图层的属性展开，即可观察到该图层的关键帧以及其他属性，如图 9.21 所示。

图 9.20

图 9.21

## 9.8.2 设置关键帧

在展开的图层属性后可以看到，在缩放、旋转和不透明度参数后面都已经有关键帧存在了。

所谓关键帧，即在不同的时间点对对象的属性进行变化，而关键帧之间的变化则由计算机来运算完成。AE 在通常状态下可以对层或者其他对象的变换、遮罩、效果以及时间等进行设置。这时，系统对层的设置是应用于整个持续时间的。如果需要对层设置动画，则需要打开（关键帧记录器）来记录关键帧设置。

打开对象某属性的关键帧记录器后，图标变为，表明关键帧记录器处于工作状态下。这时系统对该层打开关键帧记录器后进行的操作都将被记录为关键帧。如果关闭该属性的关键帧记录器，则系统会删除该属性上的一切关键帧。对象的某一属性设置关键帧后，在其时间线窗口中会出现关键帧导航器，如图 9.22 所示。

Step01 按下键盘中的“+”键和“-”键可以调整时间线的单位，使时间刻度放大或缩小，以便准确地添加关键帧，然后将时间线指针移动到00s处并单击位置参数前面的图标，当图标从变为时，就为图层的位置制作了第1个关键帧，如图9.23所示。

图9.22

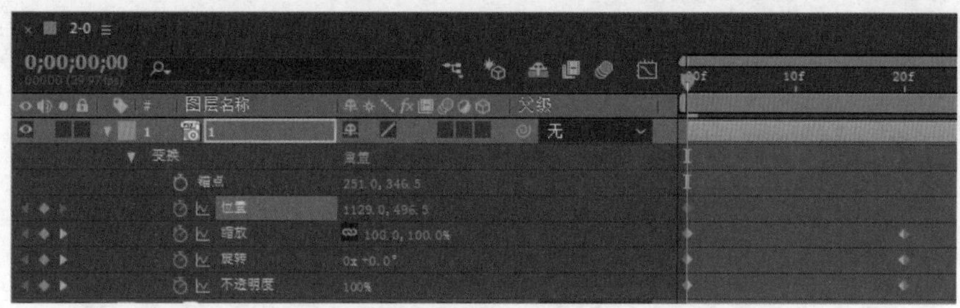


图9.23

Step02 现在已经制作了位置的一个关键帧，但还没能做出位置属性的动画，这就需要继续添加关键帧。单击图层1左侧的三角形，将图层的所有属性隐藏，然后确定图层1被选中，按下快捷键P显示图层的位置属性，如图9.24所示。

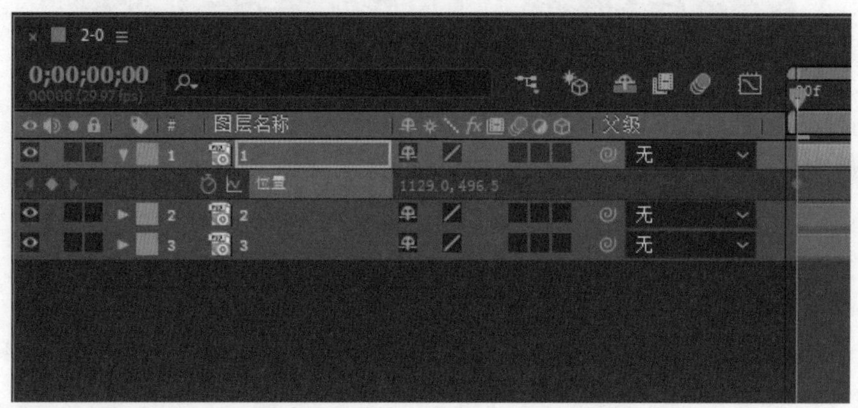


图9.24

在实际操作中，往往会遇到时间线窗口中图层很多的情况，为了避免误操作和简化空间，通常采用隐藏不必要属性的方法，以提高工作效率。展开位置属性的快捷键为P，展开旋转属性的快捷键为R，展开缩放属性的快捷键为S，展开不透明度属性的快捷键为T，展开遮罩属性的快捷键为M。

## 9.8.3 移动关键帧

下面我们学习如何在时间线窗口中移动关键帧。

Step01 将时间线指针移动到 0:00:00:10 位置，然后将位置属性的参数设置为 1130 和 1030，这时系统会自动添加一个新的关键帧，如图 9.25 所示。

图 9.25

Step02 现在展开图层 1 的所有属性，观看所有关键帧，发现缩放、旋转和不透明度属性的第 2 个关键帧都在第 20s 上，为了将位置属性的第 2 个关键帧也放置在第 20s 上，就需要移动关键帧。将时间线滑块拖动到时间刻度的第 20s 上，框选位置属性的第 2 个关键帧，按住 Shift 键将框选的关键帧向右移动，关键帧将自动吸附到时间线滑块处。这样，就将所有的关键帧对齐了，如图 9.26 所示。

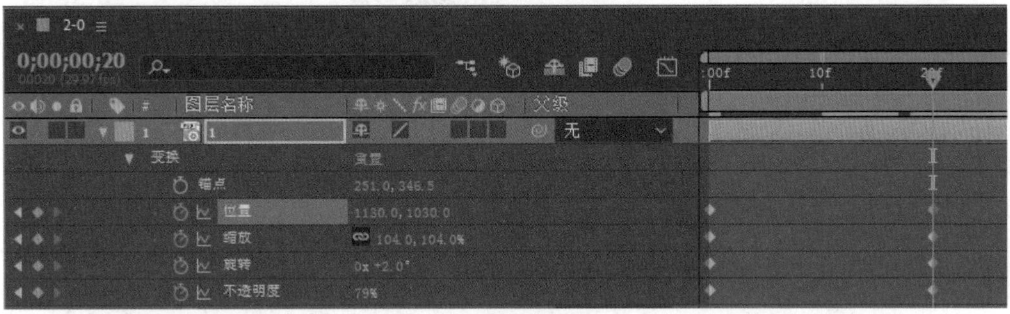

图 9.26

Step03 关键帧的普通移动方法只需要选中然后左右拖曳即可。如果要精确地移动，则需要先将时间线指针放置在目标位置上，然后先选中关键帧，再按住 Shift 键，而后向时间线滑块指针方向移动，关键帧会自动吸附到时间线指针位置。

## 9.8.4 复制关键帧

下面要在位置属性的两个关键帧中间的第 10s 处再制作一个关键帧，方法有以下 3 种。

方法 1：将时间线指针移动到第 10s 处，然后单击位置属性的关键帧导航器中间处，使其变为，如图 9.27 所示。

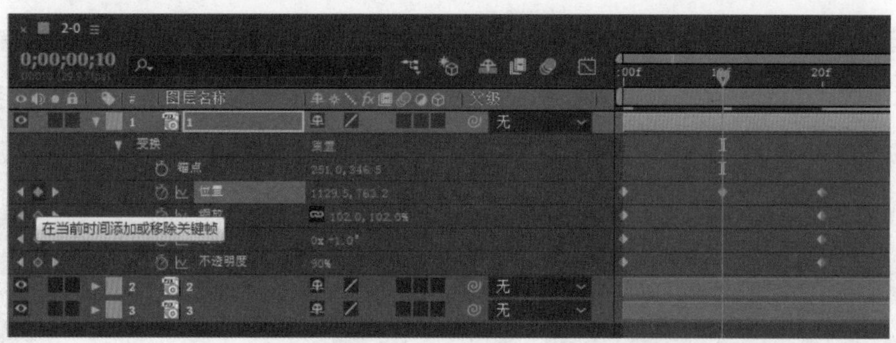


图 9.27

方法 2：将时间线指针移动到第 10s 处，然后将位置属性的参数数值调到需要的大小，系统会自动生成一个关键帧。

方法 3：将时间线滑块指针移动到第 1s 处，然后选取位置上任意一关键帧通过复制粘贴得到新的关键帧。

在这里将采用第 3 种方法来制作关键帧，并且再尝试对关键帧的其他操作，具体操作步骤如下。

Step01 选取位置属性的第 1 个关键帧，然后选择菜单栏中的“编辑 \ 复制”命令或者按下组合键 Ctrl+C 对选择的关键帧进行复制，将时间线指针移动到第 10s 位置，选择菜单栏中的“编辑 \ 粘贴”命令或者按下组合键 Ctrl+V 进行粘贴，这样就新添加了一个关键帧。

Step02 选择图层 1，按下组合键 Ctrl+D 复制出一个图层，现在看到时间线窗口中有两个图层，单击图层 2 左边的小三角按钮展开它的一下级属性，再单击变换左边的小三角按钮展开它的所有图层属性，如图 9.28 所示。

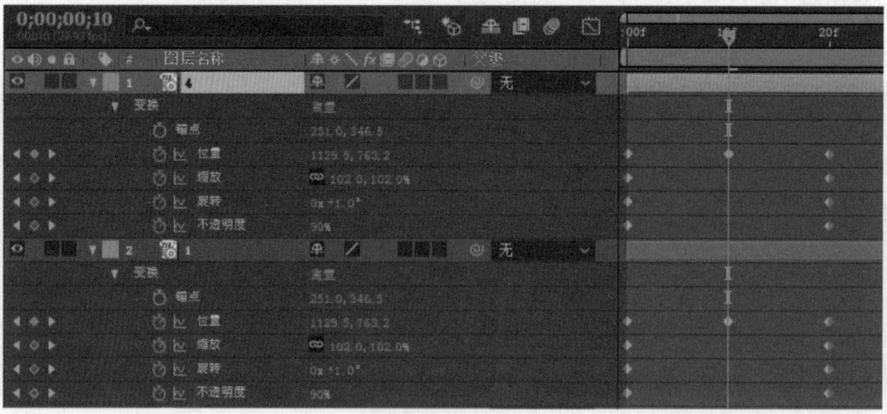

图 9.28

Step03 将图层 2 的关键帧全部删除，预览画面后发现当前图层 2 已经没有了动画。此时用复制粘贴的方法，让动画恢复。框选图层 1 中所有关键帧，选择菜单栏中的“编辑 \ 复制”命令或者使用组合键 Ctrl+C 对选择的关键帧进行复制。将时间线指针移动到 00s 位置，选中图层 2，选择菜单栏中的“编辑 \ 粘贴”命令或者使用组合键 Ctrl+V 进行粘贴，这样就为图层 2 设置了和图层 1 相同的动画。在粘贴关键帧时，时间线指针的位置很重要，系统会将所粘贴的第 1 个关键帧对齐时间线指针，其他的关键帧会依照复制的关键帧的排列间隔依次排列在所粘贴的图层上。如果将时间线指针放在第 05s 处，就会出现图 9.29 所示的情况，移动这些关键帧，整体移动到第 00s 位置。

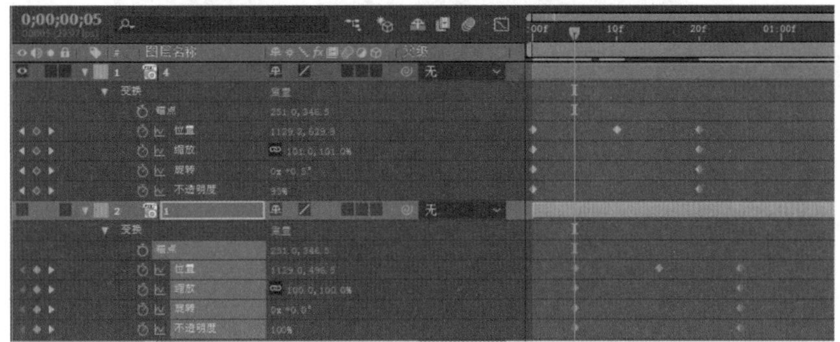


图 9.29

## 9.8.5　修改关键帧

现在两个图层的动画是一样的，因此显不显示图层 1 在合成窗口中是看不出区别的，为了使两个图层的动画显得不一样，可以通过修改关键帧来达到这一目的。

Step01 双击图层 2 的位置属性后面第 1 个关键帧，弹出“位置”对话框，如图 9.30 所示修改参数，这样可以很方便地改变位置参数，用同样的方法可以修改第 2 个和第 3 个关键帧的位置参数。

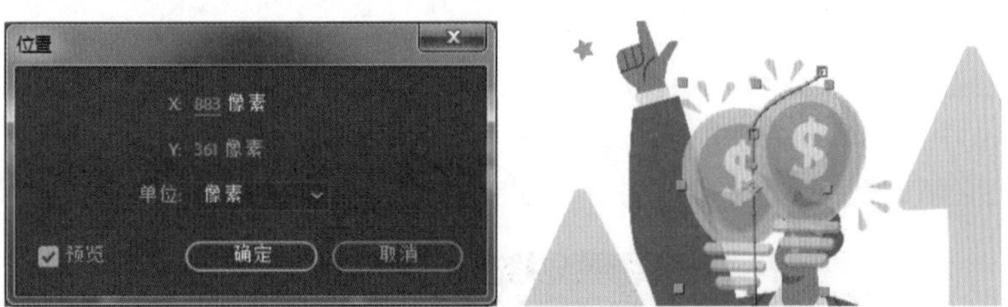


图 9.30

Step02 用同样的方法也可以修改旋转或缩放等关键帧的参数。回到合成窗口中，会发现图层的关键帧上多出了控制手柄。它是用来微调图层路径的，用鼠标左键按住控制手柄来调节路径，如图 9.31 所示。

图 9.31

**Step03** 现在继续完成在移动、旋转和缩放上都有变化的动画。播放动画时如果对效果不满意，可以回到上面步骤对关键帧进行相应的修改，直到满意为止。在按住 Shift 键的状态下旋转图层，就会以 45 度的间隔逐步旋转，从而能够准确地设置 45 度和其整数倍的角度，如图 9.32 所示。

图 9.32

## 9.9 捆绑父子级关系

通过设置父子关系可以高效率地制作许多复杂的动画。例如，指定父层的移动或者转动，这时子层就会跟随父层一起移动或者转动。当然，子层的移动和父层是一致的，而它的旋转是依照父层的轴心来旋转的，即围绕父层轴心旋转。

下面就通过实例来认识一下父子层的关系。

**Step01** 在 AE 中导入本书素材中的“轿车 .tga”和“轿车轮胎 .tga”文件。单击项目窗口下方的按钮，在弹出的对话框中设置参数，如图 9.33 所示。

图 9.33

**Step02** 选取项目窗口中的素材，将它们拖曳到时间线窗口中，在合成窗口内对好轮胎与车身的位置，如图 9.34 所示。

图 9.34

Step03 右击时间线的空白区域，在弹出的快捷菜单中选择“新建 \ 纯色”选项，如图 9.35 所示，在弹出的对话框中设置参数，如图 9.36 所示，新建一个黄色背景，如图 9.37 所示。

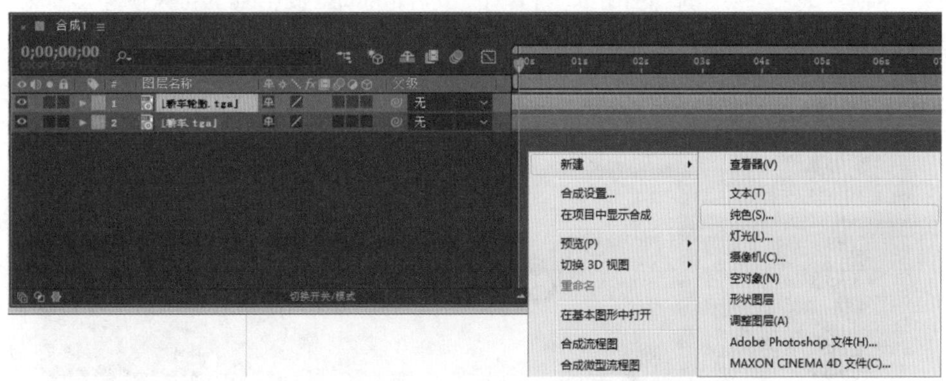


图 9.35

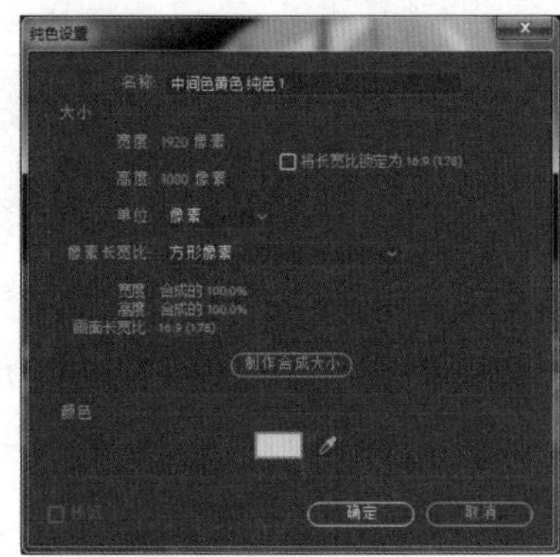


图 9.36

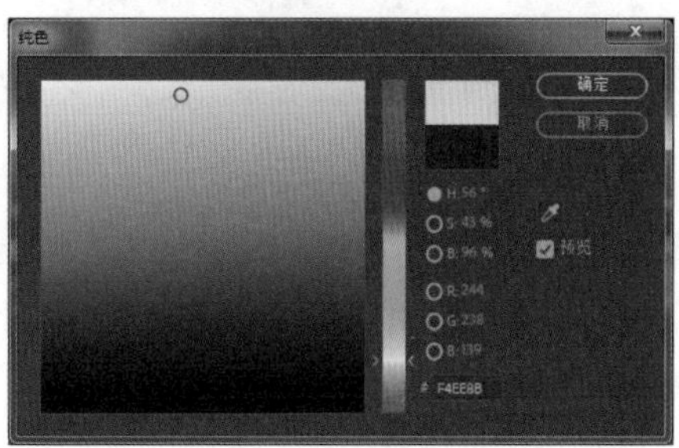


图 9.37

Step04 在时间线窗口将黄色背景层拖曳到最底层，如图 9.38 所示。

图 9.38

Step05 在时间线窗口中选择“轿车轮胎”图层，按下组合键 Ctrl+D，复制出图层 1，现在图层 2 和图层 1 都是“轮胎”层。选择图层 1，将其对位到后轮部位（按住 Shift 可以锁定 X 轴向平移），如图 9.39 所示。

图 9.39

Step06 下面为“轮胎”层指定父层。单击图层 2 后面父级栏的 None 按钮，在弹出的菜单中选择图层 3（轿车层）（这样就将该轮胎链接到了车身上），用相同的方法将另外的轮胎链接到车身上，如图 9.40 所示。

图 9.40

Step 07 在合成窗口里将汽车车身图层移动到右边，然后为它的位移属性添加一个关键帧，如图 9.41 所示。这时会发现，作为子层的图层 1（轿车轮胎层）和图层 2（轿车轮胎层）已经跟随作为父层的图层 3 移动了。

图 9.41

## 9.10 制作透明度动画

通过对图层透明度的设置，可以对图层设置透出下一层图像的效果。当图层的不透明度为 100%时，那么图像完全不透明，它可以遮住下面的图像；当图层的不透明度为 0%时，对象完全透明，也就是能完全显示其下的图像。当不透明度在 0%～100%时，值越大则越不透明，而值越小则越透明。

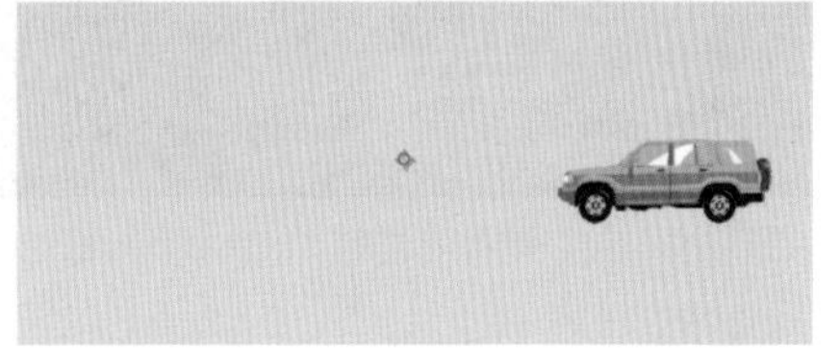

图 9.42

Step 01 在 AE 中打开本书资源的“2-car.aep”项目文件，如图 9.42 所示。我们要使用不透明度功能制作一段淡入淡出动画。硬切是指时间线从一个图层到下一个图层之间没有过渡，也就是说，既没有转场特效也没有淡入淡出效果。

Step02 双击项目窗口，导入“飞机 .tga”素材，将飞机素材拖动到时间线窗口的最上层，将时间指针移动到第 07s 处，按照汽车的位置，将飞机移动和缩小至与汽车重叠，如图 9.43 所示。

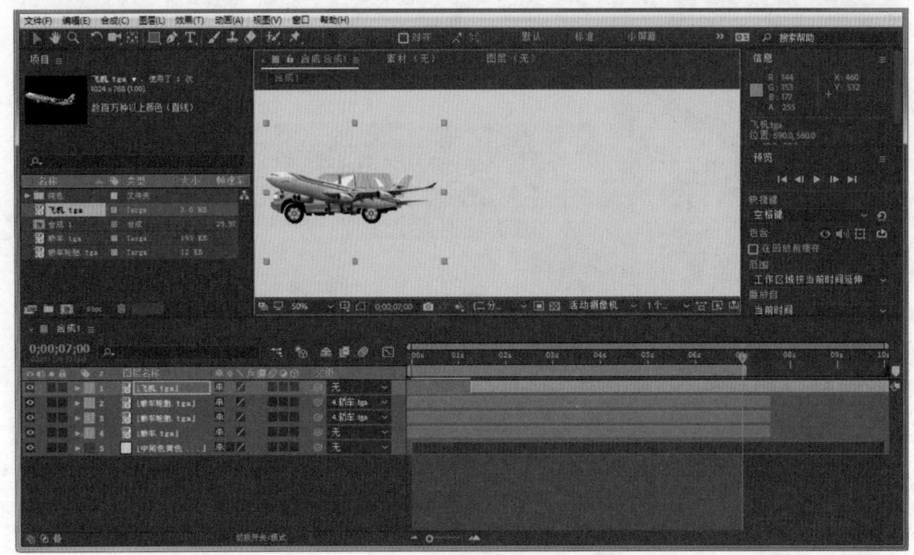

图 9.43

Step03 在时间线窗口将飞机图层的开始移动到第 07s，如图 9.44 所示，在合成窗口中观察整个片段。现在由图层 1 到图层 2 就是硬切模式，其过渡显得非常生硬。要解决这样的问题可以使用淡入淡出的效果。

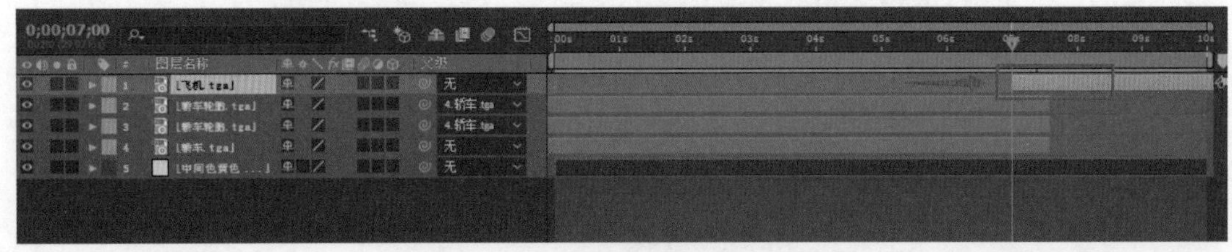

图 9.44

Step04 在时间线窗口将汽车和两个轮胎图层选中，将结尾移动到第 08s 处，让飞机与它们在第 07 至 08s 处重叠，如图 9.45 所示。

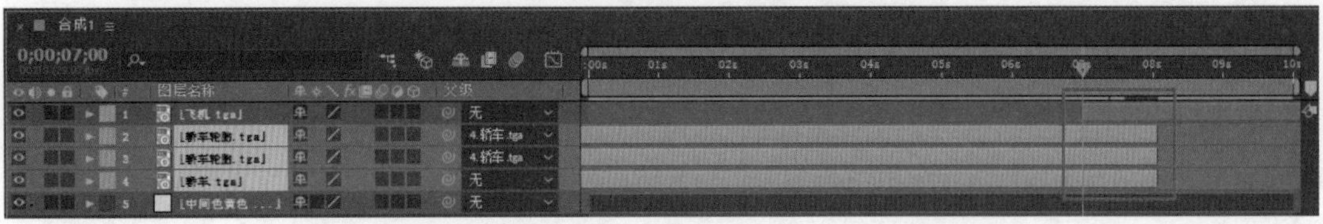

图 9.45

Step05 分别选择图层 1 到图层 4，按下键盘上的 T 键，展开它们的透明属性。移动时间指针到第 00s 位置，保持 4 个图层全都选中，单击图层 1 的不透明度属性前面的按钮，为 4 个图层的透明属性同时添加一个关键帧。单独选择飞机图层，设置不透明度属性为 0%（隐身），如图 9.46 所示。

Step06 移动时间指针到第 07s 位置，将 4 个图层全都选中，单击图层 1 的按钮，为 4 个图层同时添加一个关键帧，如图 9.47 所示。此时飞机在第 0 至 7s 保持隐身，汽车保持显示状态。

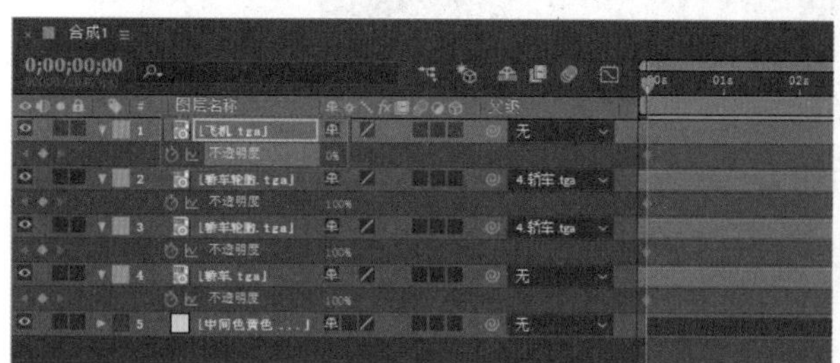

图 9.46

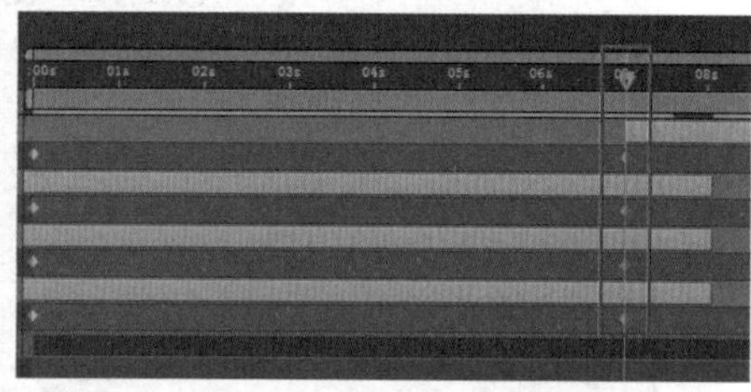

图 9.47

Step07 移动时间指针到第 08s 位置，将 4 个图层全都选中，单击图层 1 的按钮，为 4 个图层同时添加一个关键帧，如图 9.48 所示。单独选择飞机图层，设置不透明度为 100%（显示出来）。分别设置车身和两个轮胎图层的不透明度为 0%（隐身）。

图 9.48

Step08 单击飞机图层的按钮，将该图层独显，移动时间指针到第 07s 位置，按 P 键打开位置参数，单击按钮添加位置关键帧，移动时间指针到第 10s 位置，设置位置参数，让飞机向前滑行，如图 9.49 所示。

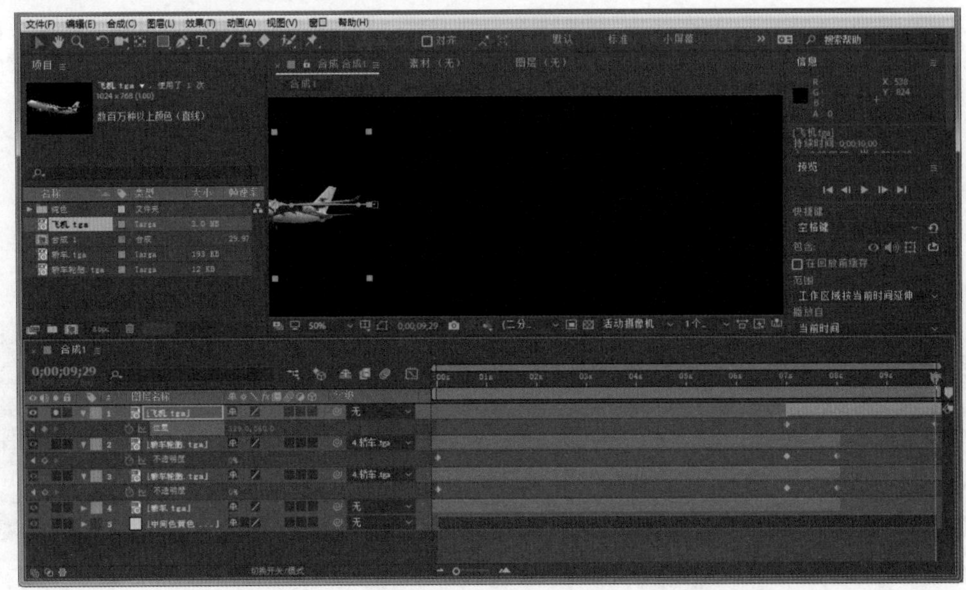

图 9.49

Step09 单击飞机图层的按钮，关闭图层独显。拖动时间指针观察淡入淡出效果，如图 9.50 所示。按数字 0 键对动画进行预览，会发现飞机图层 1 到汽车的过渡是一个渐变的过程，比硬切要更加自然。这就是淡入淡出效果，汽车的逐渐透明就是淡出，飞机的逐渐清晰就是淡入，这在 MG 动画中经常会遇到。

图 9.50

## 9.11 制作路径动画

物体运动状态不只是简单的位置参数设置，还可以设置一段路径，让物体沿着路径运动，在运动过程中可以设置运动方式。

Step01 按组合键 Ctrl+Alt+N，新建一个项目窗口。单击项目窗口下方的按钮，在弹出的“合成设置”对话框中设置“宽度”为 1920，“高度”为 1080（时间长度为 40s），如图 9.51 所示。

**Step02** 现在已经在项目窗口创建了一个合成1，双击项目窗口的空白处，在弹出的“导入文件”对话框中打开本书资源的图片“飞机.tga”，如图9.52所示，单击“导入”按钮退出对话框。

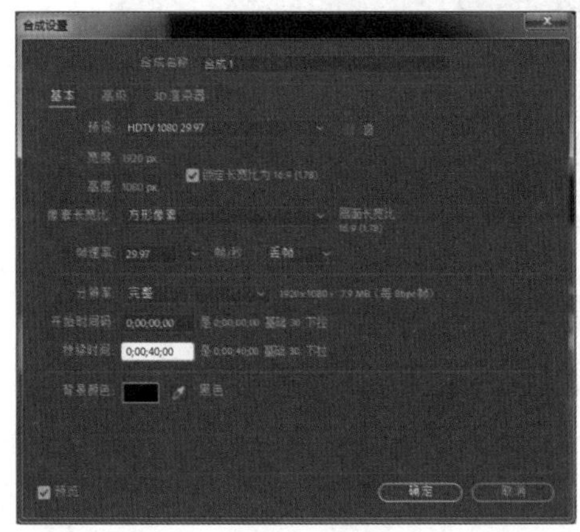
图 9.51

图 9.52

**Step03** 在弹出的“解释素材”对话框中选择“预乘-有彩色遮罩”单选框，保持后面的黑色，如图9.53所示，单击“确定”按钮退出对话框。

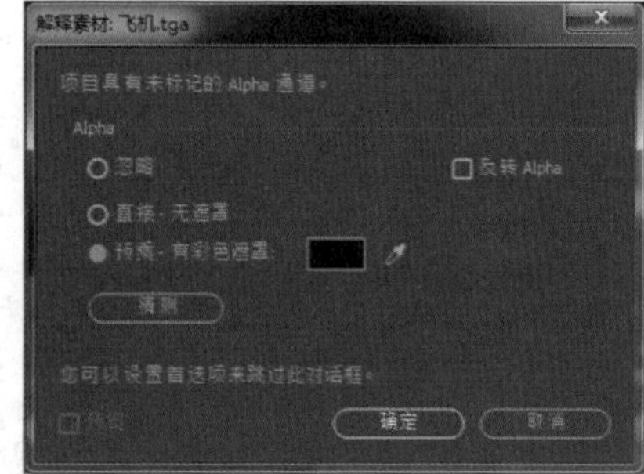

图 9.53

**Step04** 将项目窗口中的飞机图片拖曳到合成窗口或者时间线窗口中，选择时间线窗口中的图层1（缩小飞机尺寸，让飞机在画面中比较合适），按下键盘上的P键展开图层1的位置属性。确定时间线指针在第00s处，将飞机移动到画面右侧，或者直接在位置属性右边的参数设置栏内输入参数，单击按钮，添加一个关键帧，如图9.54所示。

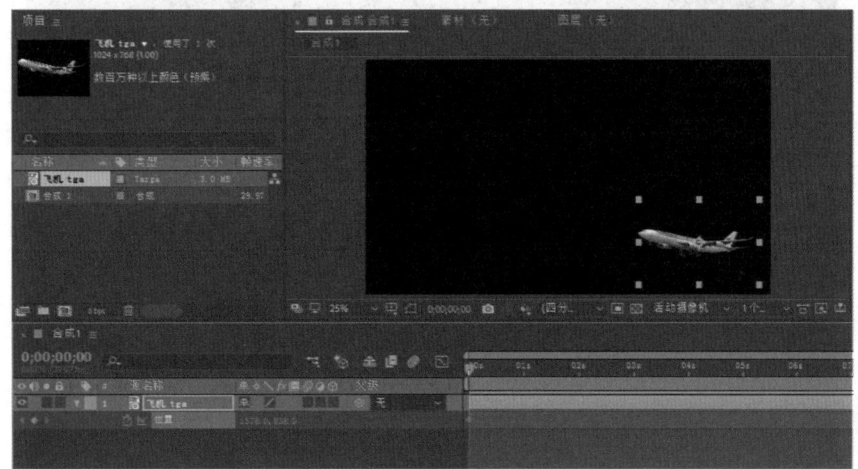
图 9.54

**Step05** 将时间线指针移动到第10s处，把图层1向左移动到画面中间处，系统在第10s处自动添加一个关键帧，现在按空格键预览，发现飞机动起来了，如图9.55所示。这是一个极为简单的位移动画，接下来将把这个动画变复杂一些。

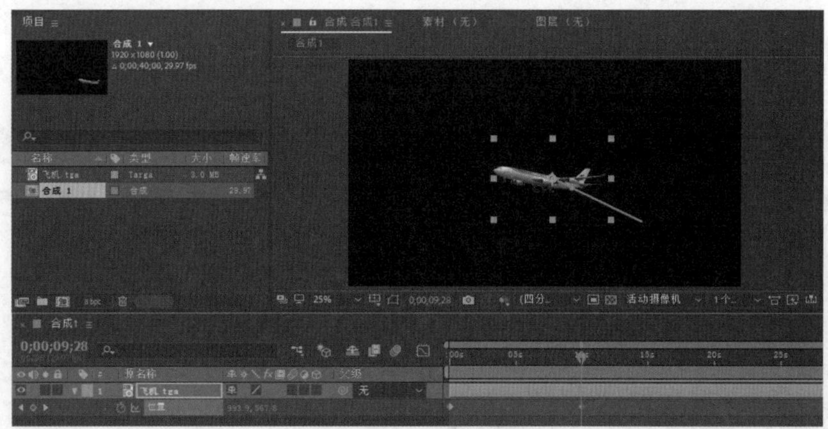


图 9.55

Step06 选择“钢笔”工具，在合成窗口中的动画路径上，单击鼠标左键添加两个路径节点，如图 9.56 所示。

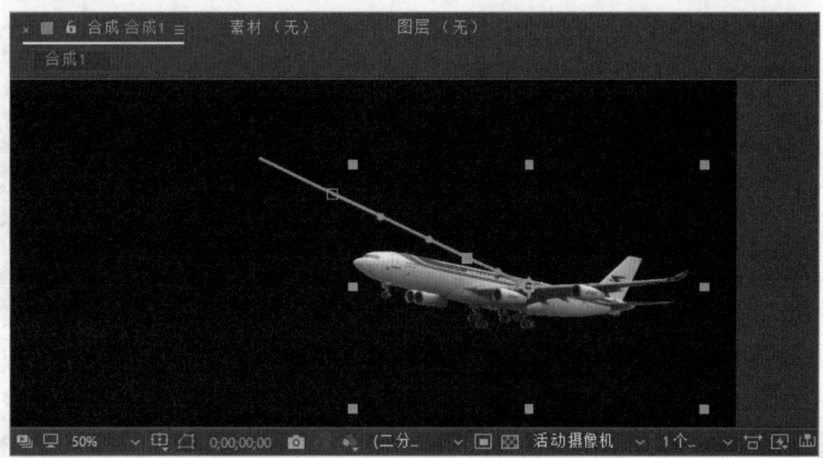


图 9.56

Step07 移动刚才添加的两个路径节点的手柄，可以改变运动路径的曲线，此时合成窗口中的飞机飞行路径已经发生了变化，按空格键可以观察飞机的运动效果，如图 9.57 所示。

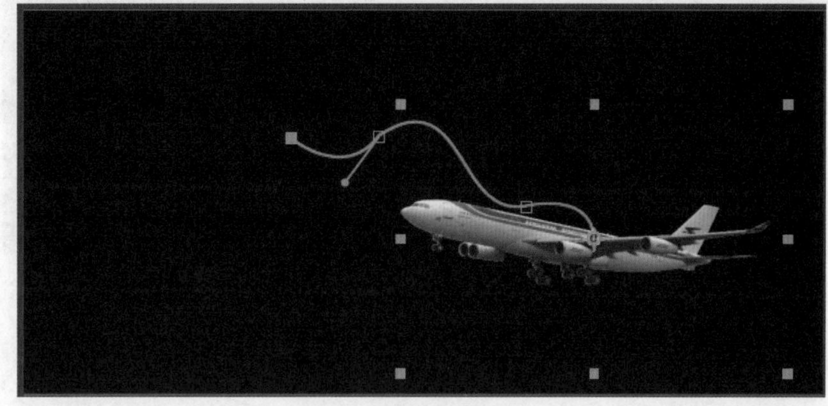

图 9.57

Step08 选择菜单栏中的“窗口\动态草图”命令，弹出“动态草图”面板。确定飞机图层被选择，单击“开始捕捉”按钮，如图 9.58 所示。这时光标变为十字型，将光标移动到合成窗口中，按住鼠标左键不放，连续移动绘制出一个星形，之后松开鼠标左键结束绘画，如图 9.59 所示。在时间线窗口中看到系统已经自动生成了关键帧，这些关键帧记录了刚才绘画时光标在合成窗口中的相应位置，它们连在一起就是一条路径。时间线窗口中的关键帧和合成窗口中的虚线点是相互对应的，时间线窗口中有多少个关键帧，合成窗口中就有多少个虚线点。

图 9.58

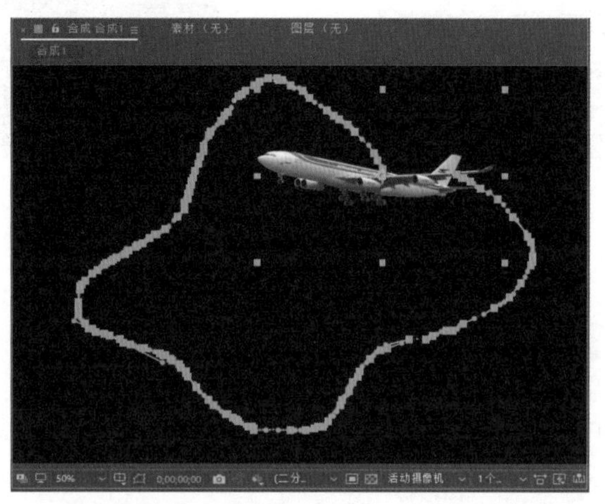


图 9.59

Step09 重复上面用过的方法，使用动态草图面板为飞机制作一段波浪路径，如图 9.60 所示。观察路径，发现这条路径非常不光滑，为了使其光滑起来，可以使用“平滑器”面板来进行设置。平滑器常用于对复杂的关键帧进行平滑。使用动态草图等工具自动产生的曲线，会产生复杂的关键帧，在很大程度上降低了处理速度。使用平滑器可以消除多余的关键帧，对曲线进行平滑。在平滑时间曲线时，平滑器会同时对每个关键帧应用 Bezier 插值。

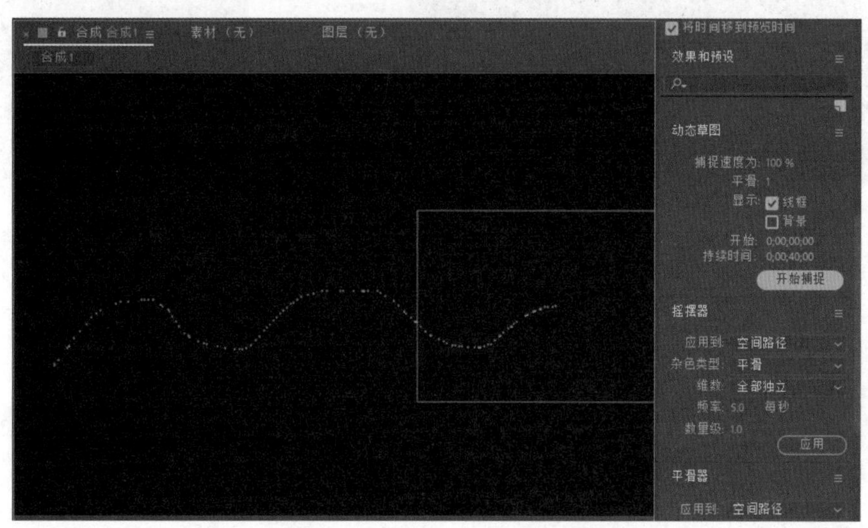


图 9.60

Step10 确定飞机图层被选中，选择菜单栏中的“窗口\平滑器”命令，弹出“平滑器”面板。设置

“容差”为 5，如图 9.61 所示，单击“应用”按钮来平滑曲线，可以得到更加平滑的结果。反复对其进行平滑，使关键帧曲线至最平滑。现在再观察合成窗口中的路径曲线，发现路径光滑了许多，关键帧也简化了不少，如图 9.62 所示。容差单位与欲平滑的属性值一致。容差越高，产生的曲线越平滑，但过高的值会导致曲线变形。

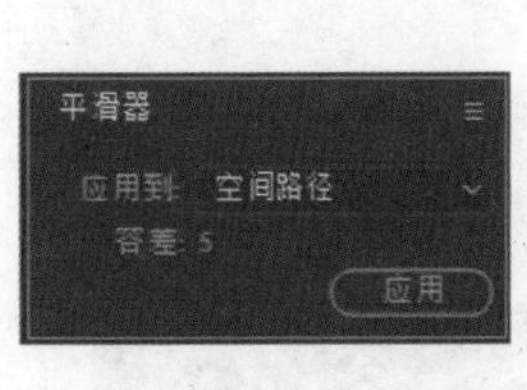

图 9.61

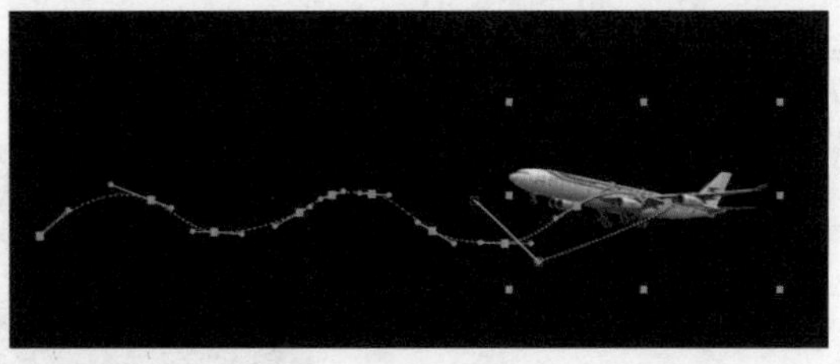
图 9.62

## 9.12 动画控制的插值运算

系统在进行平滑时，加入了插值运算，使得路径在基本保持原形的同时减少了关键帧控制点。插值运算可以使关键帧产生多变运动，使层的运动产生加速、减速或者匀速等变化。AE 提供了多种插值方法对运动进行控制，也可以对层的运动在其时间属性或空间属性上进行插值控制。

Step01 在时间线窗口中选中要改变插值算法的关键帧，在其上右击，在弹出的快捷菜单中选择“关键帧插值”选项，如图 9.63 所示，弹出“关键帧插值”对话框，如图 9.64 所示。

图 9.63

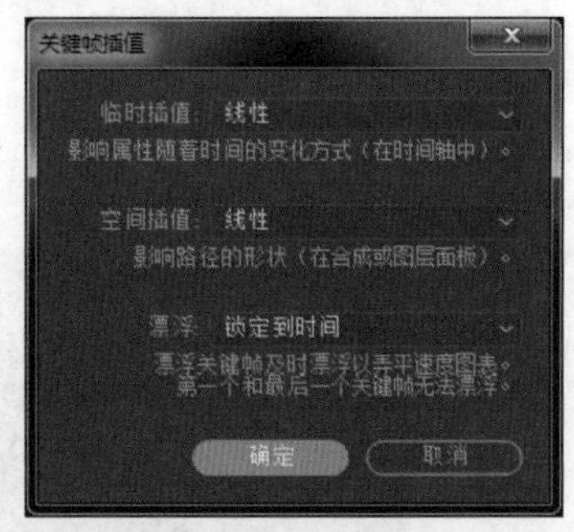

图 9.64

Step02 可以对关键帧的插值方法进行手动改变，并通过对其数值和运动路径的调节来控制插值，在前两个下拉列表中选择需要的插值方式：时间或者空间插值方式，如图 9.65 所示。如果选择了关键帧的空间插值方法，使用“漂浮”下拉列表中的选项可设置关键帧如何决定其位置，如图 9.66 所示，最后单击“确定”按钮。

线性：线性为 AE 的默认值设置。其变化节奏比较强，属于比较机械的转换。如果层上的所有关键帧都使用线性插值，则会从第 1 个关键帧开始匀速变化到第 2 个关键帧。依次类推，关键帧结束变化停止。两个线性插值关键帧连线段在图中显示为直线。如果层上的所有关键帧都使用线性插值，则层的运动路径皆为直线构成的角，如图 9.67 所示。

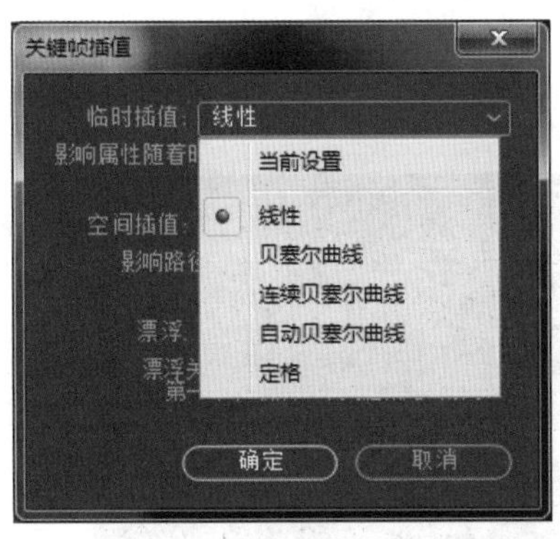


图 9.65

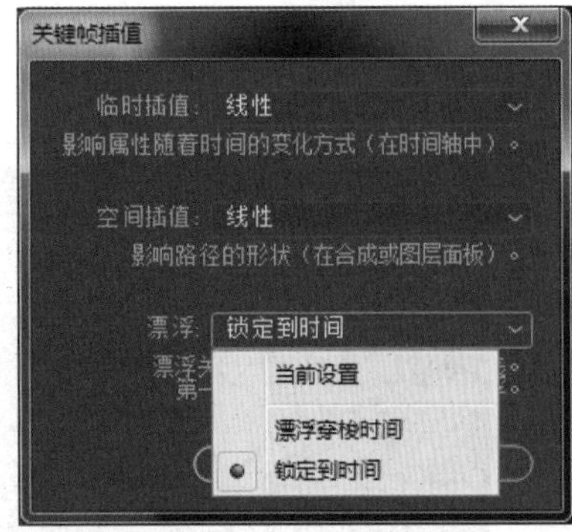


图 9.66

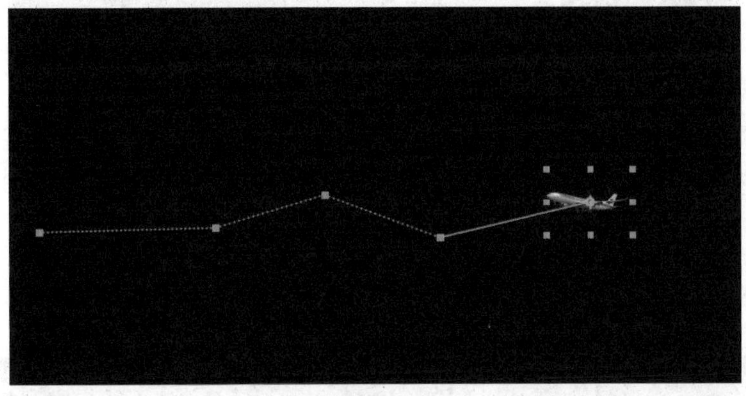

图 9.67

贝塞尔曲线：贝塞尔曲线插值方法可以通过调节手柄，改变图形形状和运动路径。它可以为关键帧提供最精确的插值，具有非常好的手动调节性。如果层上所有的关键帧都使用贝塞尔曲线插值，则关键帧会产生一个平稳的过渡。贝塞尔曲线插值是通过保持控制手柄的位置平行于前 1 个和后 1 个关键帧来实现的。它通过手柄可以改变关键帧的变化率。其都是由平滑曲线构成，不过在每个关键帧上都是突变的，如图 9.68 所示。

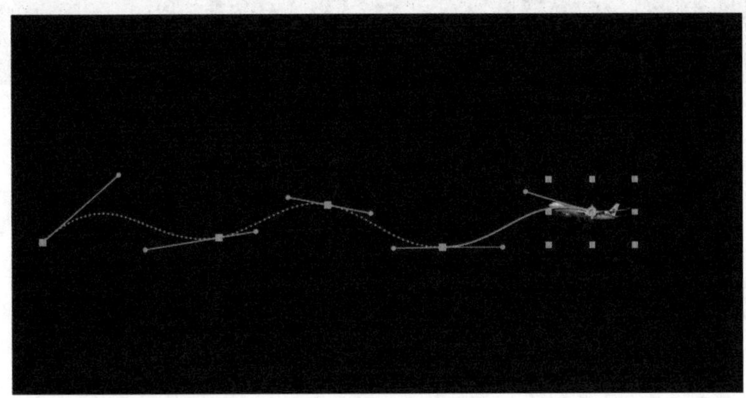

图 9.68

连续贝塞尔曲线：连续贝塞尔曲线与贝塞尔曲线基本相同，它在穿过一个关键帧时，会产生一个平稳的变化率。同自动贝塞尔曲线不同，连续贝塞尔曲线的方向手柄总是处于一条直线。如果层上的所有关键帧都是使用连续贝塞尔曲线，则层的运动路径皆为平滑曲线构成，如图 9.69 所示。

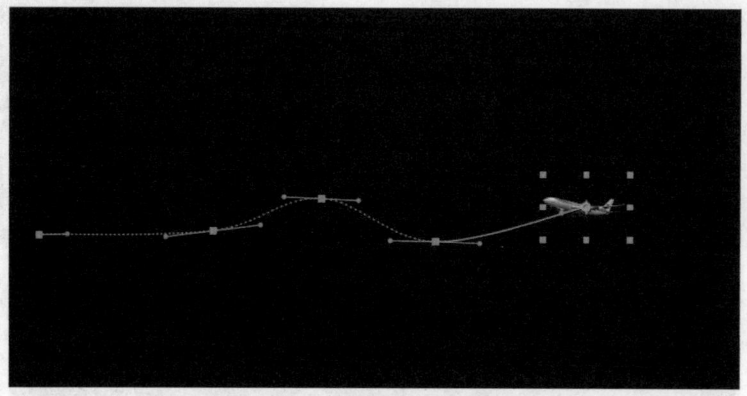

图 9.69

自动贝塞尔曲线：自动贝塞尔曲线在通过关键帧时将产生一个平稳的变化率。它可以对关键帧两边的值或运动路径进行自动调节。如果以手动方法调节自动贝塞尔曲线，则关键帧插值将变化为连续贝塞尔曲线。如果层上所有的关键帧都使用自动贝塞尔曲线，则层的运路径皆为平滑曲线构成。

定格：定格插值依时间改变关键帧的值，而关键帧之间没有任何过渡。使用定格插值，第 1 个关键帧保持其值是不会变化的，但到下 1 个关键帧就会突然进行改变，如图 9.70 所示。

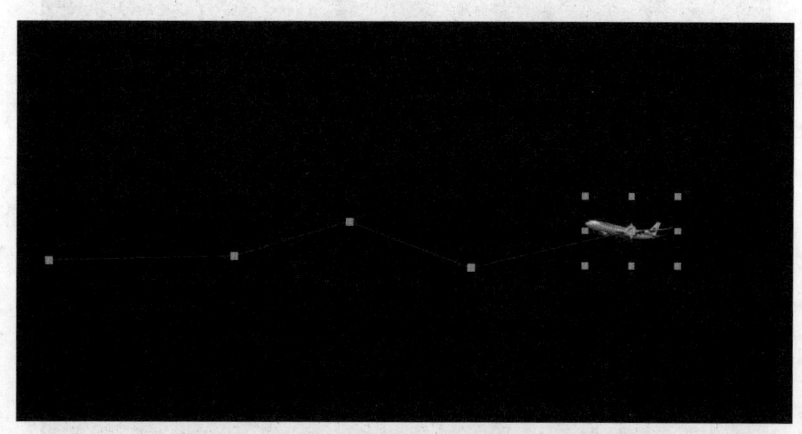

图 9.70

当前设置：保留当前设置。

漂浮穿梭时间：以当前关键帧的相邻关键帧为基准，通过自动改变它们在时间上的位置来平滑当前关键帧的变化率。

锁定到时间：保持当前关键帧在时间上的位置，只能手动进行移动。

Step03 为了使飞机的方向顺着路径的方向变化，可以选择菜单栏中的“图层 \ 变换 \ 自动定向”命令，将会弹出“自动定向”对话框，选中其中的“沿路径定向”单选框后单击“确定”按钮退出对话框，如图 9.71 所示。按数字 0 键对动画进行预览，飞机将顺着路径的方向进行运动，如图 9.72 所示。

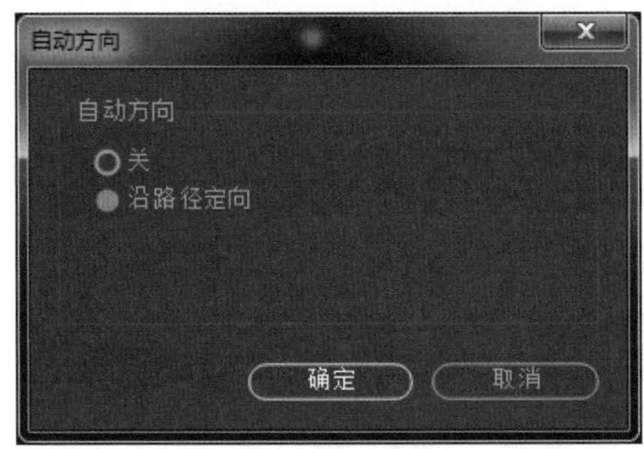


图 9.71

图 9.72

Step04 下面为运动添加运动模糊效果。单击时间线窗口中的按钮，勾选飞机图层后面的运动模糊选项，如图 9.73 所示。在合成窗口中观察图像，飞机已经比刚才模糊一些了，运动起来也没那么闪烁，但是，效果还不够真实。按下组合键 Ctrl+K，弹出“合成设置”对话框，切换至“高级”选项卡，改变“快门角度”参数为 300，如图 9.74 所示。单击“确定”按钮退出对话框，预览动画。现在的模糊效果就比较真实了，如图 9.75 所示。

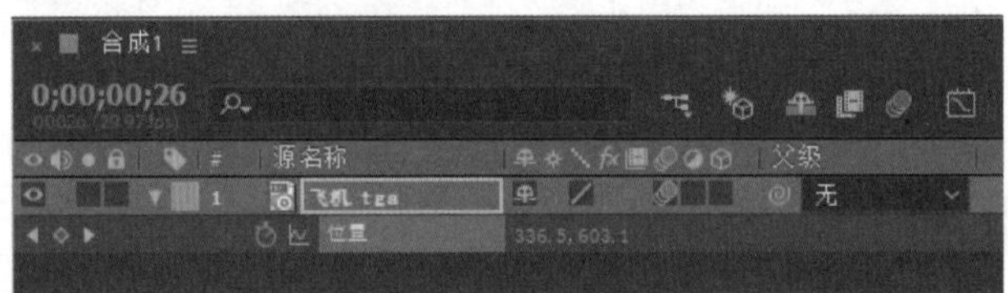


图 9.73

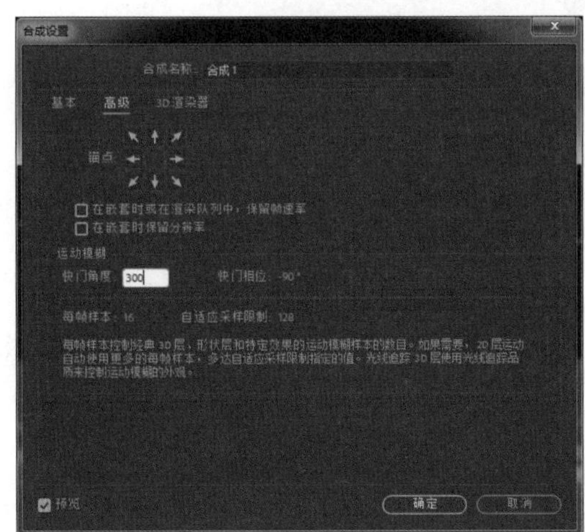

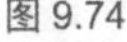
图 9.74

图 9.75

# 第 10 章 After Effects 转场动画

## 10.1 认识转场

剪辑是 MG 动画制作中的一个关键步骤，那么如何将剪辑后的各段动画进行衔接呢？本章主要介绍不同镜头的切换方法和画面的衔接方法，主要通过实例讲解 AE 的转场特效和在实际应用中各种镜头转场的制作技巧以及图层之间重叠的画面过渡。

影视创作的编辑是由影视作品的内容所决定的，影视中一个镜头到下一个镜头，一场画面到下一场画面之间必须根据内容合理、清晰、艺术地编排剪接在一起，这就是我们所讲的镜头段落的过渡，也就是专业术语所讲的“转场”。

转场是两个相邻视频素材之间的过渡方式。使用转场，可以使镜头衔接得美观、自然。在默认状态下，两个相邻素材片段之间的转换采用硬切的方式，没有任何过渡，如图 10.1 所示。

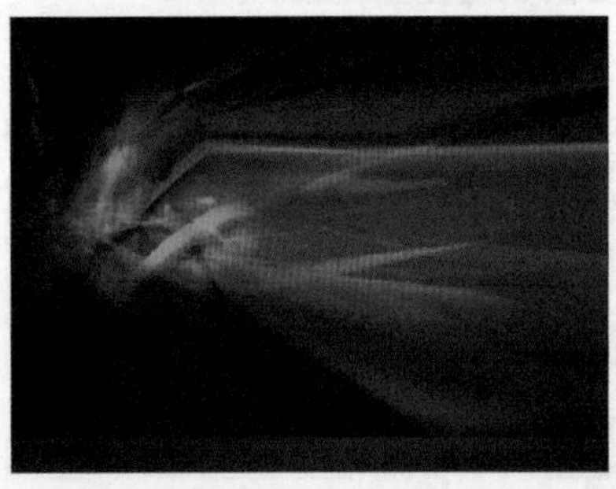

图 10.1

这种情况下要使镜头连贯流畅、创造效果、创造新的时空关系，就需要对其添加转场特效，如图 10.2 所示。

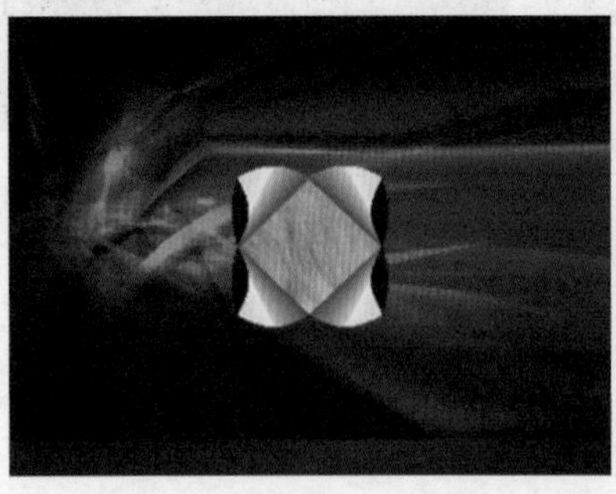

图 10.2

转场通常为双边转场，将临近编辑点的两个视频或音频素材的端点进行合并。除此之外，还可以进行单边转场，转场效果影响素材片段的开头或结尾。使用单边转场可以更灵活地控制转场效果。

## 10.2 像素转场

本案例主要以图像的像素为中心，利用最小 / 最大滤镜将图像的像素放大成色块，使本来画面生硬的切换变得平缓而且自然。

Step01 启动 AE，选择菜单栏中的“合成 \ 新建合成”命令，新建一个合成，命名为“像素转场”。选择菜单栏中的“文件 \ 导入 \ 文件”命令，导入本书素材 a.jpg、“MG 动画 -3.mp4”文件，并将这两个文件拖入时间线窗口，将 a.jpg 放在上层，如图 10.3 所示。

图 10.3

Step02 将时间滑块移动到时间 0:00:02:16 处，选中 a.jpg 层，按下 Alt+] 组合键，将 a.jpg 层自当前时间帧往后的部分截除。选中“MG 动画 -3.mp4”层，按 Alt+[ 组合键，将“MG 动画 -3.mp4”层自当前时间帧往前的部分截掉，如图 10.4 所示。

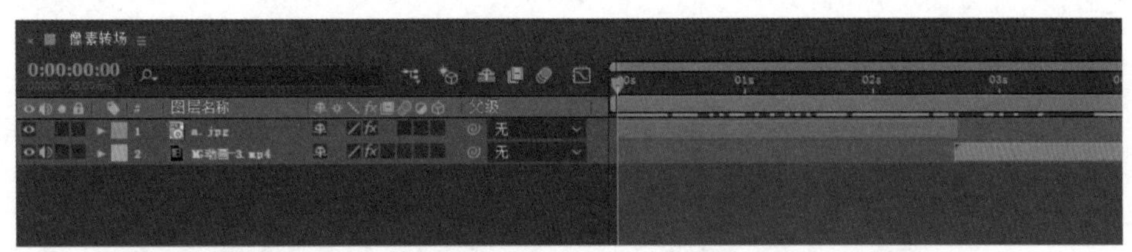


图 10.4

Step03 选中 a.jpg 层，选择菜单栏中的“效果 \ 通道 \ 最小 / 最大”命令，为其添加最小 / 最大滤镜，如图 10.5 所示。

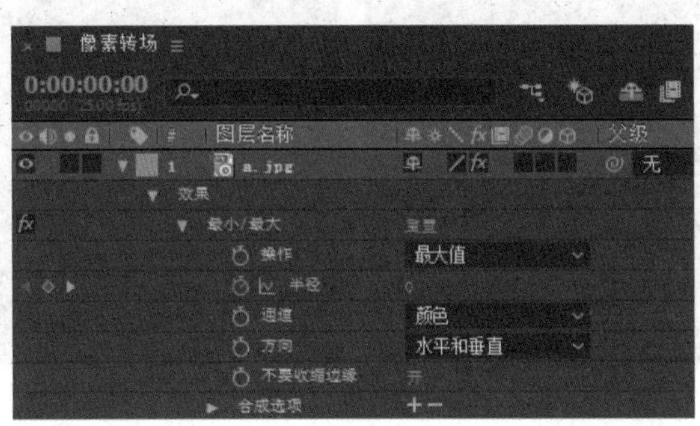


图 10.5

Step04 为最小 / 最大滤镜的参数设置关键帧，在时间 0:00:00:09 处（如图 10.6 所示）和时间 0:00:02:16 处（如图 10.7 所示）分别设置关键帧。

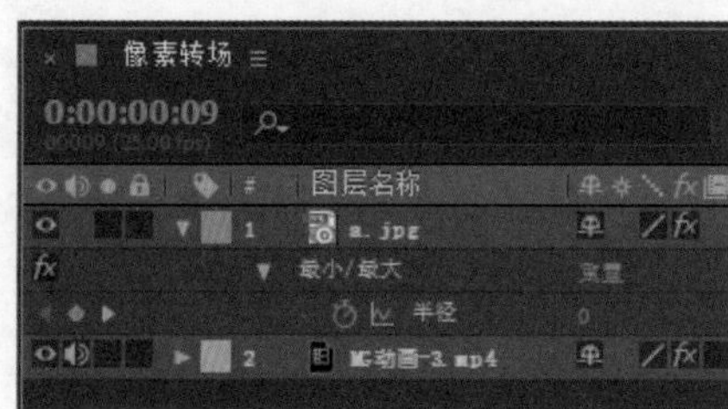


图 10.6

图 10.7

Step05 选中“MG 动画 -3.mp4”层，选择菜单栏中的“效果 \ 通道 \ 最小 / 最大”命令，为“MG 动画 -3.mp4”层添加最小 / 最大滤镜。为最小 / 最大滤镜的参数设置关键帧，在时间 0:00:02:16 处（如图 10.8 所示）和时间 0:00:04:16 处（如图 10.9 所示）分别设置参数。

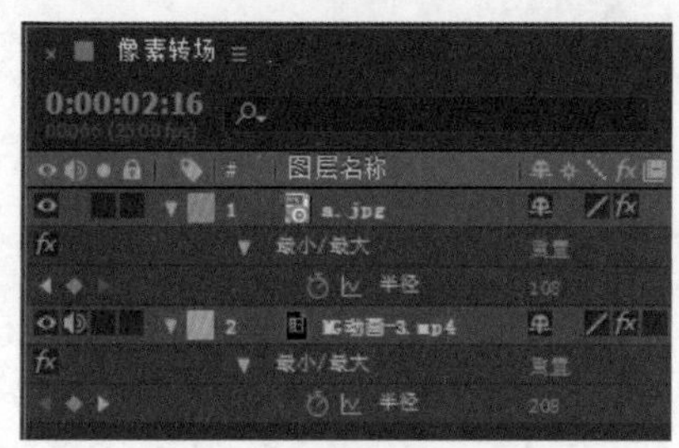


图 10.8

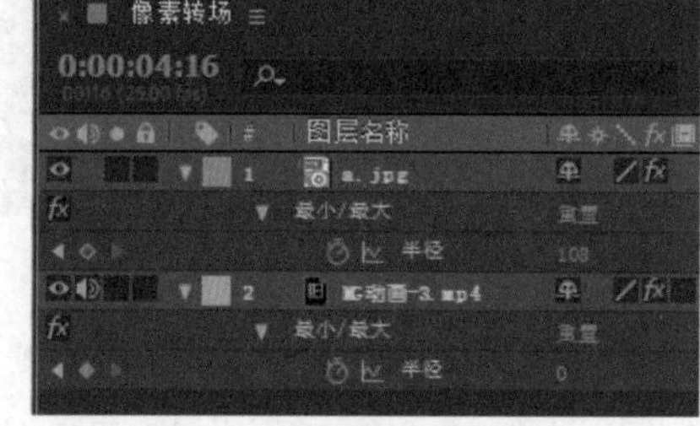


图 10.9

Step06 按数字 0 键预览最终效果，如图 10.10 所示。

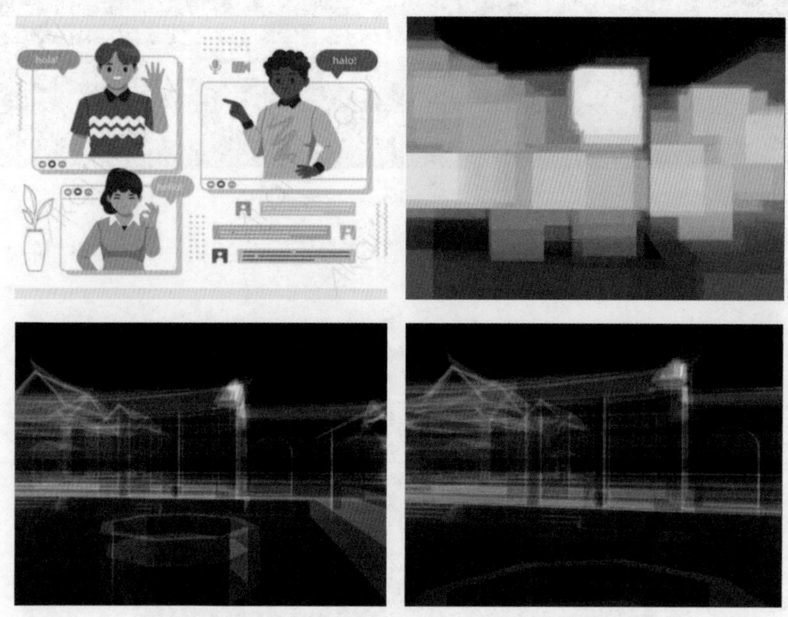


图 10.10

## 10.3 螺旋转场

本案例主要以对图像文件的应用为主，利用渐变擦除滤镜读取其黑白信息，从而产生螺旋渐变效果。

Step01 启动 AE，选择菜单栏中的“合成 \ 新建合成”命令，新建一个合成，命名为“螺旋渐变”。选择菜单栏中的“文件 \ 导入 \ 文件”命令，导入本书资源中的 a.png、b.png 和 c.png 文件，并将这三个文件拖入时间线窗口，之后关闭 c.png 层的显示属性，如图 10.11 所示。

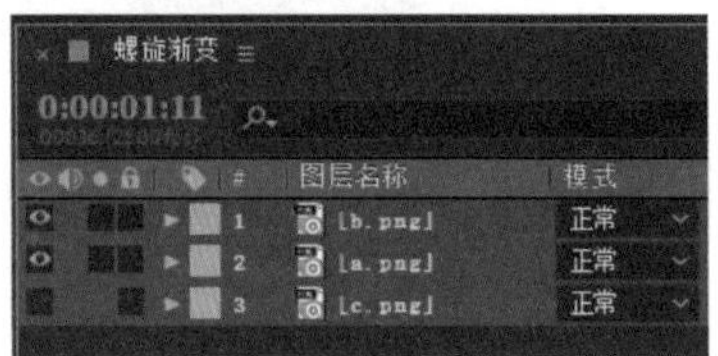


图 10.11

Step02 选中 b.png 层，选择菜单栏中的“效果 \ 过渡 \ 渐变擦除”命令，为其添加渐变擦除滤镜，在效果控件窗口中调整参数，如图 10.12 所示。调整过渡完成的参数值使画面产生变化，如图 10.13 所示。

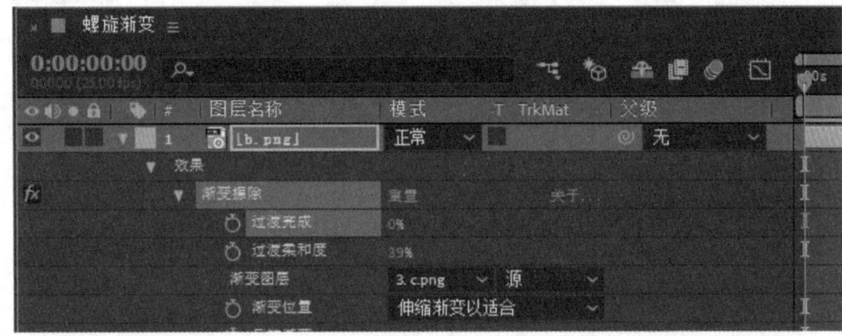


图 10.12

图 10.13

Step03 为渐变擦除滤镜设置关键帧，在时间0:00:01:01处（如图 10.14 所示）和时间0:00:02:14处（如图 10.15 所示）设置参数。

图 10.14

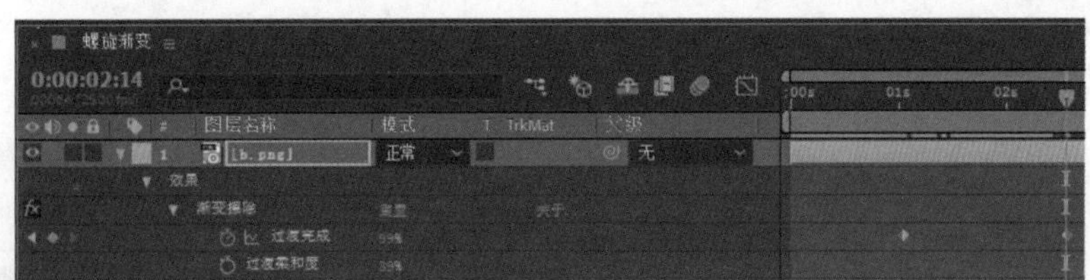


图 10.15

Step04 按数字 0 键预览最终效果，如图 10.16 所示。

图 10.16

## 10.4 翻页转场

本案例主要介绍了 CC Page Turn 滤镜的使用方法，通过翻页动画完成转场效果的制作。其中还介绍了 AE 中的一种循环表达式语句，利用该语句可以使动画产生循环播放效果，从而使循环动画的制作变得更加简捷。

Step01 启动 AE，选择菜单栏中的“合成 \ 新建合成”命令，新建一个合成，命名为“翻页转场”。导入本书素材中的 c.png、d.png 序列帧文件，将 d.png 文件从项目窗口拖到时间线窗口中，如图 10.17 所示。

图 10.17

Step02 在时间线窗口中选中 d.png 层，选择菜单栏中的“效果 \ 扭曲 \CC Page Turn”命令，为其添加 CC Page Turn 滤镜，在效果控件面板中调整参数，如图 10.18 所示。此时合成的效果如图 10.19 所示。

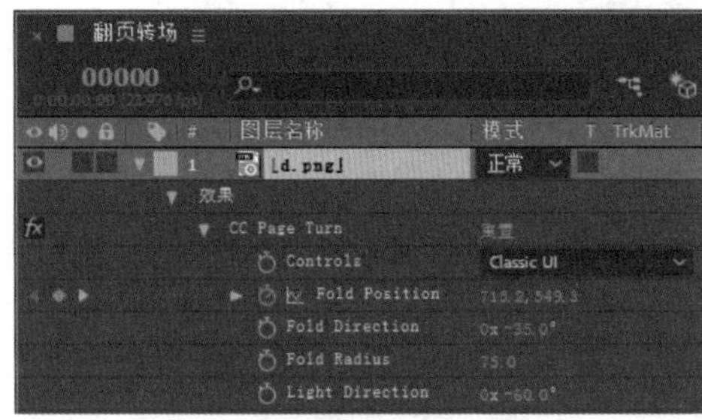


图 10.18

图 10.19

Step03 在时间线窗口选中 d.png 层，展开其 Fold Position 属性列表，单击其左侧的按钮，为 Fold Position 属性记录关键帧动画，使翻页效果表现为从画面的右下角向左上角进行过渡，如图 10.20 所示。此时拖动时间滑块，可见画面中已经产生翻页动画效果。

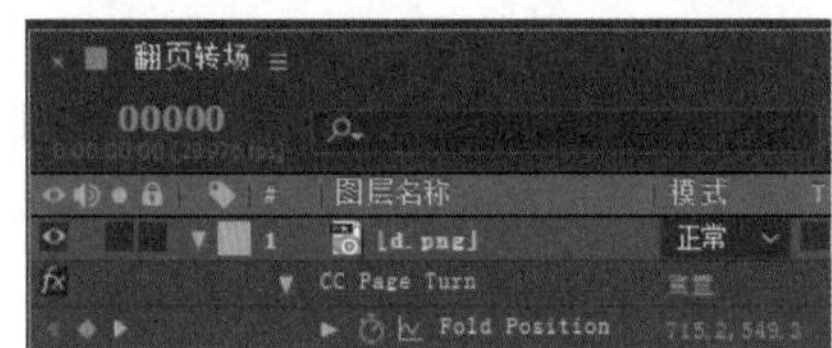


图 10.20

Step04 按数字 0 键预览最终效果，如图 10.21 所示。

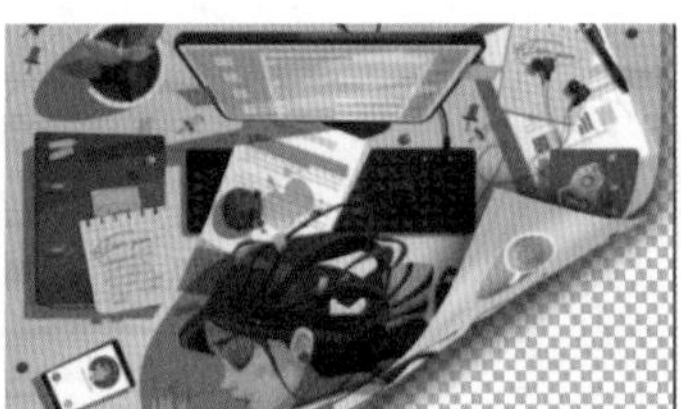

图 10.21

Step05 作为背景，将 c.png 文件从项目窗口拖到时间线窗口最下层。选中上面的 d.png 图层，选择菜单栏中的“效果 \ 透视 \ 投影”命令，为其添加阴影，在效果控件面板中调整参数。同样为下面的图层添加阴影，如图 10.22 所示。

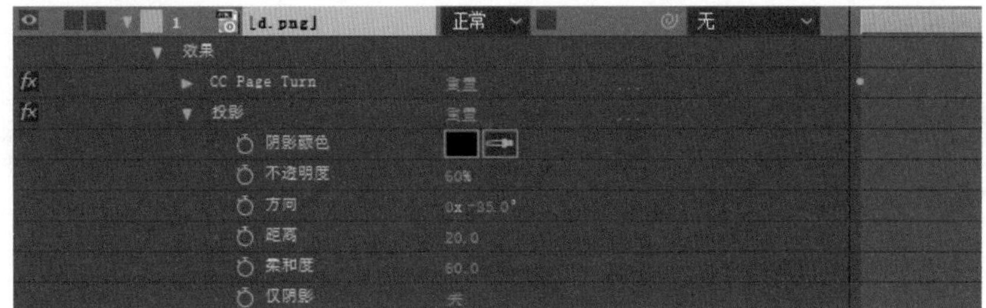


图 10.22

Step06 按数字 0 键预览最终效果，如图 10.23 所示。

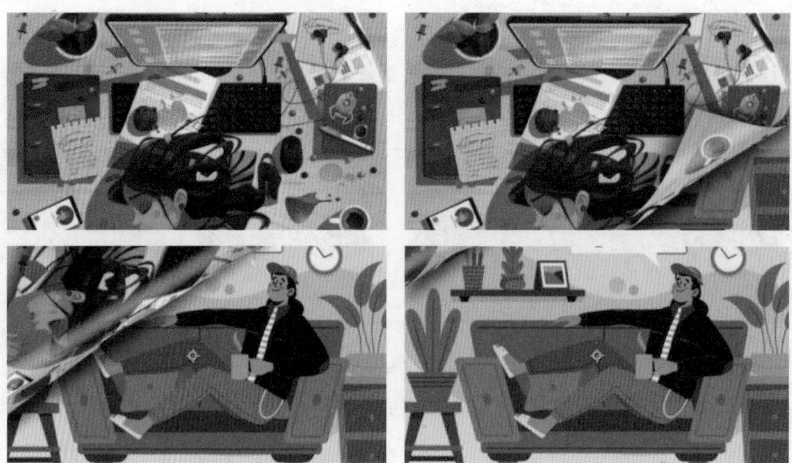

图 10.23

# 第 11 章 After Effects 字幕特效

## 11.1 电光字幕

本节以粒子和文字动画制作为主。利用文字的“启用逐字 3D 化”属性使文字具有三维效果。整个动画元素以冷色调为主，通过发光滤镜为粒子、文字等制作自发光效果，如图 11.1 所示。

图 11.1

Step01 启动 AE，选择菜单栏中的“合成 \ 新建合成”命令，新建一个合成。

Step02 选择菜单栏中的“图层 \ 新建 \ 纯色”命令，新建一个黑色的固态层 Black Solid 1，如图 11.2 所示。同理，新建一个黄色的固态层 Yellow Solid 1，如图 11.3 所示。

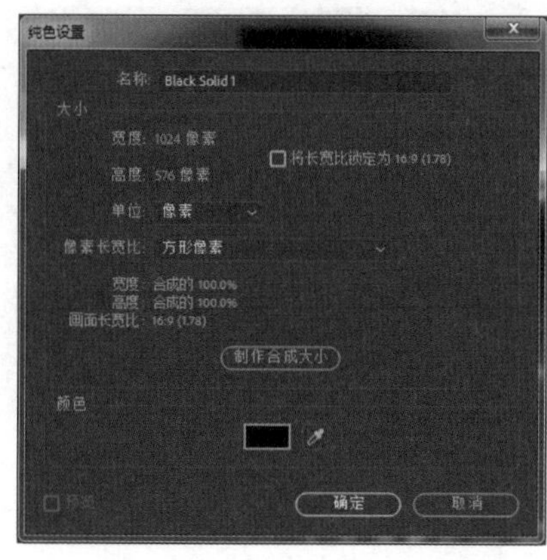

图 11.2

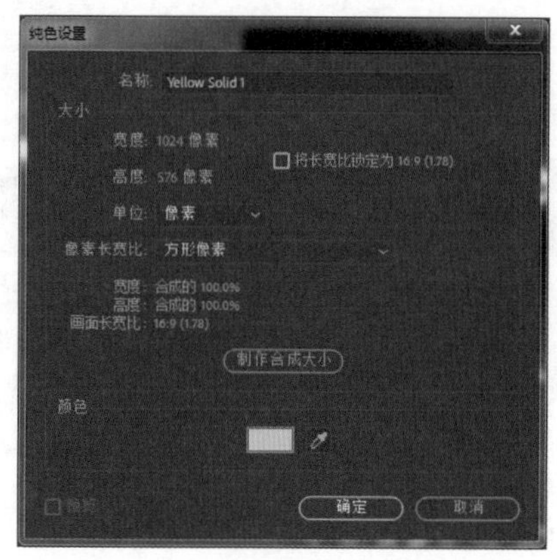


图 11.3

Step03 在时间线窗口中选中 Yellow Solid 1 层，单击工具栏中的工具，在合成窗口中画一个遮罩；在时间线窗口中设置遮罩的参数，如图 11.4 所示。设置 Yellow Solid 1 层的“不透明度”参数为 45%，如图 11.5 所示为合成窗口的效果。

Step04 制作文字。单击工具栏中的工具，在合成窗口中单击并输入文字；设置文字的参数，如图 11.6 所示。

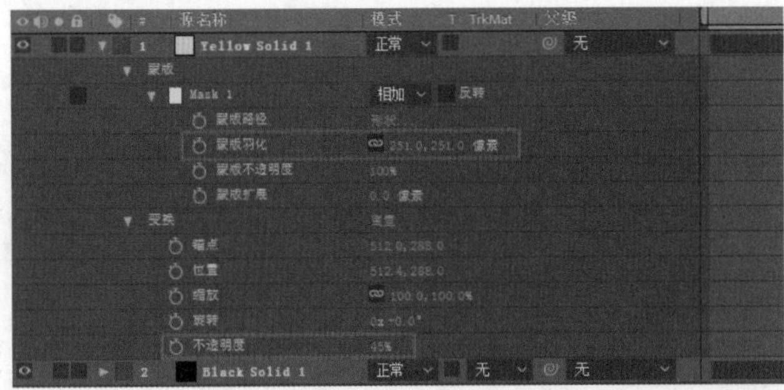

图 11.4

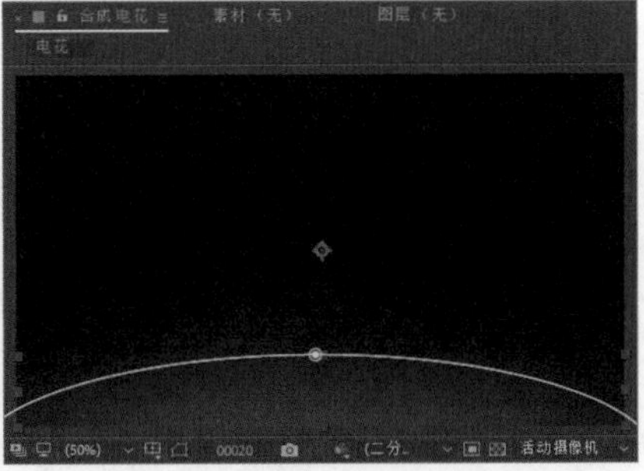

图 11.5

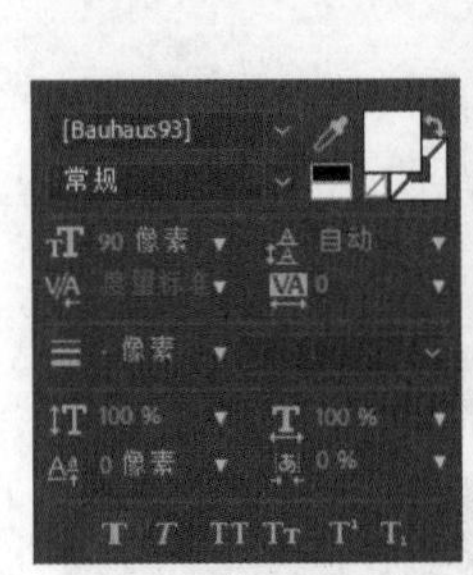

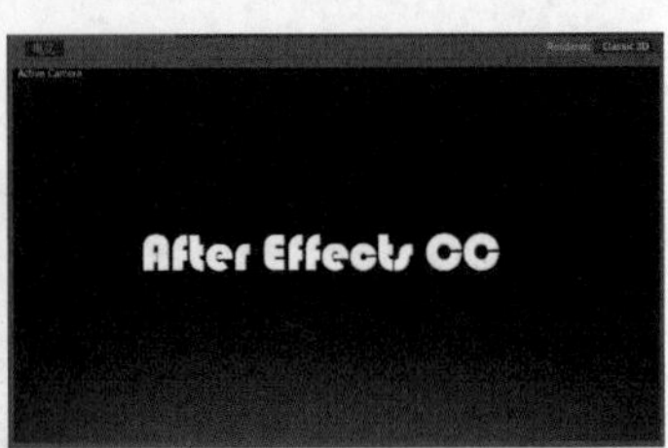


图 11.6

Step05 在时间线窗口中展开文字层的属性，单击Animate左侧的按钮，在弹出的列表中选择“启用逐字3D化”选项，如图11.7所示。同样单击按钮，在弹出的列表中选择“位置”和“旋转”选项，如图11.8所示。

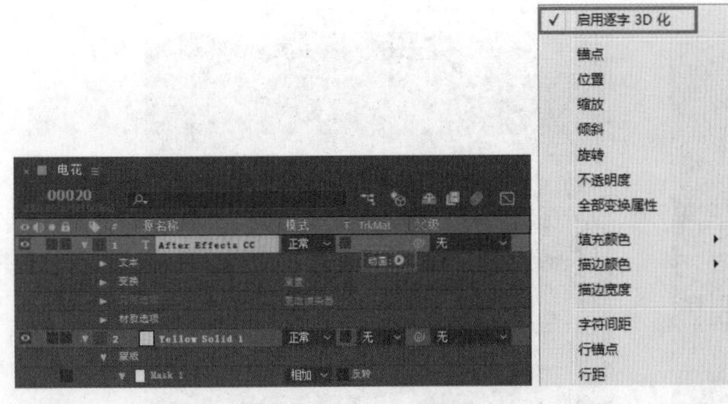


图 11.7

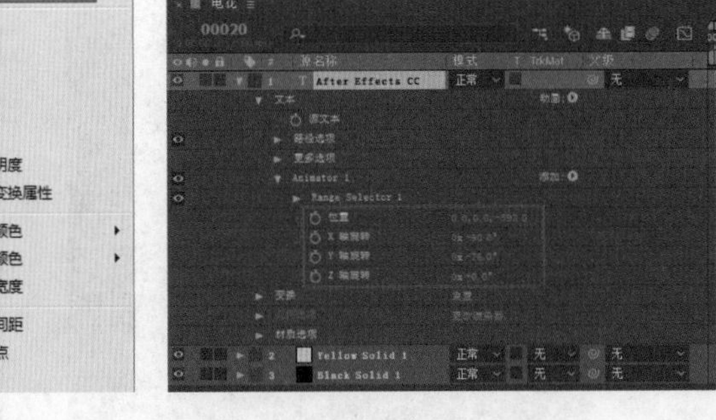

图 11.8

Step06 选择菜单栏中的“图层\新建\摄像机”命令，新建一个摄像机层，如图11.9所示。单击工具栏中的摄像机控制工具，利用鼠标左、右、中键在合成窗口中进行旋转、推拉、移动等操作来控制摄像机视场，如图11.10所示。

Step07 为文字制作动画。在时间线窗口中展开文字层的属性，设置其属性参数，如图11.11所示。并为“偏移”设置关键帧动画，设置其参数在0帧处为-29%，在第18帧处为100%。在时间线窗口中按下动态模糊开关，并打开文字层的动态模糊开关，如图11.12所示。

Step08 此时按数字0键进行预览，如图11.13所示。

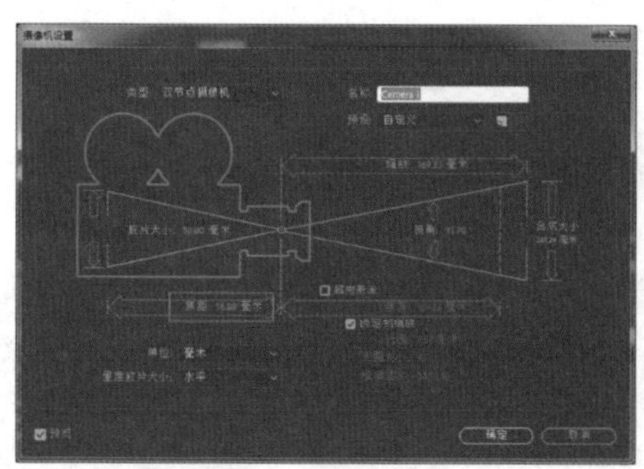

图 11.9

图 11.10

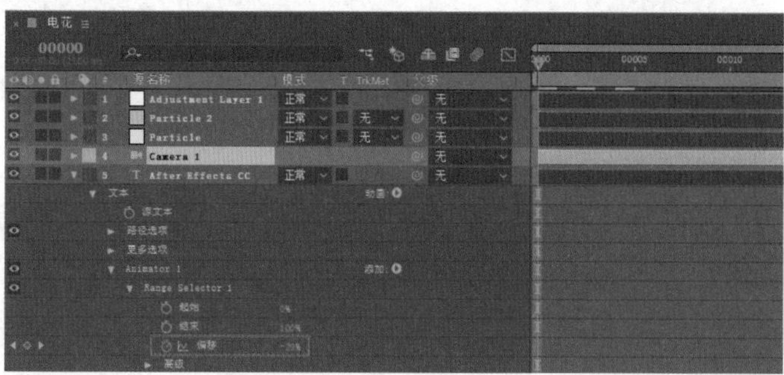


图 11.11

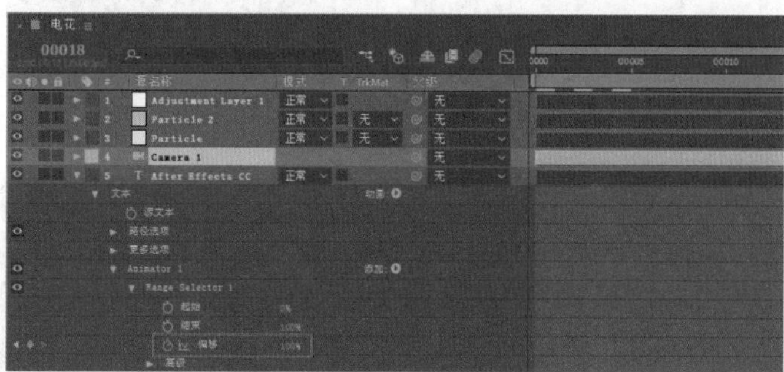


图 11.12

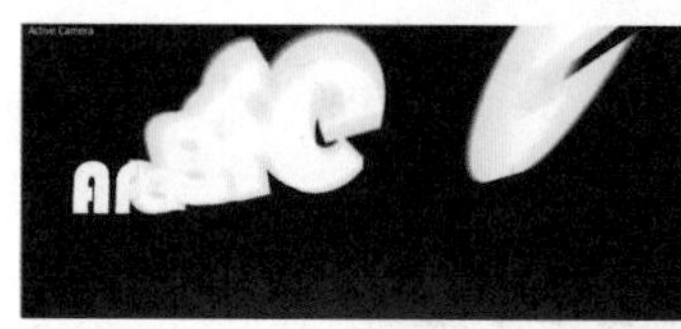

图 11.13

Step09 添加粒子火花。选择菜单栏中的“图层\新建\纯色”命令，新建一个固态层，如图 11.14 所示。

Step10 在时间线窗口中选中 Particle 层，选择菜单栏中的“效果\模拟\CC Particle World”命令，为其添加 CC Particle World 滤镜；在效果控件窗口中设置参数，如图 11.15 所示。

Step11 在时间线窗口中展开 Particle 层的 CC Particle World 滤镜的属性，分别对 Birth Rate 和 Position X 设置关键帧，如图 11.16 所示。

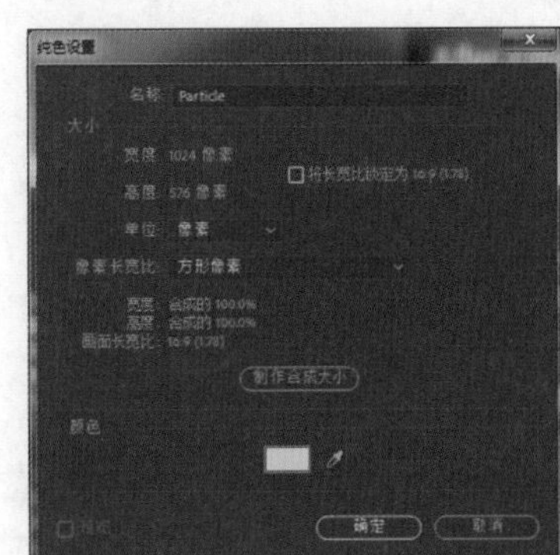


图 11.14

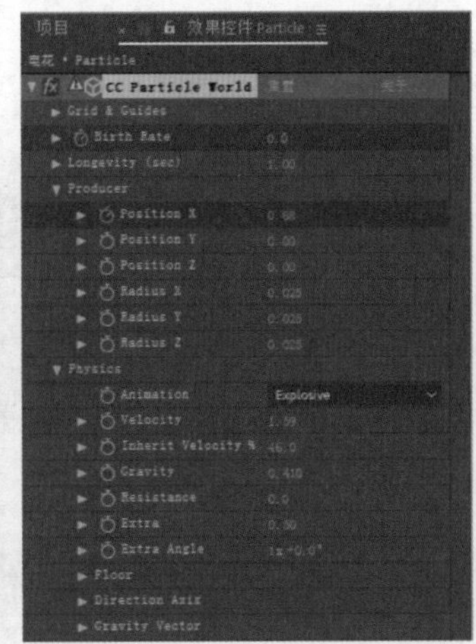


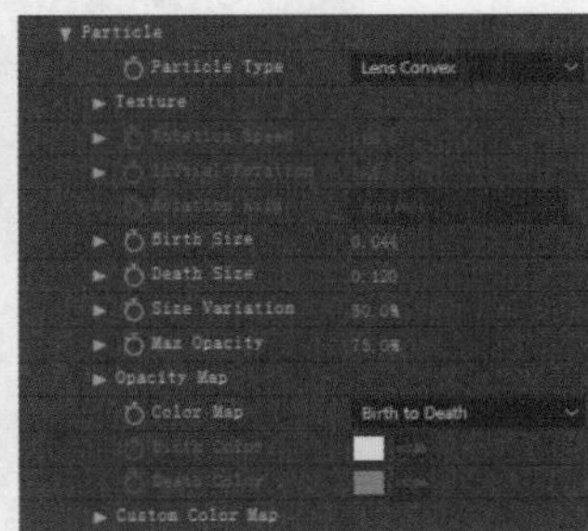


图 11.15

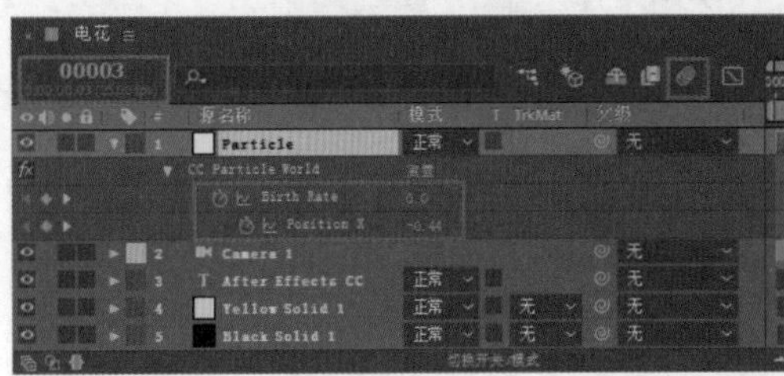


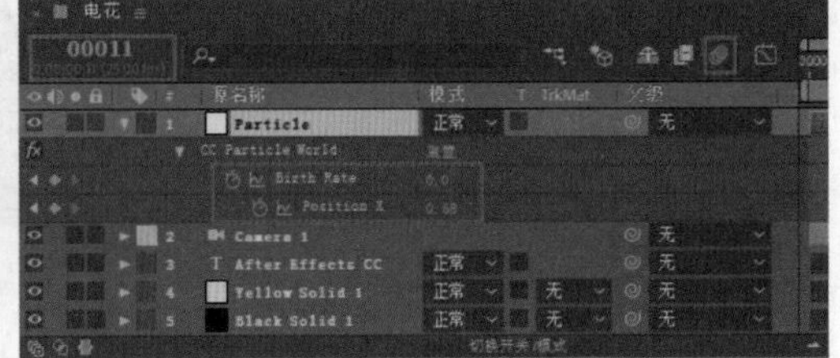


图 11.16

Step12 预览合成窗口的效果，如图 11.17 所示。

图 11.17

Step13 选中 Particle 层，分别选择菜单栏中的“效果\颜色校正\曝光度”和“效果\风格化\发光”命令，为其添加曝光度和发光滤镜，并分别设置它们的参数，如图 11.18 所示。

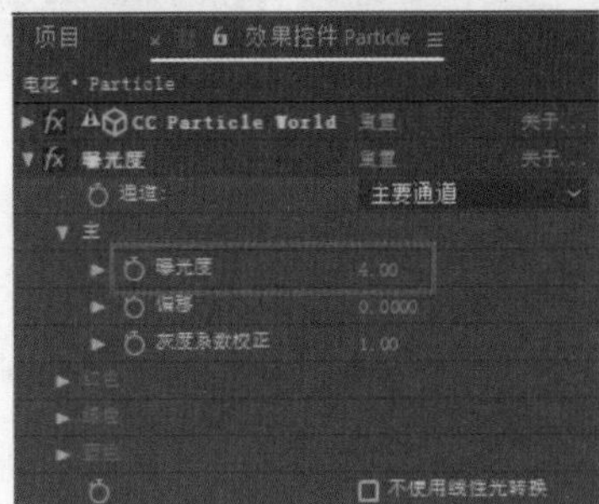


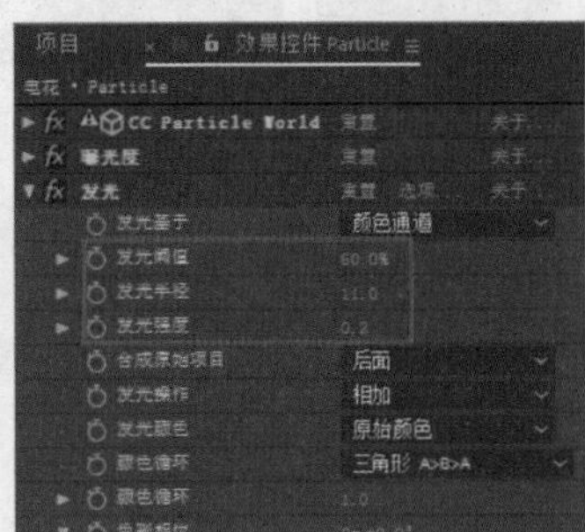


图 11.18

Step14 此时按数字 0 键对动画进行预览，如图 11.19 所示。

图 11.19

Step15 在时间线窗口中选中 Particle 层，按组合键 Ctrl+D，复制一个粒子图层；在效果控件窗口中设置参数，如图 11.20 所示。

Step16 为文字制作动画。在时间线窗口中展开文字层的属性，设置其属性参数，如图 11.21 所示。并为“偏移”设置关键帧动画，设置其参数在第 0 帧处为 -29%，在第 18 帧处为 100%。在时间线窗口中按下动态模糊开关，并打开文字层的动态模糊开关，如图 11.22 所示。

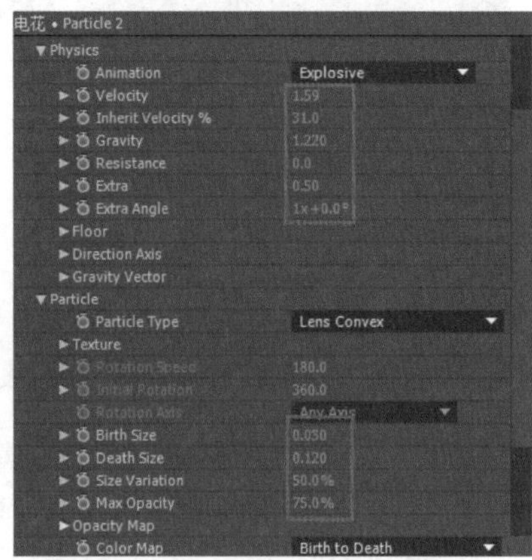


图 11.20

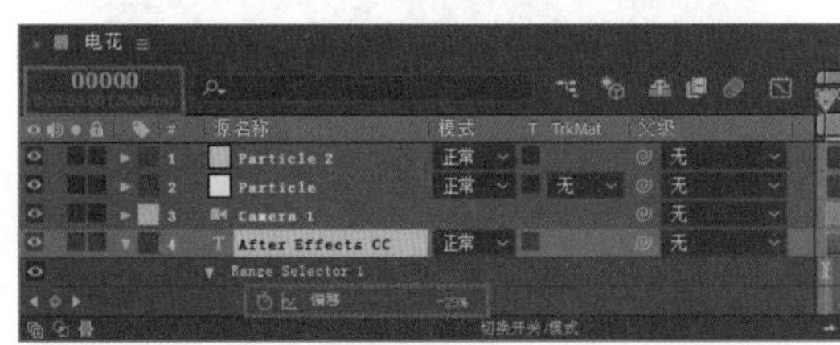


图 11.21

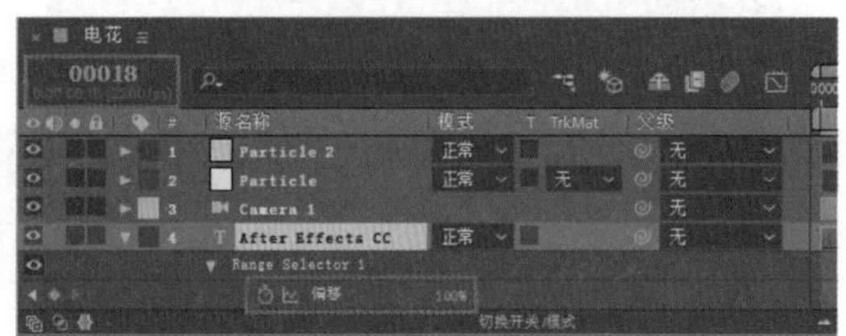


图 11.22

Step17 此例制作完毕，按数字 0 键进行预览，如图 11.23 所示。

图 11.23

## 11.2 标板字幕

本节主要介绍对图层自身属性的调整和物体的自发光处理的方法；通过频繁地调整图层的不透

明度、缩放值、位移等属性可以改变元素在画面中的状态，通过为动态图层着色可以使素材产生彩色的自发光效果，设置不同的图层叠加模式可以使画面达到预期效果，如图 11.24 所示。

图 11.24

Step01 启动 AE，选择菜单栏中的“合成 \ 新建合成”命令，新建一个合成，命名为“标板字幕”，如图 11.25 所示。在项目窗口中双击，导入本书素材中的 Flourish_06.mov、Flourish_14.mov 文件。在时间线窗口中选择“新建 \ 纯色”命令，新建一个棕色的固态层，命名为 BG，如图 11.26 所示。

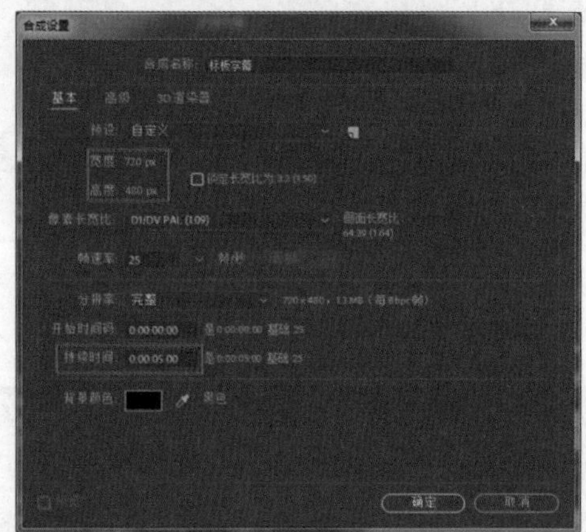

图 11.25

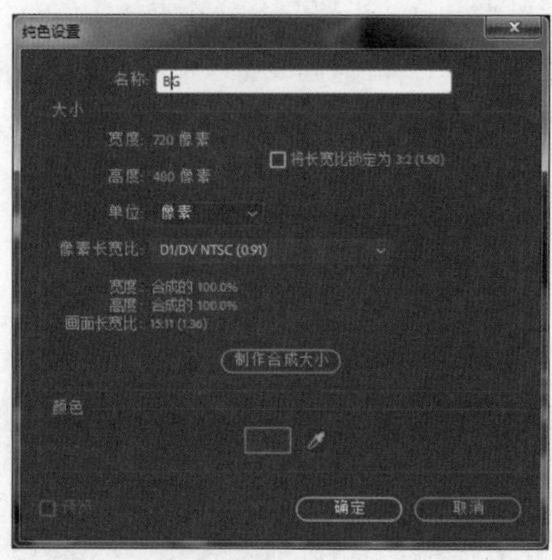


图 11.26

Step02 制作背景。将项目窗口中的 Flourish_14.mov 拖到时间线窗口中。选中 Flourish_14.mov 层，按 S 键展开“缩放”属性列表，对其进行缩放。之后设置其图层的“不透明度”为 6%，图层叠加模式为“叠加”。查看此时合成窗口的效果，如图 11.27 所示。在时间线窗口中右击，在弹出的快捷菜单中选择“新建 \ 调整图层”选项，新建一个调节层。选中调节层，选择菜单栏中的“效果 \ 风格化 \CC Kaleida”命令，为其添加 CC Kaleida（万花筒）滤镜。在效果控件窗口中调整参数，如图 11.28 所示。查看此时合成窗口的效果，如图 11.29 所示。

图 11.27

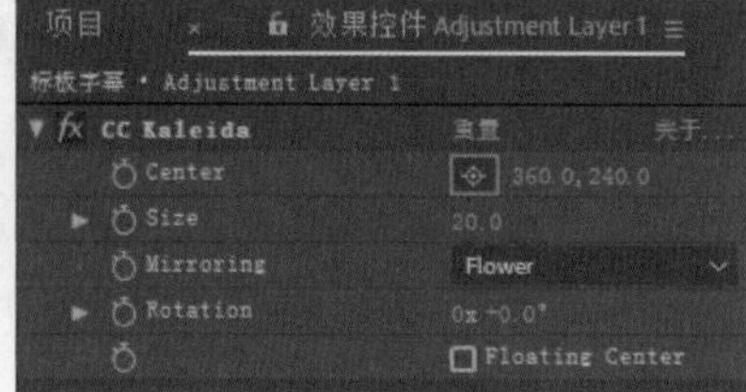


图 11.28

图 11.29

Step03 在时间线窗口中右击，在弹出的快捷菜单中选择“新建 \ 纯色”选项，新建一个黑色的固态层，命名为 Mask，单击工具栏中的■工具，在 Mask 层上绘制一个椭圆形的遮罩，设置“蒙版羽化”的值为 238，如图 11.30 所示。查看此时合成窗口的效果，如图 11.31 所示。

图 11.30

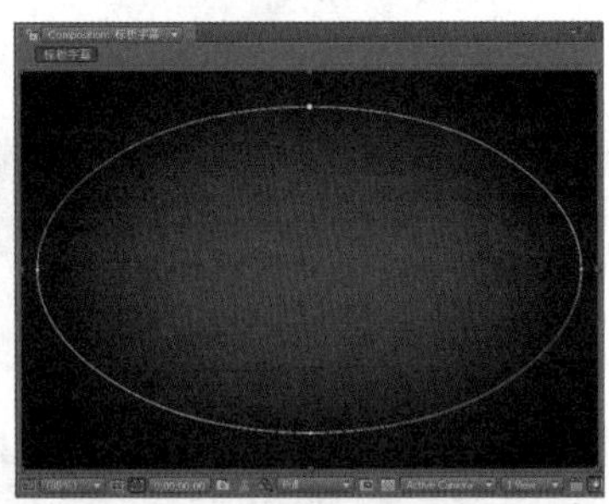
图 11.31

Step04 新建一个黑色的固态层，命名为 Title。选中此固态层，单击工具栏中的■工具，在合成窗口中绘制一个遮罩。查看此时合成窗口的效果，如图 11.32 所示。

图 11.32

Step05 添加生长素材。将项目窗口的 Flourish_06.mov 拖到时间线窗口中，调整其大小和位置。选中 Flourish_06.mov 层，选择菜单栏中的“效果 \ 生成 \ 填充”命令，在效果控件窗口中调整参数，如图 11.33 所示。查看此时合成窗口的效果，如图 11.34 所示。

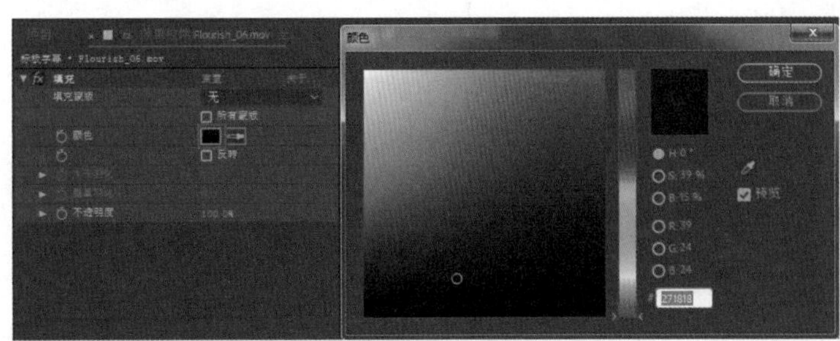

图 11.33

图 11.34

Step06 选中 Flourish_06.mov 层，按组合键 Ctrl+D 对其进行复制。之后调整复制层的位置，如图 11.35 所示。

图 11.35

Step07 在时间线窗口中选中最近复制的层，设置其图层模式为“正常”。选择菜单栏中的“效果 \ 风格化 \ 发光”命令，在效果控件窗口中调整参数，如图 11.36 所示。查看此时合成窗口的效果，如图 11.37 所示。为图层添加发光滤镜，使用默认的参数值（图 11.38）可使图层产生自发光效果，如图 11.39 所示。

Step08 选中最近复制的层，按组合键 Ctrl+D 对其进行复制并调整位置和大小。查看此时合成窗口的效果，如图 11.40 所示。

图 11.36

图 11.37

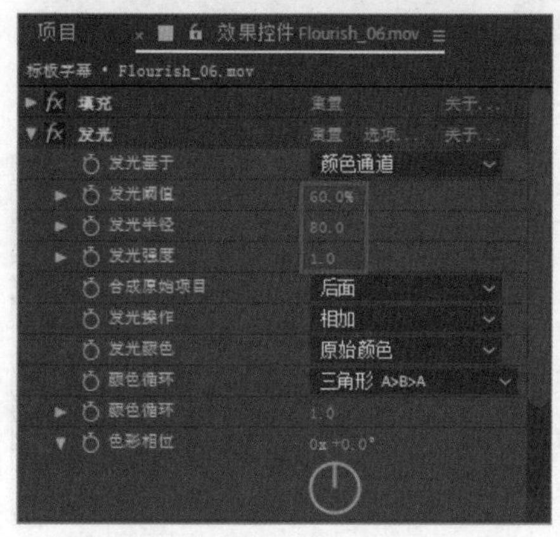


图 11.38

图 11.39

图 11.40

Step09 在时间线窗口中右击，在弹出的快捷菜单中选择“新建\纯色”选项，新建一个红色的固态层，命名为 Glow。将其拖放到 Title 层的下方。单击工具栏中的工具，在此层上绘制一个椭圆形的遮罩并设置遮罩参数，如图 11.41 所示。查看此时合成窗口的效果，如图 11.42 所示。

图 11.41

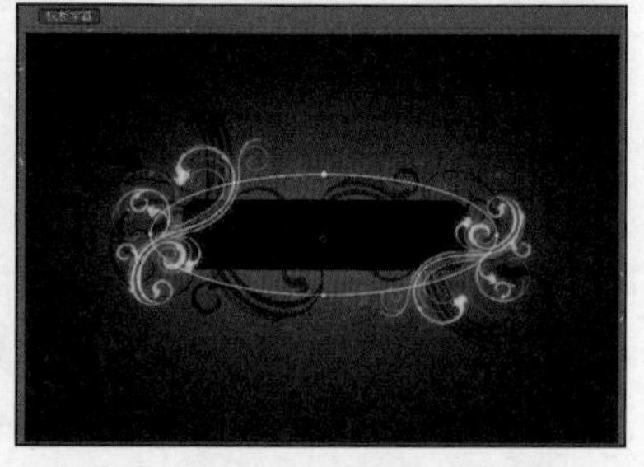

图 11.42

Step10 在时间线窗口中选中 Title 层，选择菜单栏中的“效果\生成\梯度渐变”命令和“效果\透视\投影”命令，为其添加渐变色滤镜和投影滤镜。在效果控件窗口中调整参数，如图 11.43 所示。查看此时合成窗口的效果，如图 11.44 所示。

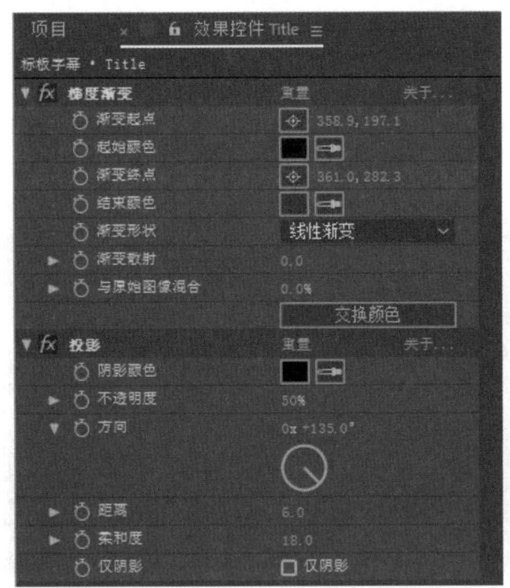


图 11.43

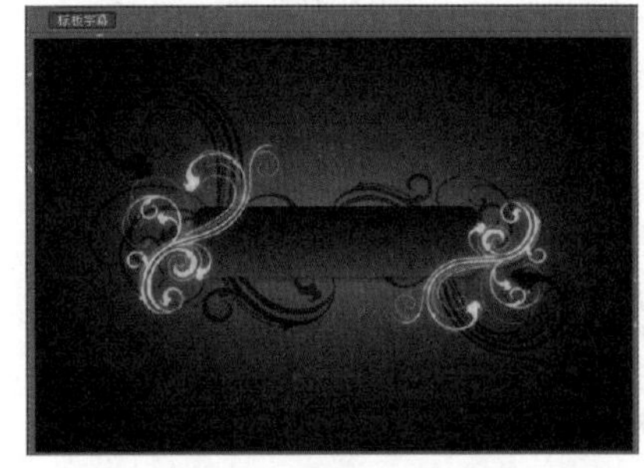

图 11.44

**Step 11** 添加粒子。在时间线窗口中右击，在弹出的快捷菜单中选择“新建\纯色”选项，新建一个淡黄色的固态层，命名为Particles，将其拖放到Title层的下方。选中固态层，选择菜单栏中的“效果\模拟\CC Particle World”（三维粒子运动）命令，在效果控件窗口中调整参数，如图 11.45 所示。查看此时合成窗口的效果，如图 11.46 所示。

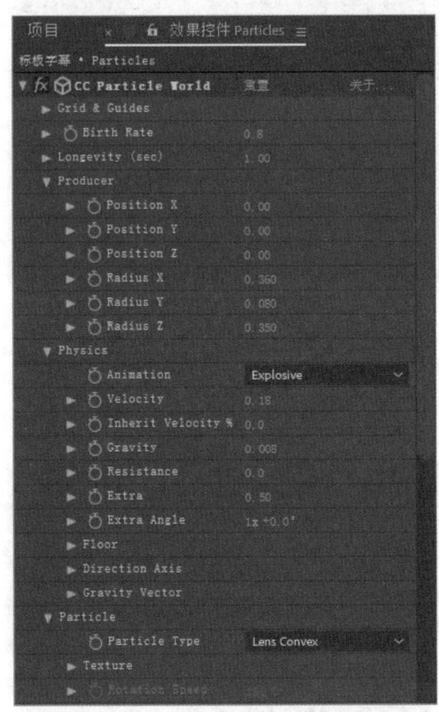


图 11.45

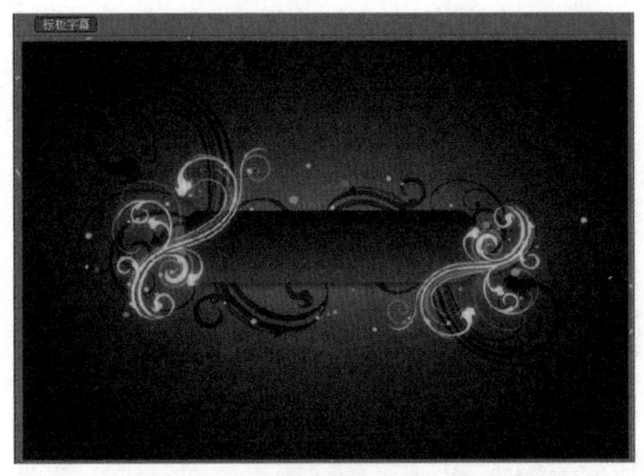

图 11.46

**Step 12** 选择菜单栏中的“效果\风格化\发光”命令，在效果控件窗口中调整参数，如图 11.47 所示。

查看此时合成窗口的效果，如图 11.48 所示。

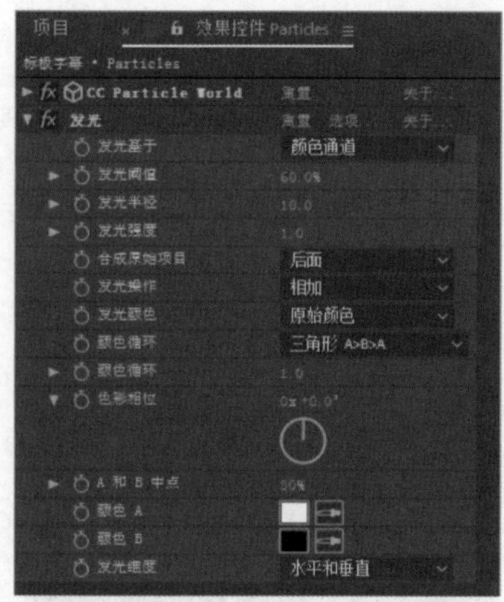


图 11.47

图 11.48

Step13 创建文字。单击工具栏中的T工具，在合成窗口中单击输入文字 After Effects 并设置文字属性，如图 11.49 所示。查看此时合成窗口的效果，如图 11.50 所示。

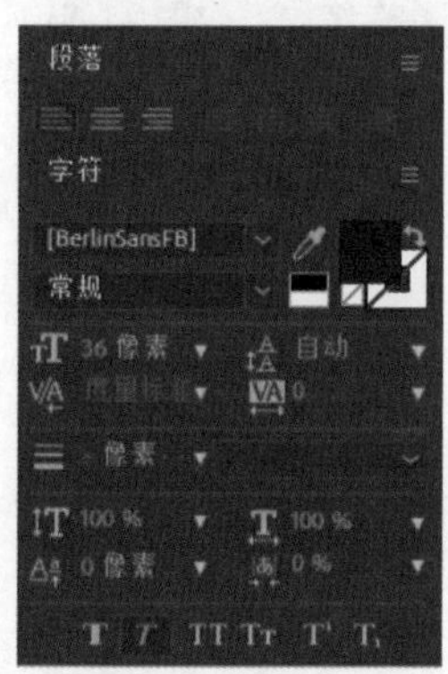


图 11.49

图 11.50

Step14 选中文字层，选择菜单栏中的“效果 \ 透视 \ 投影”命令，为文字添加投影。在效果控件窗口中调整参数，如图 11.51 所示。查看此时合成窗口的效果，如图 11.52 所示。

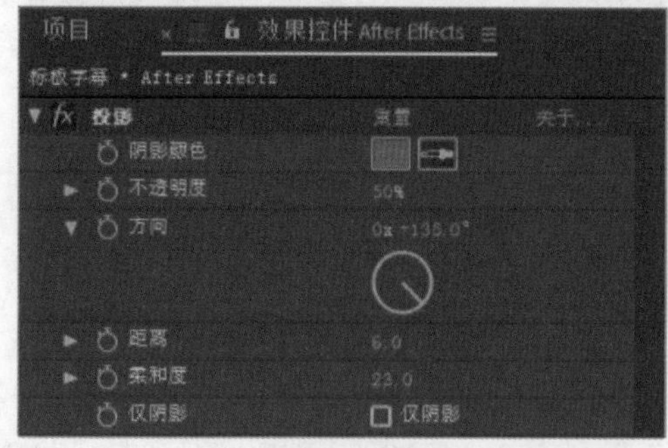


图 11.51

图 11.52

## 11.3 背景字幕特效

本节主要介绍使用 AE 三维图层的方法，例如通过三维图层制作出无限广阔的场景，利用 CC Particle World、梯度渐变、CC Radial Blur 制作出场景中的元素和色彩效果等；还介绍了创建三维文字和摄像机动画的方法，包括设置 Null 1 层的三维属性，为 Null 1 层的“位置”属性记录关键帧动画，以及通过父子层级的链接使 Camera 1 层成为 Null 1 的子级层而产生摄像机动画，如图 11.53 所示。

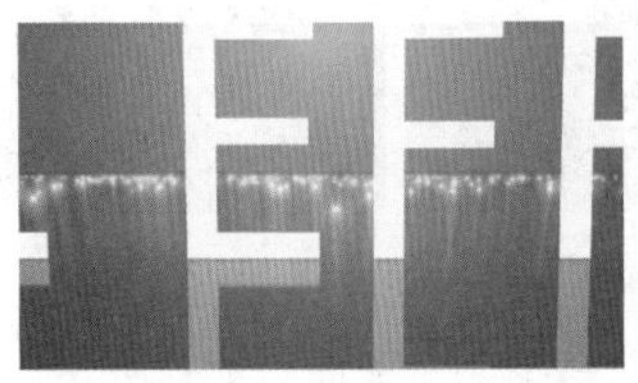

图 11.53

Step01 启动 AE，选择菜单栏中的“合成\新建合成”命令，新建一个合成，命名为 Golden，如图 11.54 所示。选择菜单栏中的“图层\新建\纯色”命令，新建一个固态层，命名为 BG，如图 11.55 所示。

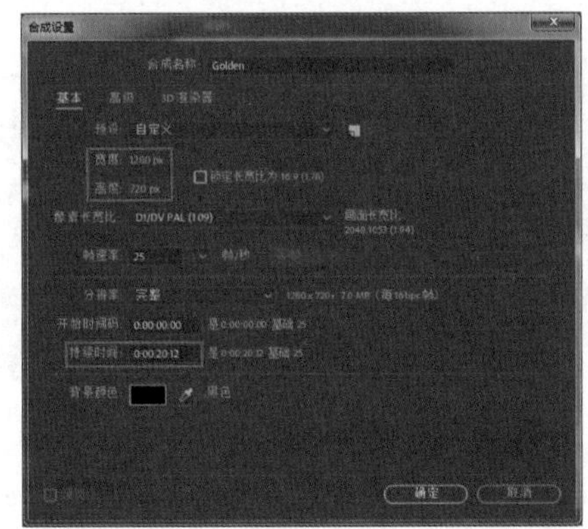

图 11.54

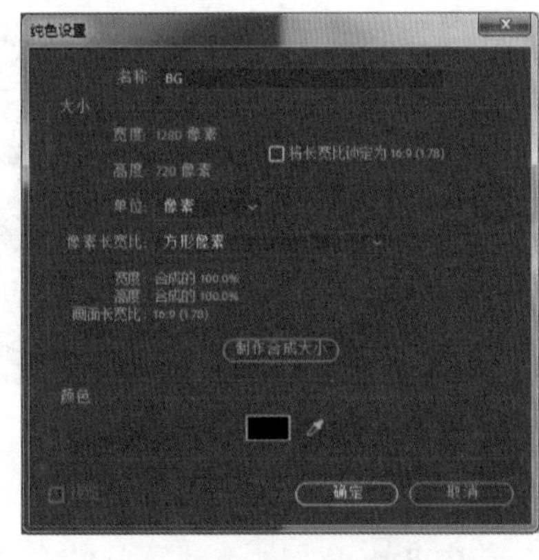


图 11.55

Step02 制作背景。选中 BG 层，选择菜单栏中的“效果\生成\梯度渐变”命令，为其添加梯度渐变滤镜。在效果控件窗口中设置渐变色的参数，如图 11.56 所示。

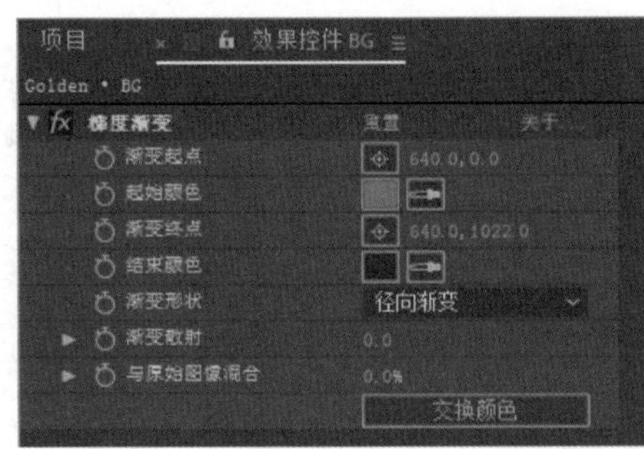

图 11.56

Step03 选择菜单栏中的“图层\新建\纯色”命令，新建一个固态层，命名为 floor，如图 11.57 所示。在时间线窗口中单击 floor 层的按钮，打开其三维属性选项。选择菜单栏中的“图层\新建\

摄像机”命令，新建一个摄像机层，如图 11.58 所示。

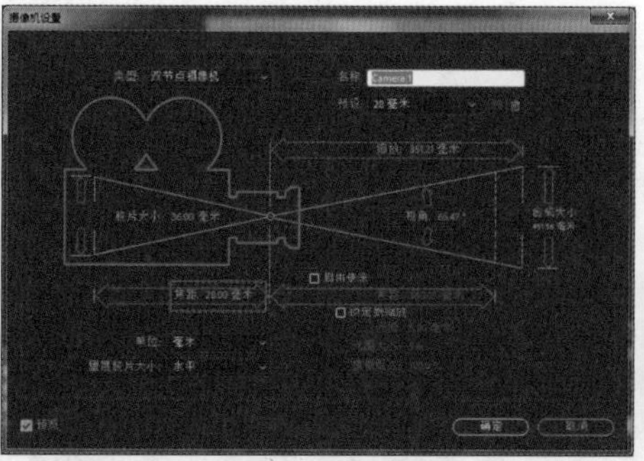

图 11.57　　　　　　图 11.58

Step04 在时间线窗口中展开 floor 层的属性列表，调整其“缩放”和“方向”的属性值，如图 11.59 所示。

Step05 选中 floor 层，选择菜单栏中的“效果\生成\梯度渐变”命令，为其添加梯度渐变滤镜。在效果控件窗口中设置渐变色的参数，如图 11.60 所示为此时的效果。

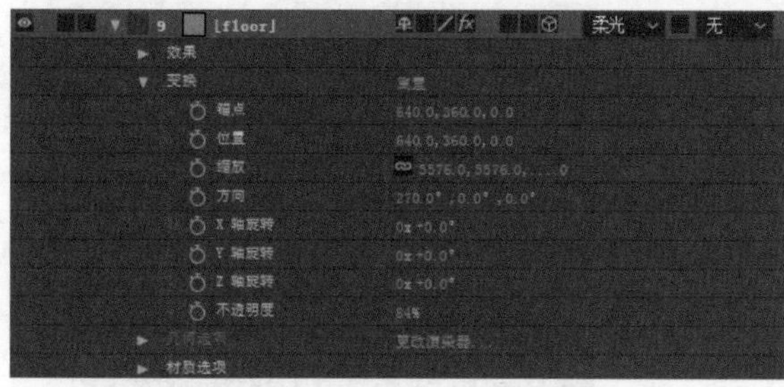

图 11.59　　　　　　图 11.60

Step06 创建星光粒子。选择菜单栏中的“图层\新建\纯色”命令，新建一个固态层，命名为 Particle。选中 Particle 层，选择菜单栏中的“效果\模拟\CC Particle World”命令，为其添加 CC Particle World（三维粒子）滤镜，如图 11.61 所示。查看此时合成窗口的效果，如图 11.62 所示。

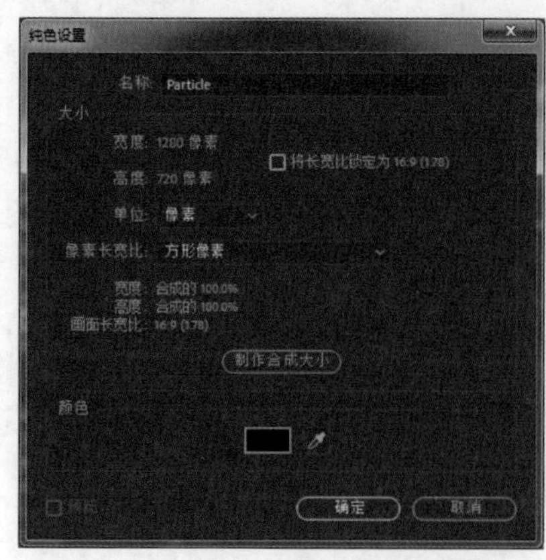


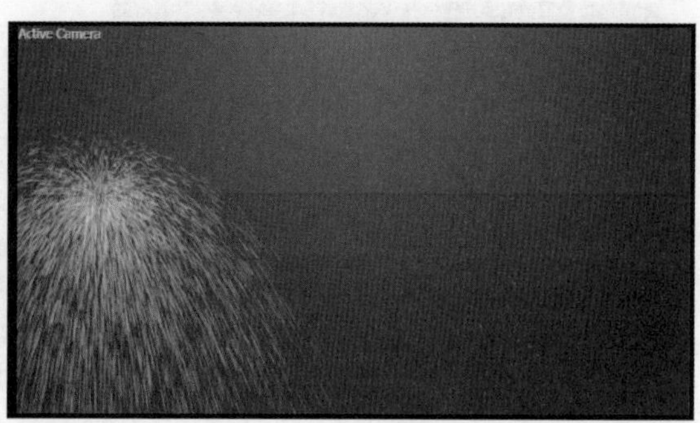


图 11.61　　　　　　图 11.62

Step07 在项目窗口中双击，导入本书素材中的 glow.png 文件。将 glow.png 文件拖到时间线窗口中放置在最底层，单击按钮将其显示属性关闭并选中 Particle 层，按 F3 键显示效果控件窗口，在其中调整粒子的参数，如图 11.63 所示。

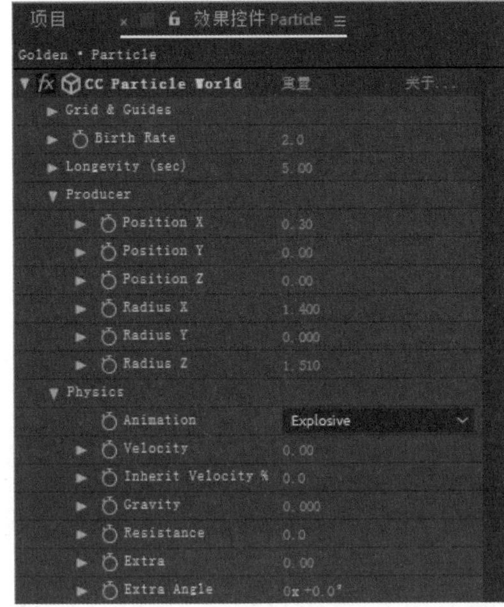

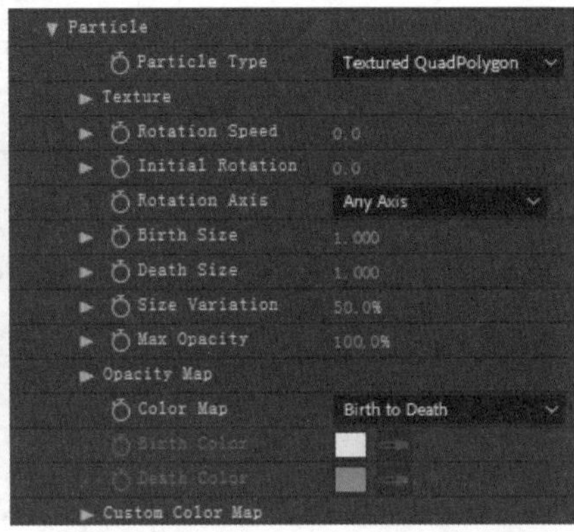


图 11.63

Step08 设置 Particle 层的图层叠加模式为“屏幕”。查看此时合成窗口的效果，如图 11.64 所示。

Step09 创建粒子拖尾。在时间线窗口中选中 Particle 层，按组合键 Ctrl+D 复制出一个新层，命名为 Particle 2。选中 Particle 2 层，按 F3 键显示效果控件窗口，在其中修改粒子的参数，如图 11.65 所示。设置 Particle 2 层的图层叠加模式为“相加”。查看此时合成窗口的效果，如图 11.66 所示。

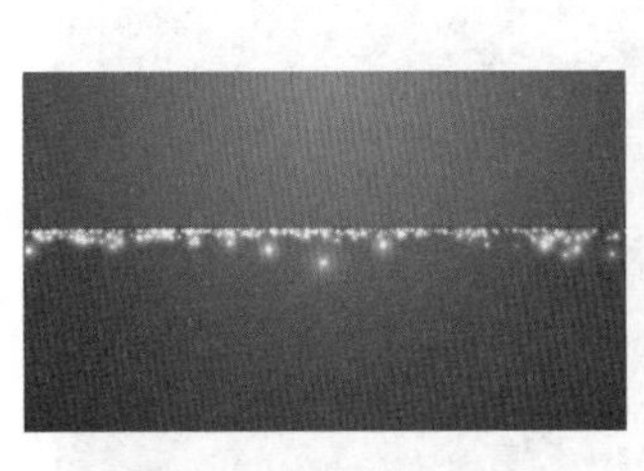

图 11.64

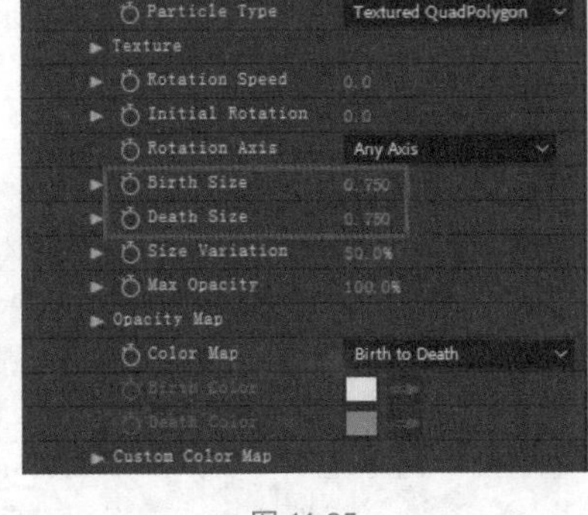


图 11.65

图 11.66

Step10 选中 Particle 2 层，选择菜单栏中的“效果 \ 模糊和锐化 \CC Radial Blur”命令，为其添加 CC Radial Blur（放射模糊）滤镜。在效果控件窗口中设置参数，如图 11.67 所示。查看此时合成窗口的效果，如图 11.68 所示。

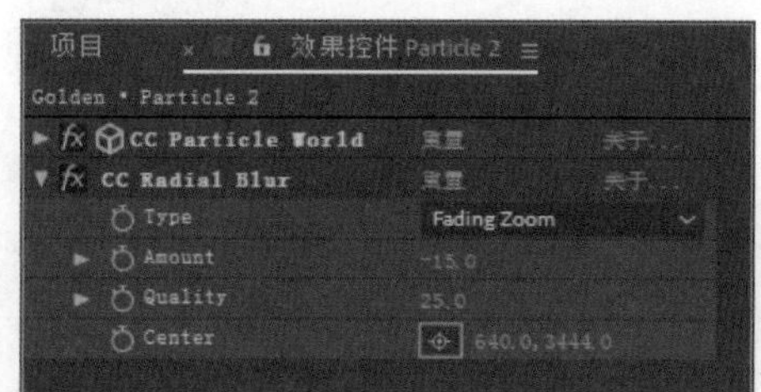


图 11.67

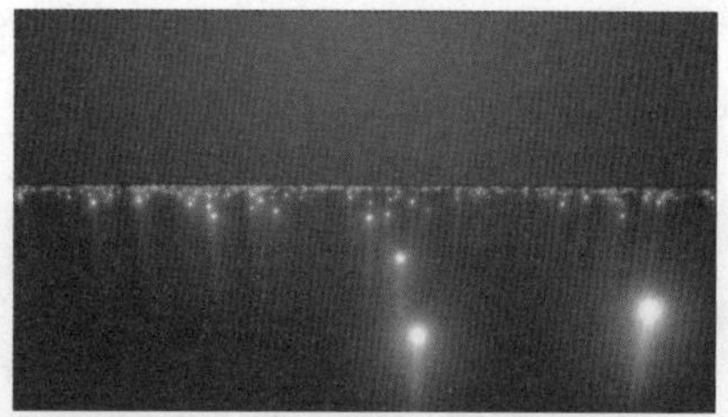

图 11.68

**Step 11** 创建文字元素。单击工具栏中的T工具，在合成窗口中输入文字，在“段落”面板中设置文字的参数，如图 11.69 所示。查看此时合成窗口的效果，如图 11.70 所示。

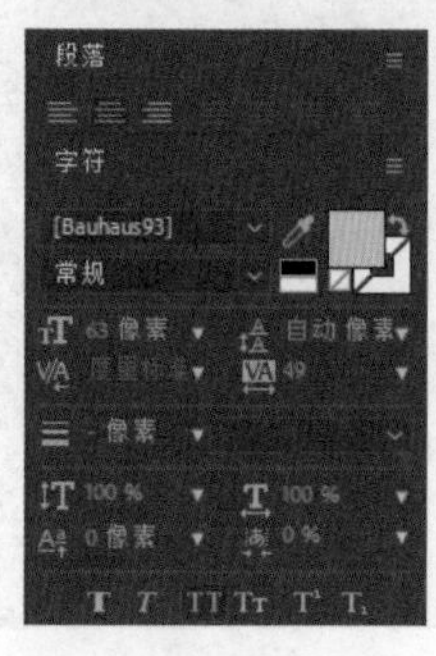


图 11.69

图 11.70

**Step 12** 创建文字倒影。在时间线窗口中选中文字层，按组合键 Ctrl+D 复制出另一个文字层。打开两个文字层的三维选项，并设置原文字层的图层叠加模式为“相加”，调整其旋转参数值将其作为倒影，如图 11.71 所示。

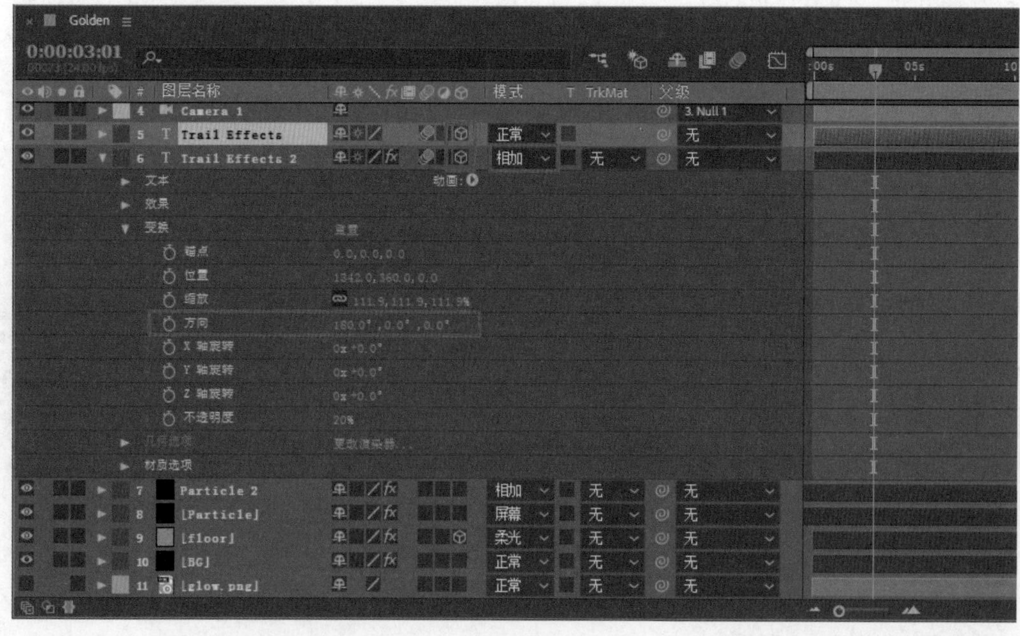


图 11.71

**Step 13** 选中文字的倒影层，选择菜单栏中的“效果\模糊和锐化\CC Radial Blur”命令，为其添加 CC Radial Blur 滤镜。在效果控件窗口中调整参数，如图 11.72 所示。

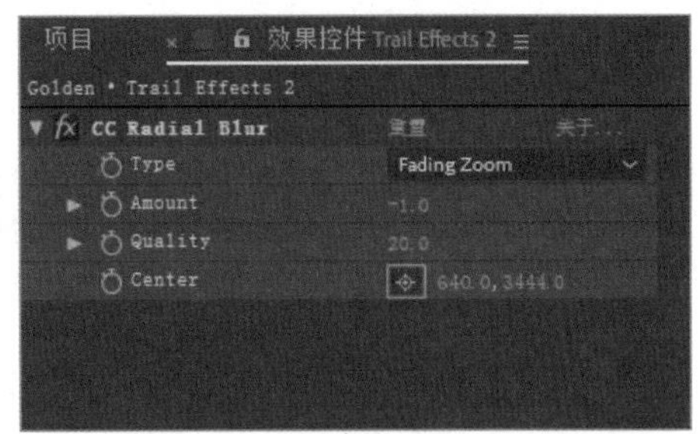


图 11.72

**Step 14** 创建动画。选择菜单栏中的“图层\新建\空对象”命令，新建一个 Null 层。在时间线窗口中单击 Null 层的按钮，打开其三维属性选项，为其“位置”属性记录关键帧，如图 11.73 所示。

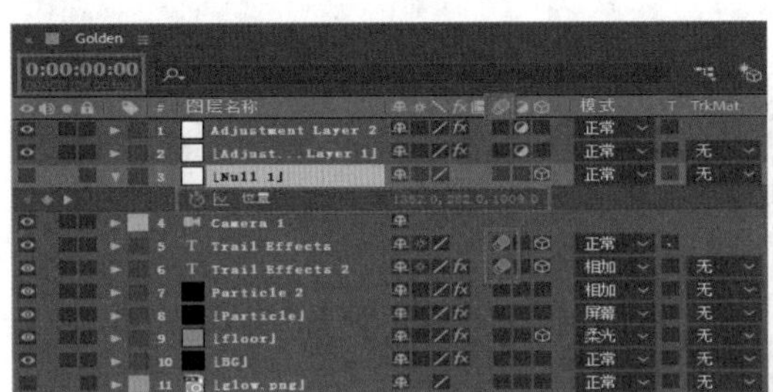

图 11.73

**Step 15** 在时间线窗口中设置 Camera 1 层为 Null 1 层的子级层，此时摄像机将跟随 Null 1 层的位移属性的改变而产生摄像机位移动画。

**Step 16** 为了增强动画的可视效果，需要打开场景中文字层的（动态模糊）选项，如图 11.74 所示。

图 11.74

**Step 17** 给画面调色。选择菜单栏中的“图层\新建\调整图层”命令，新建一个调整图层。选中该层，选择菜单栏中的“效果\颜色校正\曲线”命令，为其添加曲线滤镜。在效果控件窗口中调整曲线的形状，如图 11.75 所示。

Step18 再次选择菜单栏中的“图层\新建\调整图层”命令，新建一个调整图层。选中该层，选择菜单栏中的“效果\颜色校正\曲线”命令，为其添加曲线滤镜。在效果控件窗口中调整曲线的形状，如图 11.76 所示。将时间滑块拖动到时间 0:00:00:02 处，单击效果控件窗口中“曲线”左侧的按钮，为曲线形状记录关键帧。将时间滑块拖动到 0:00:00:07 时间处，在效果控件窗口中调整曲线的形状，如图 11.77 所示。此时曲线形状已经在第 2 帧到第 7 帧之间产生了动画。

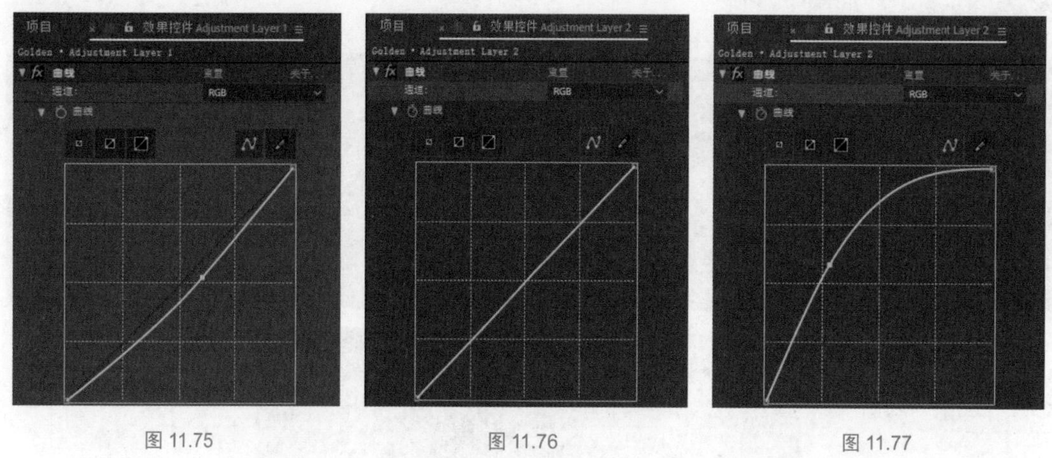

图 11.75　　图 11.76　　图 11.77

Step19 按数字 0 键预览最终效果，如图 11.78 所示。

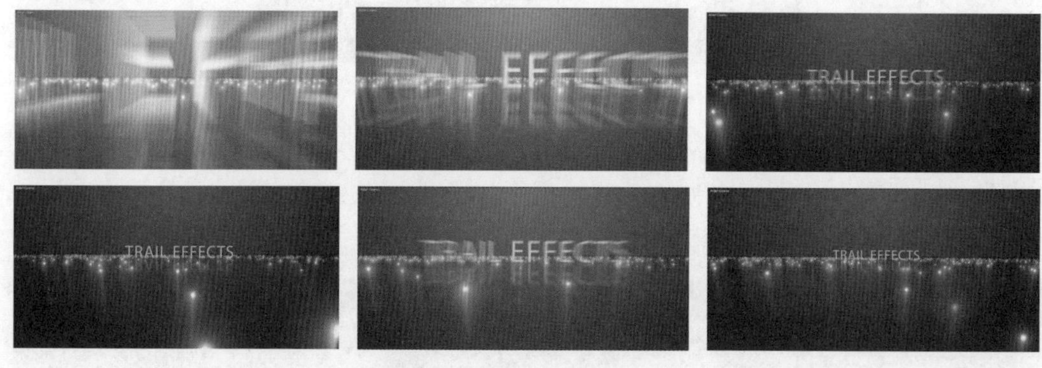


图 11.78

## 11.4 文字旋转动画

本节主要练习使用 AE 强大的特效文字动画功能，通过调整更多选项的参数以及对范围选择器的控制来完成旋转文字飞入的动画效果。

Step01 启动 AE，选择菜单栏中的“合成\新建合成”命令，新建一个合成，命名为“旋转文字”，如图 11.79 所示。导入本书素材 text-1.jpg 文件，并拖动到时间线窗口，如图 11.80 所示。

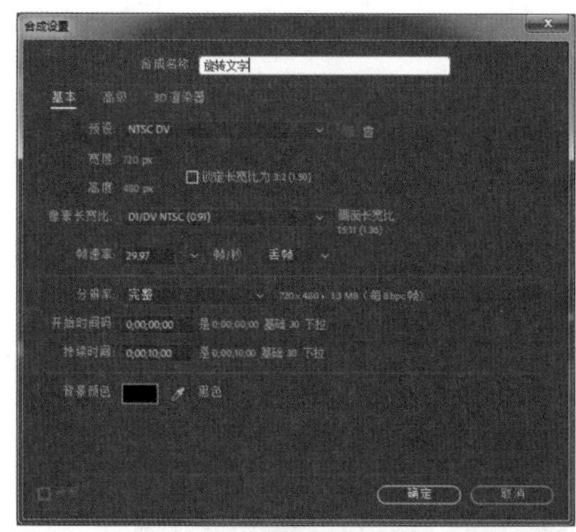

图 11.79

图 11.80

Step02 单击工具栏中的T工具，在合成窗口单击，并输入文字“职场要冲刺”，如图 11.81 所示设置字符面板中的参数，此时合成窗口的效果如图 11.82 所示。

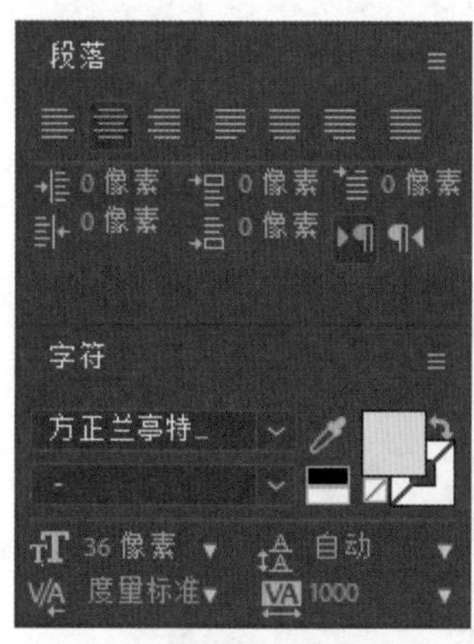


图 11.81

图 11.82

Step03 在时间线窗口中展开文字层的属性，单击动画右侧的按钮，在弹出的菜单中选择“旋转”命令，为文字层添加旋转动画，并设置旋转参数为 4x（旋转 4 周），如图 11.83 所示。

图 11.83

Step04 展开文字层的属性，单击“动画制作工具 1”右侧的“添加”旁的按钮，在弹出的菜单中选择“不透明度”命令，为文字添加不透明度动画，将不透明度的值设为 0，设置“范围选择器 1”属性中的结束参数为 68，如图 11.84 所示。

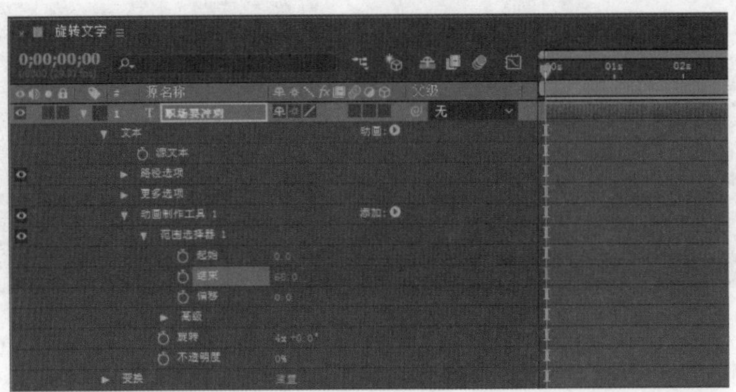


图 11.84

Step05 展开“动画制作工具 1”下面的“范围选择器 1”属性，并为偏移属性设置关键帧。在时间 0:00:00:00 处设置偏移参数为 -55，单击按钮设置关键帧。在时间 0:00:03:00 处设置偏移参数为 100。单击时间线窗口中的图标，将运动模糊按钮打开，同时将图层的复选框选中。此时按数字 0 键预览合成窗口的效果，如图 11.85 所示。

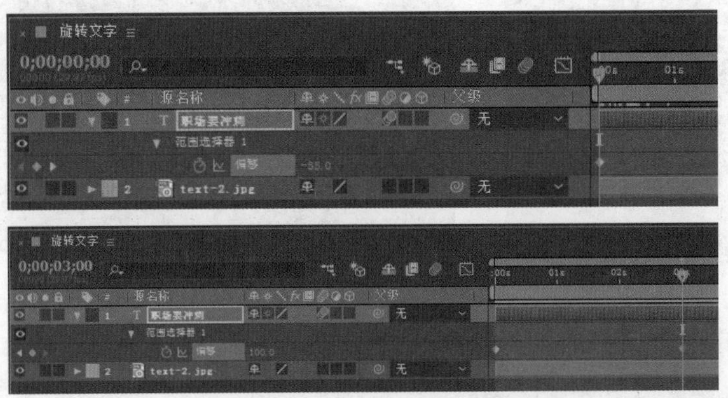


图 11.85

Step06 将文字层的“更多选项”属性打开，将“锚点分组”设置为“行”，设置“分组对齐”参数，如图 11.86 所示。此时按数字 0 键进行预览，如图 11.87 所示。

图 11.86

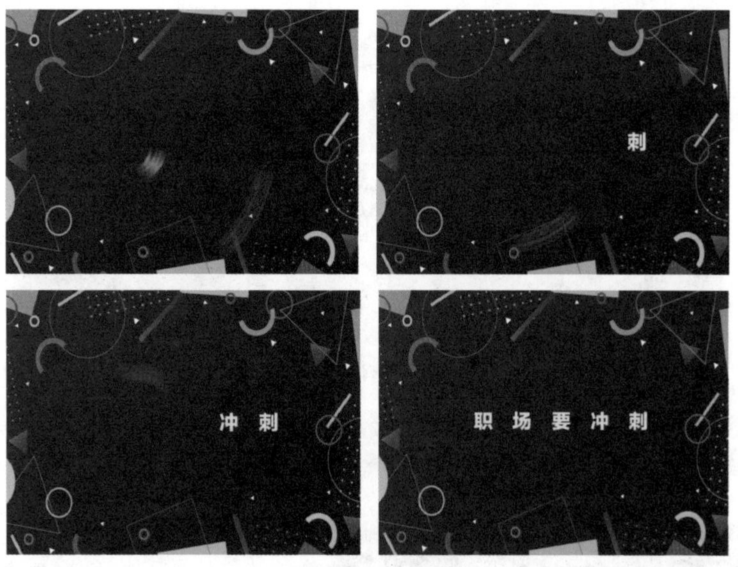


图 11.87

## 11.5 路径文字动画

本节主要练习使用 AE 强大的特效文字动画功能，可以让图层中的文字跟随路径排列，还可以给它们设置路径动画。

Step01 启动 AE，选择菜单栏中的“合成 \ 新建合成”命令，新建一个合成，命名为“路径文字”。导入本书素材 text-4.jpg 文件，并拖动到时间线窗口，如图 11.88 所示。

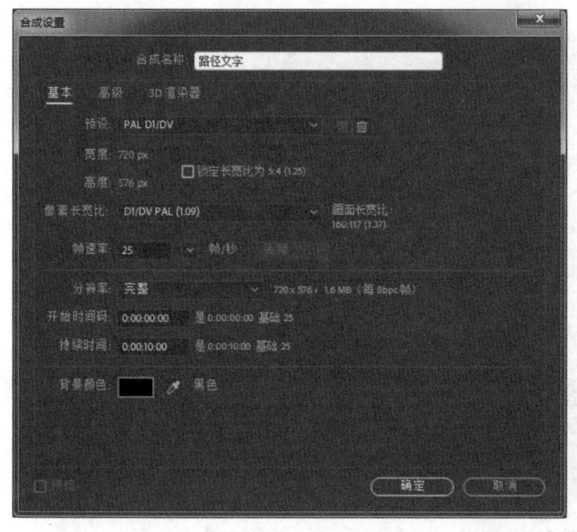

图 11.88

Step02 单击工具栏中的T工具，在合成窗口中输入一段长文字。按下 G 键，调用钢笔工具，在合成窗口中建立路径，如图 11.89 所示。

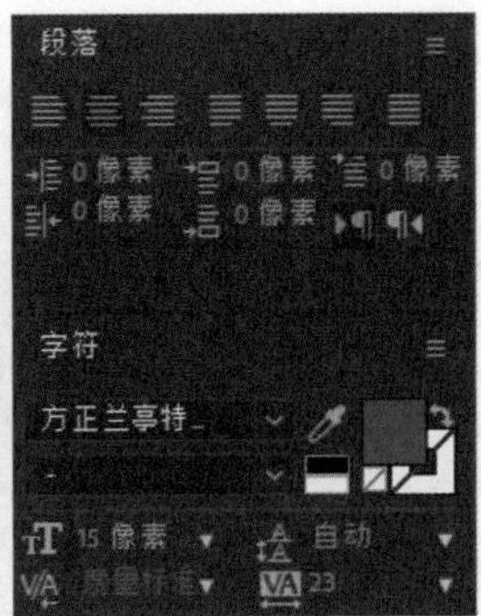


图 11.89

Step03 在时间线窗口中展开文字图层的“路径选项”参数，在右边的下拉列表中选择“蒙版 1”，将创建的路径指定为文字的路径，如图 11.90 所示。

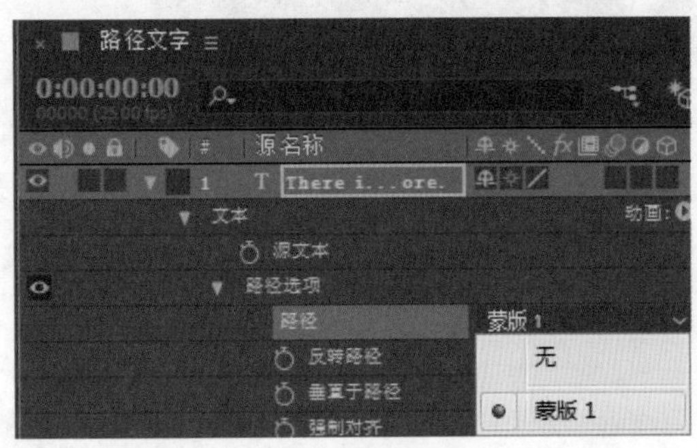

图 11.90

Step04 在时间线窗口中设置文字图层的“反转路径”为关，“垂直于路径”为开，“强制对齐”为关，“首字边距”为 -100，“末字边距”为 0.0。此时文字已经跟随路径排列，如图 11.91 所示。

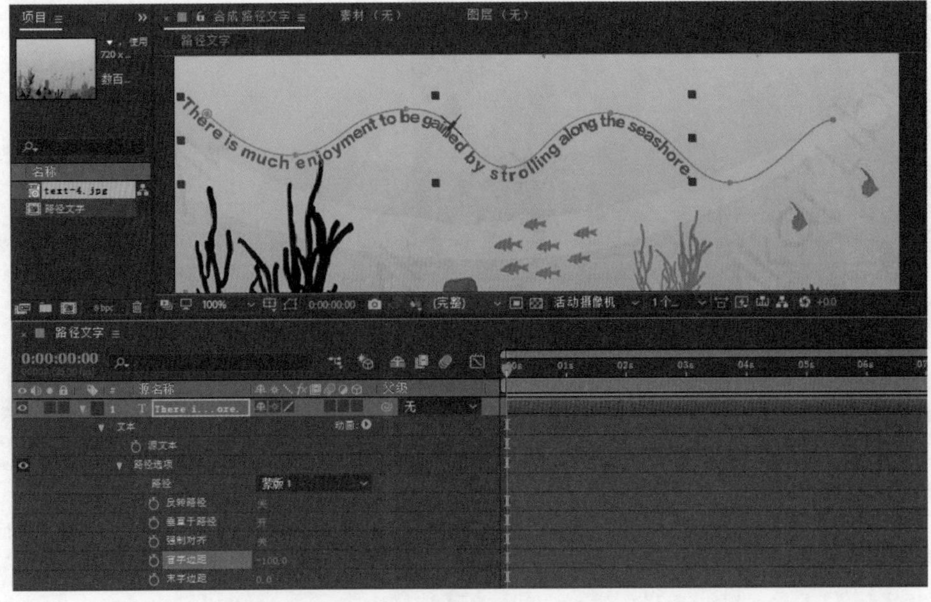


图 11.91

Step 05 在动画的第 1 帧将“末字边距”参数设置为 -610（文字开始进入轨道），创建动画关键帧，在最后 1 帧设置为 815（文字走出轨道），如图 11.92 所示。此时按数字 0 键进行预览，如图 11.93 所示。

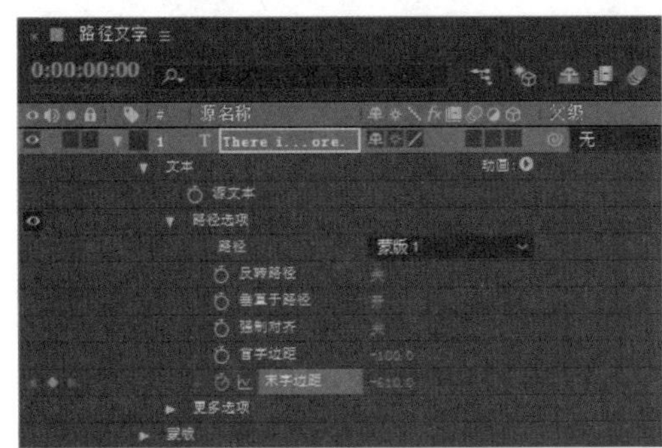
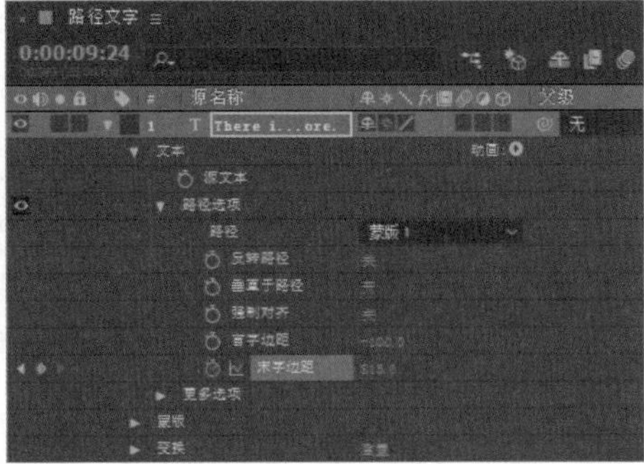

图 11.92

图 11.93

Step 06 将“垂直于路径”设置为开，“强制对齐”设置为关，文字强制与路径起始端对齐，如图 11.94 所示。

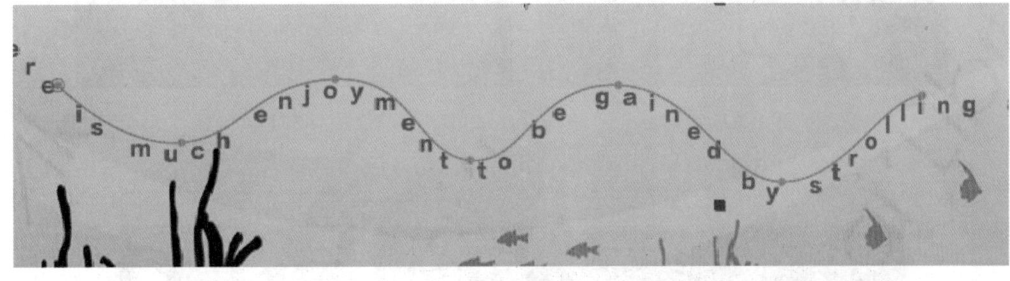

图 11.94

Step 07 除了“路径选项”栏中的参数外，在“更多选项”栏中的一些参数同样影响路径文字排列的方式，如图 11.95 所示。在“锚点分组”参数中选择“词”方式，文字将以每个单词为单位跟随路径运动，如图 11.96 所示。

图 11.95

图 11.96

## 11.6 涂鸦文字动画

本节主要练习使用 AE 强大的特效文字动画功能，介绍如何使用 AE 制作一段涂鸦动画。

Step01 启动 AE，选择菜单栏中的“合成\新建合成”命令，新建一个合成，命名为“涂鸦”，如图 11.97 所示。在项目窗口中双击，导入本书素材中的“地面 .tga”“墙 .tga”文件，如图 11.98 所示。

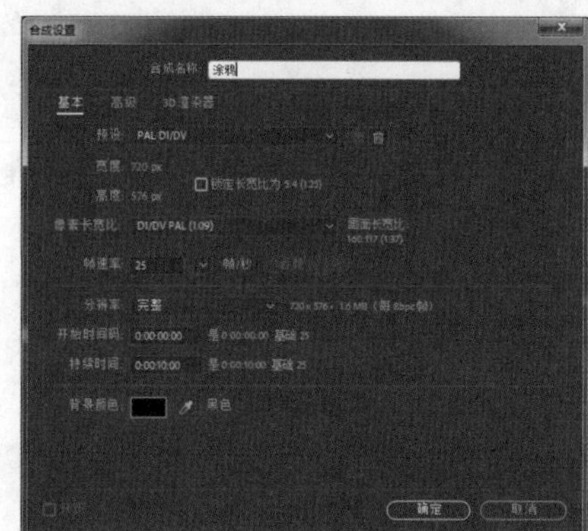

图 11.97

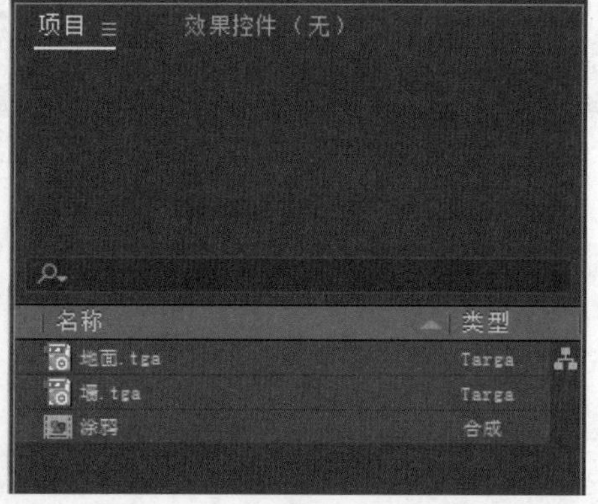


图 11.98

Step02 单击工具栏中的T工具，在合成窗口中输入一段文字，如图 11.99 所示。

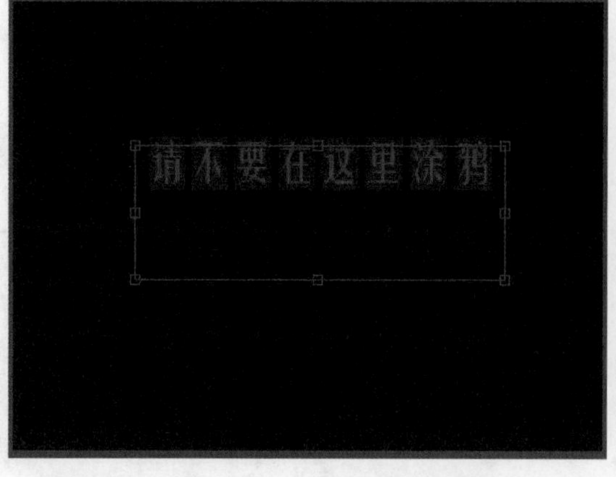


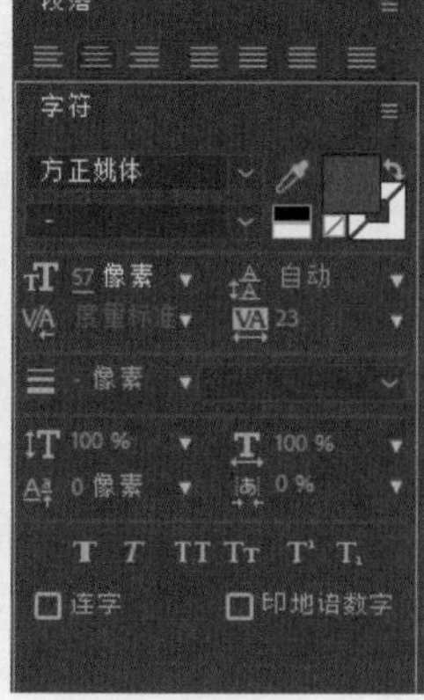


图 11.99

Step03 单击工具，在合成窗口中对文字进行描边，画一个蒙版，如图 11.100 所示。

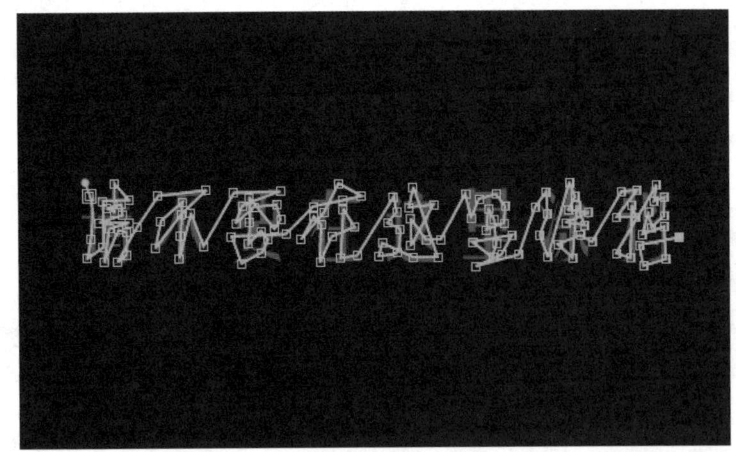

图 11.100

Step04 选中文字层，选择菜单栏中的“效果 \ 发生 \ 描边”命令，为蒙版添加描边特效。在效果控件窗口中调整参数，如图 11.101 所示。

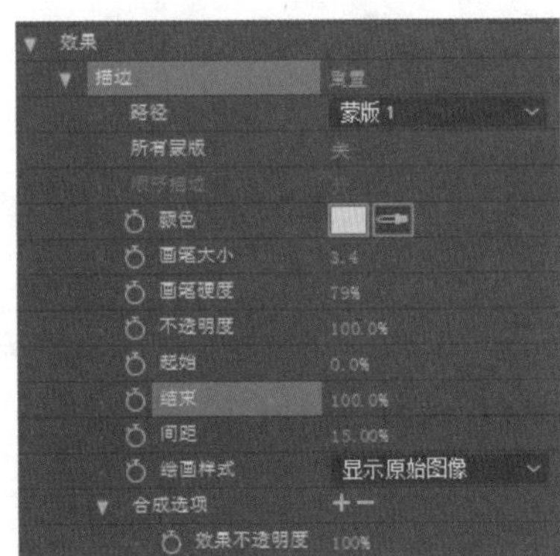

图 11.101

Step05 在时间线窗口中展开描边特效的“结束”参数，单击记录关键帧，如图 11.102 所示。

图 11.102

Step06 按组合键 Ctrl+N，新建一个合成，命名为“涂鸦 1”，将项目窗口的“地面 .tga”和“墙 .tga”拖到时间线窗口中，打开它们的三维属性开关。利用旋转工具和移动工具分别调整两个图层在视图中的位置，如图 11.103 所示。

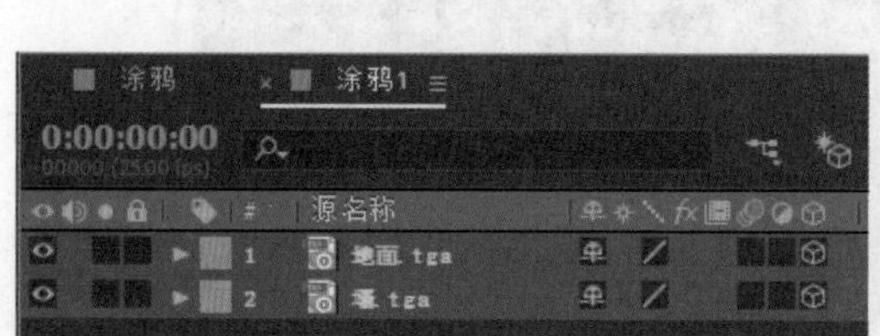

图 11.103

Step07 在时间线窗口中右击，在弹出的快捷菜单中选择“新建 \ 摄像机”选项，创建一架摄像机，如图 11.104 所示。

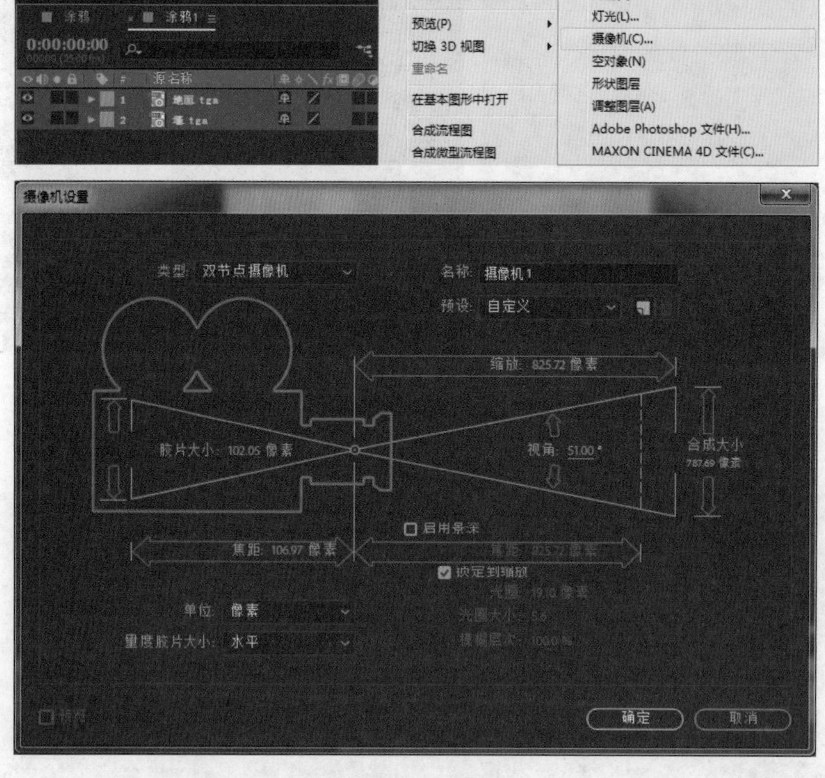


图 11.104

Step08 在时间线窗口中右击，在弹出的快捷菜单中选择“新建 \ 调整图层”选项，新建一个调节层，选择菜单栏中的“效果 \ 颜色校正 \ 曲线”命令，为此层添加曲线调节。在效果控件窗口中调节曲线的形状，如图 11.105 所示。

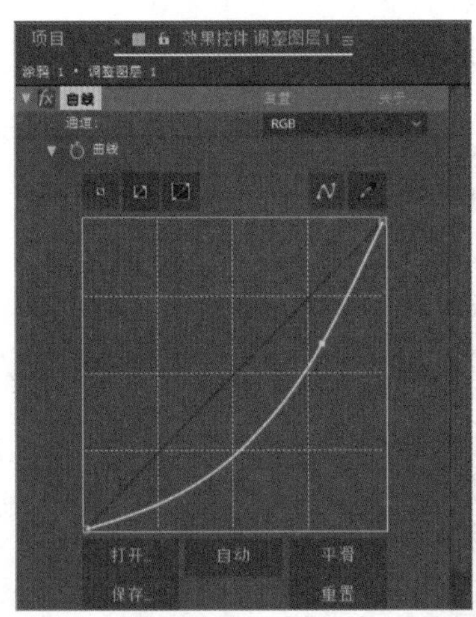

图 11.105

Step09 在时间线窗口中右击，在弹出的快捷菜单中选择“新建\灯光”选项，创建一盏灯，将文字图层从项目窗口拖到时间线窗口中，如图 11.106 所示。

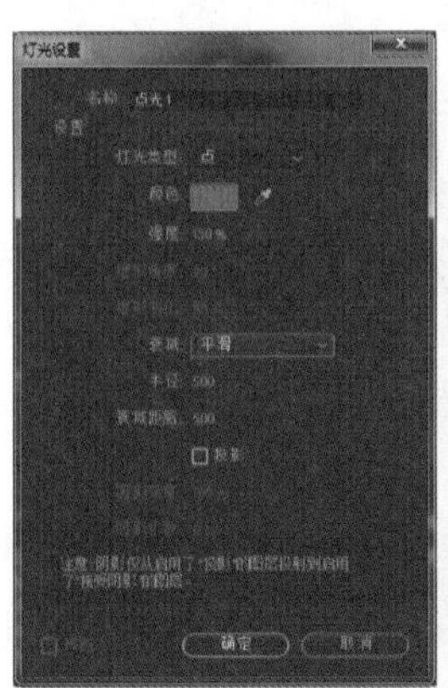

图 11.106

Step10 将刚才制作的文字图层复制并粘贴到涂鸦 1 合成的时间线窗口，打开摄像机的缩放属性，给该属性制作镜头伸缩的动画，如图 11.107 所示。

图 11.107

Step11 按数字 0 键进行预览，如图 11.108 所示。

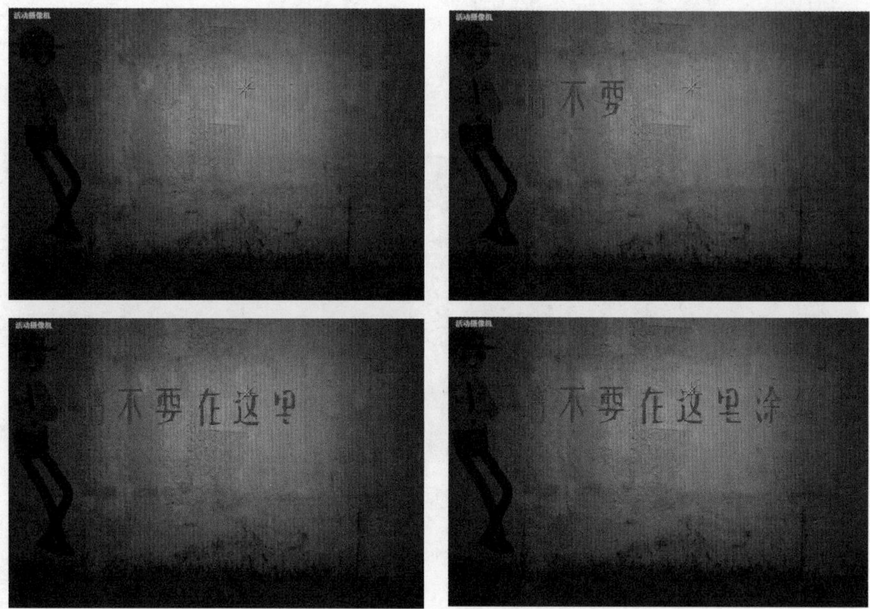

图 11.108

## 11.7 选择器的高级设置

在时间线窗口中展开 Ranges Selector 1 选择器的属性，可以看到其中有一项为“高级”属性，展开该属性，其中包含了很多参数，如图 11.109 所示。

单位：确定在指定选择器的起点、终点和偏移时所采用的计算方式。在其菜单中有“百分比”和“索引”两种选择方式，如图 11.110 所示。

图 11.109

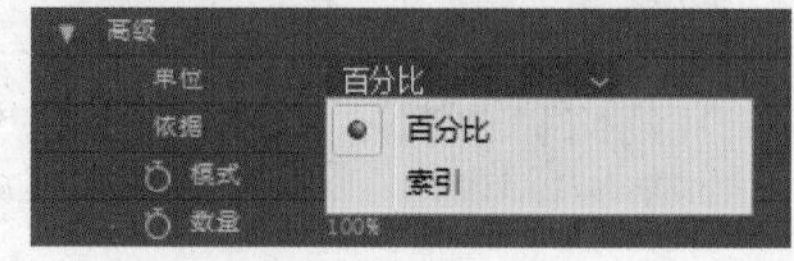


图 11.110

依据：在其菜单中确定将文本中的“字符”“不包括字符的空格”“词”或“行”作为一个单位计算。比如，设置选择器的“起始”参数为0，“结束”参数为2，并且“单位”设置为“索引”，“依据”设置为“词”，那么选择器选择的是文本中的前两个单词。如果“依据”设置为“字符”，那么选择的将是前两个字符。

模式：在其菜单中选择选择器和其他选择器之间采取的合成模式，这主要是一种类似遮罩的合成模式，包括相加、相减、相交、最小、最大和相反几个选项。比如，在动画组中只有一个选择器，选择了最前面的两个字符并把它们放大，合成模式选择“相减”模式，则会反转选择的范围，画面中除被选择的前两个字符，其他的字符都被放大。

数量：确定动画组中的特性对选择器中的字符影响的大小。设置为0%，则动画组中的特性将不会对选择器产生影响；设置为50%，则特性的作用有一半在选择器中显现。

形状：在其菜单中确定在被选字符和没被选字符之间以什么样的形式过渡。

平滑度：指定动画从一个字符到下一个字符所需要的过渡效果。

缓和高 / 缓和低：设定选择权从完全被选择器选择到完全不被选择变化的速度。

随机顺序：设置为“开”状态，可以打乱动画组中特性的作用范围。

## 11.8 文字动画预设

在AE中，程序提供了大量的动画预设。

Step01 选择菜单栏中的“窗口\效果和预设”命令，打开“效果和预设”面板，如图11.111所示。单击“动画预设”左侧的小三角，将其展开，在面板上部的文本框中输入“文字”，按Enter键。在面板中会罗列出和文字相关的预设，如图11.112所示。

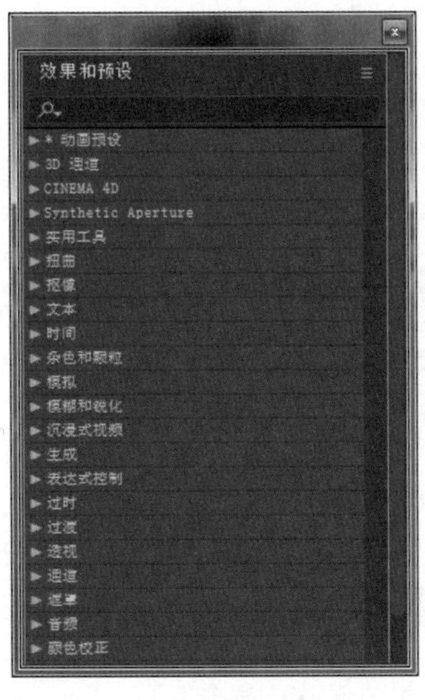


图11.111

图11.112

Step02 单击文件夹左边的小三角可以关闭文件夹。这些预设根据不同的类型放置在不同的文件夹中，如图11.113所示。

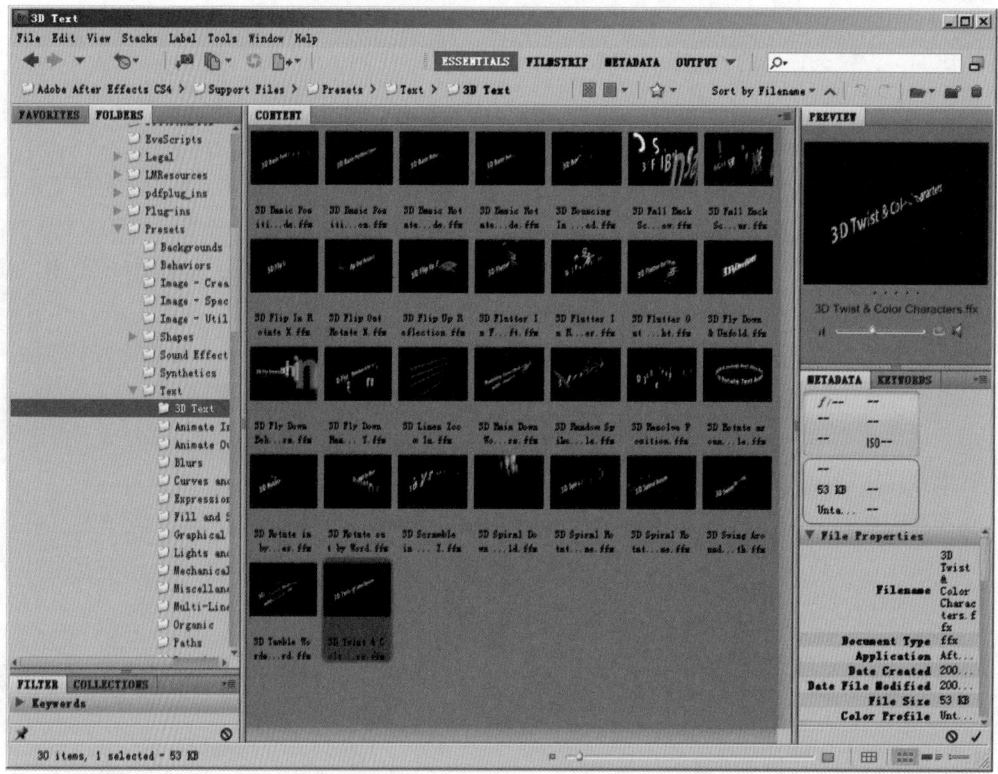

图 11.113

# 第 12 章 After Effects 表达式动画

## 12.1 理解表达式

在学习表达式的过程中，不用太在意大量的语言。当用户发现使用表达式可以大幅度改进自己的工作效率时，会发现表达式其实很简单，因此花时间学习表达式是值得的。

那么表达式能做些什么呢？比如在给 10 个不同对象设置 10 个各不相同的旋转动画关键帧时，可以先建立一个对象的旋转动画，然后用一个简单的表达式让其余的对象的旋转都各有特点，而在这些操作过程中并不需要用 Java 语言写一个语句，而是运用 AE 的 Pick Whip 功能就能通过连线而自动地生成表达式。给属性添加表达式有多种方法。

方法 1：在时间线窗口中，展开图层的某一属性参数，然后选择“动画 \ 添加表达式”命令。

方法 2：选择对象后在按住 Alt 键的同时单击该参数左边的按钮，就可以在右边 Expression Field 区域中创建表达式，如图 12.1 所示。

图 12.1

下面将介绍在时间线窗口中，添加表达式后新出现的按钮以及其相对应的功能。

（1）表示表达式起作用，单击该按钮后，按钮变为则表示表达式不起作用。

（2）单击按钮，可以打开表达式的图表。其中表达式控制的图表用红色显示，以与由关键帧控制的绿色图表相区别，如图 12.2 所示。

（3）按住按钮不放，然后将其拖动到另外一个参数上就可以建立两者之间的连接，如图 12.3 所示。

（4）单击按钮后，将会弹出表达式的语言菜单，在其中可以选择表达式经常使用的程序变量和语句等元素，如图 12.4 所示。

图 12.2

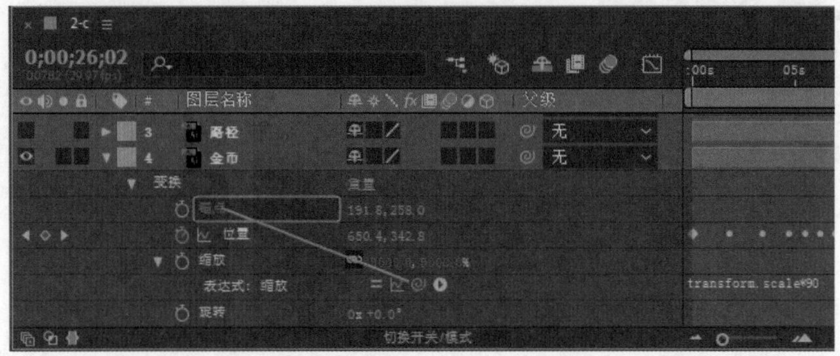


图 12.3

图 12.4

（5）时间条的区域内是表达式输入框，其中会显示表达式的内容，并可以对表达式进行编辑。用鼠标左键拖动边框可以调节它的高度，也可以用其他的文本工具将表达式写好，然后再粘贴到表达式输入框中。在 AE 中，要把图层指定为 3D 图层，只需在时间线窗口中单击该图层的▢即可，也可以选择“图层 \3D 图层”命令。把图层指定为 3D 图层会相应增加如下一些图层参数：方向、X 轴旋转、Y 轴旋转、Z 轴旋转、材质选项等，用来调整图层的光影，如图 12.5 所示。

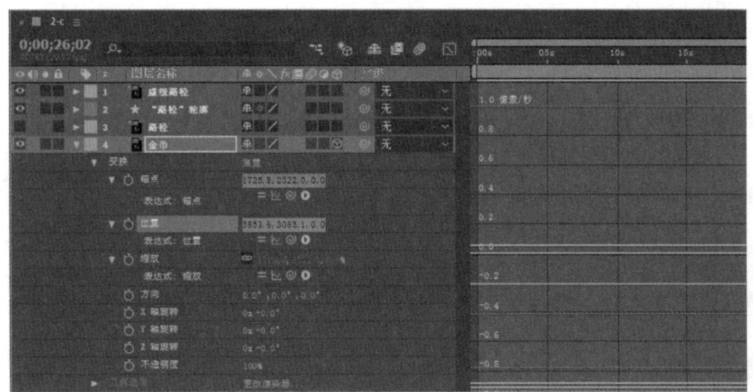

图 12.5

## 12.2 表达式控制器

AE 提供了多种不同的表达式控制器，通过这些控制器可以制作程序动画。可对需要的属性设定父子关系，如果使用父级功能，则图层的所有参数都会直接应用到子层中。用表达式可有选择性地指定父子关系。创建表达式控制器的命令是在菜单栏中的“效果\表达式控制”命令之下，如图 12.6 所示，关于这些命令，如果将它和表达式联系在一起的话，会发挥巨大的作用。

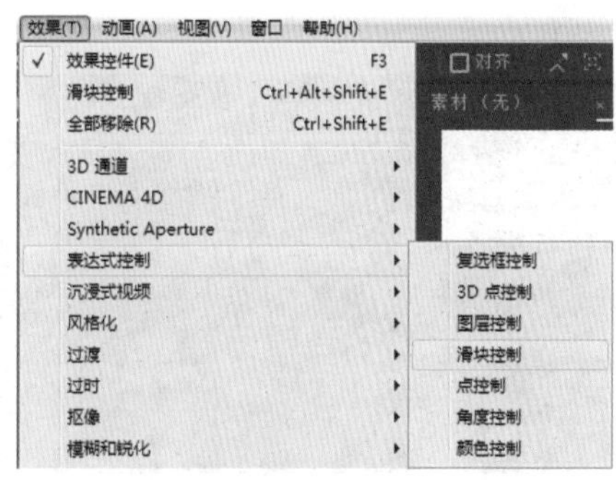


图 12.6

Step01 打开本书资源中的 Control.aep 文件，在时间线窗口中可以看到一共有 20 个图层，每个图层的位置参数中都有一个 wiggle（3，320）的表达式来控制图层的运动，如图 12.7 所示。

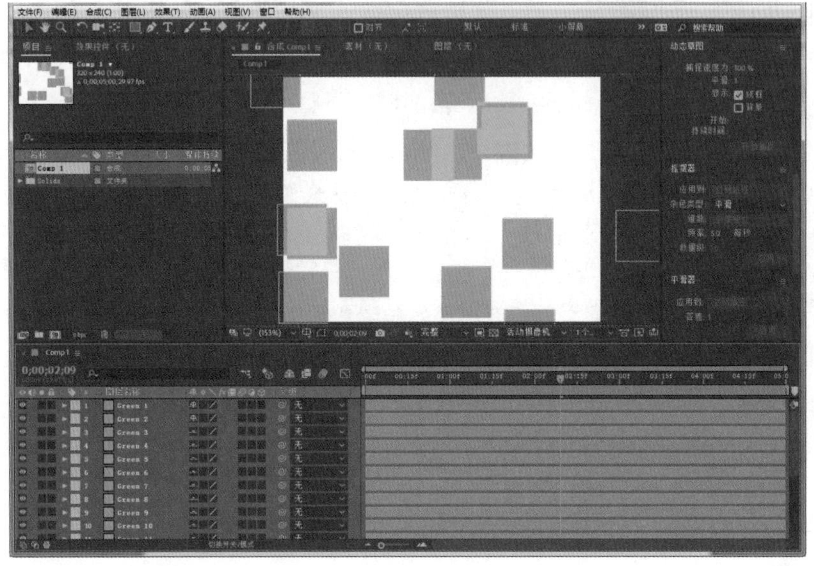

图 12.7

Step02 选择菜单栏中的“图层\新建\空对象”命令，建立一个空层，并把它命名为Controller。在时间线窗口中选择Controller图层，然后选择菜单栏中的“效果\表达式控制\滑块控制”命令，给图层添加表达式控制器，如图12.8所示。

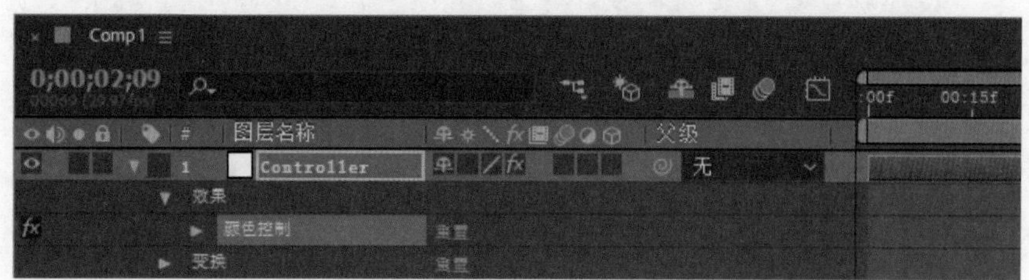

图 12.8

Step03 在时间线窗口中单击Controller图层的图标，关闭它的显示属性。在效果控件窗口中选择颜色控制滤镜，按Enter键，然后输入文字How Often，给滤镜重命名，如图12.9所示。选择How Often，然后按组合键Ctrl+D，将该滤镜复制，并将其重命名为How Much，如图12.10所示。

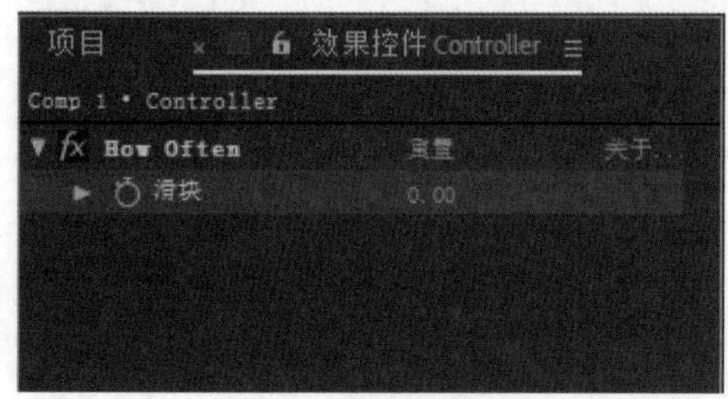

图 12.9

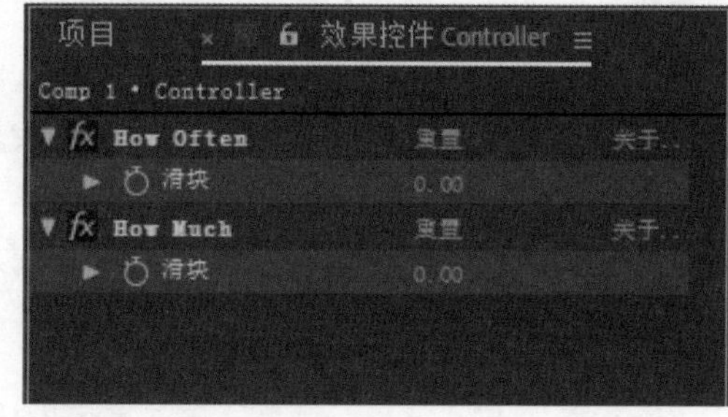

图 12.10

Step04 选择Green 1图层，按下P键，展开位置参数，在表达式输入框中删除原来的表达式并输入“wiggle(”。然后按下按钮，将其拖动到Controller图层的How Often的滑块控制器上，此时表达式为：

```
temp = thisComp.layer("Controller").effect("How Often")("滑块");
```

Step05 在表达式后加入逗号，再用按钮将Controller图层的How Much滤镜的滑块控制器加入到表达式中，最后在表达式结尾处加上括号。最终表达式如下：

```
wiggle(thisComp.layer("Controller").effect("How Often")
("滑块"),thisComp.layer("Controller").effect("How Much")("滑块"))
```

Step06 在除了Controller图层之外所有图层的位置参数中，复制这个表达式。这样就可以通过调节Controller图层的How Often和How Much的值来控制这20个层的运动了。设置How Often的值为1.5，并给How Much设置关键帧，第0帧为350，最后1帧为0，如图12.11所示。

Step07 按数字0键预览最终效果，如图12.12所示。

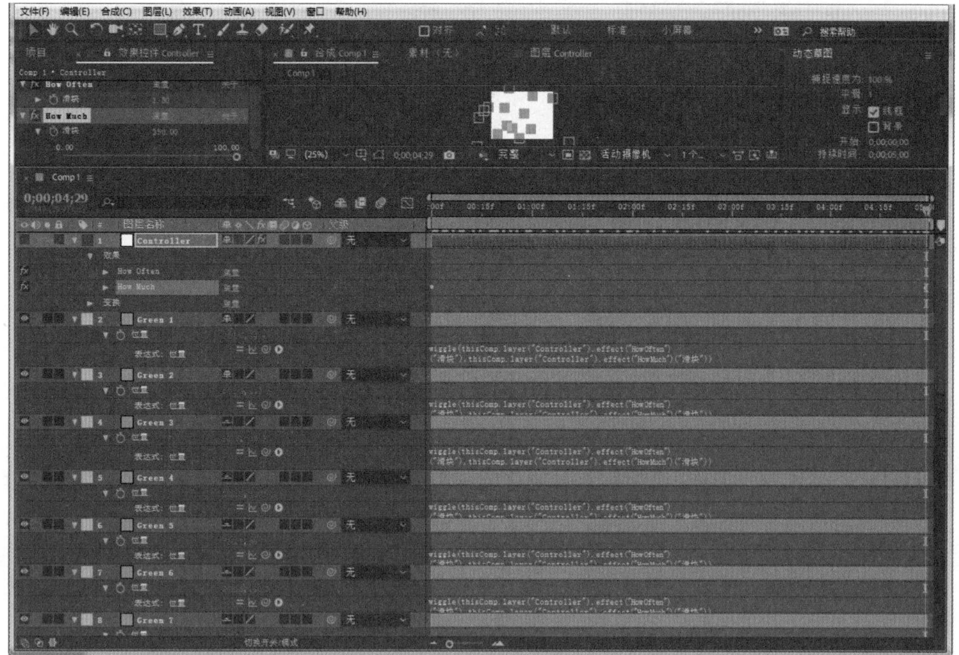

图 12.11

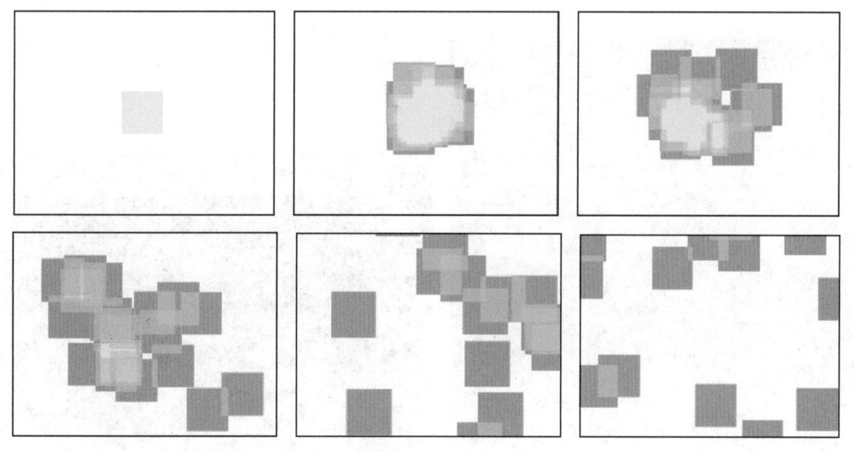

图 12.12

## 12.3 雷电表达式

本节主要介绍表达式的应用。利用物体的位置和滤镜位置产生链接，得到意想不到的动画效果，如图 12.13 所示。

Step01 新建项目，在项目窗口导入本书素材 ball.psd 文件，双击 ball 合成，将其在时间线窗口打开，如图 12.14 所示，将时间线窗口内的三个图层分别命名为“背景”“云朵”和“飞机”，如图 12.15 所示。

 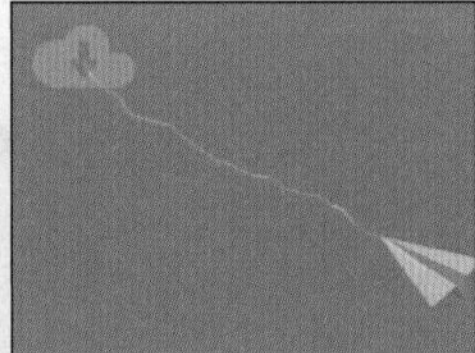 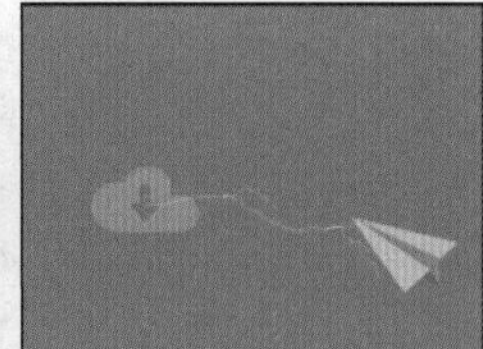

图 12.13

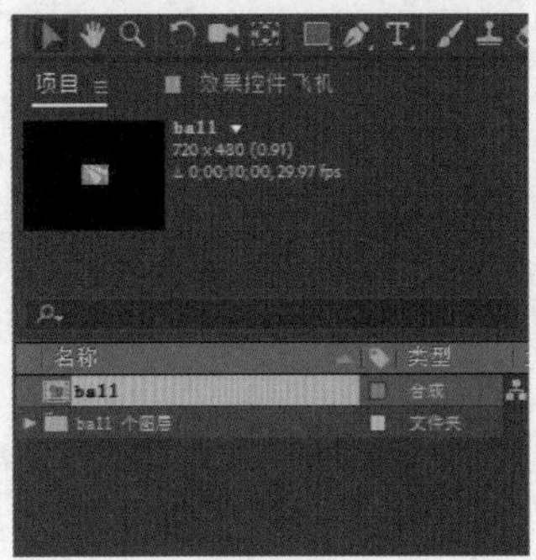

图 12.14

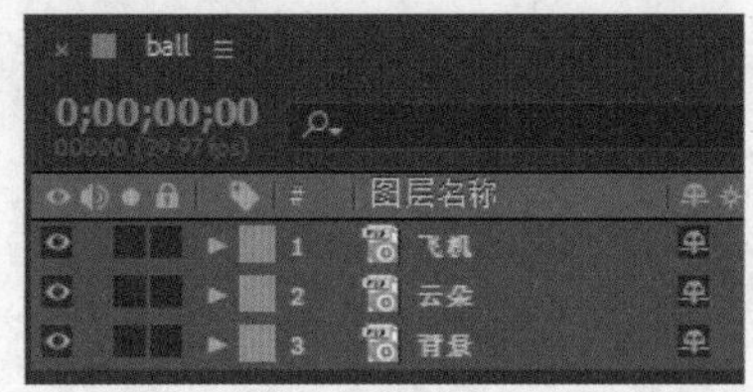


图 12.15

Step02 选择菜单栏中的“合成\合成设置”命令，弹出“合成设置”对话框，设置新的尺寸，如图 12.16 所示。

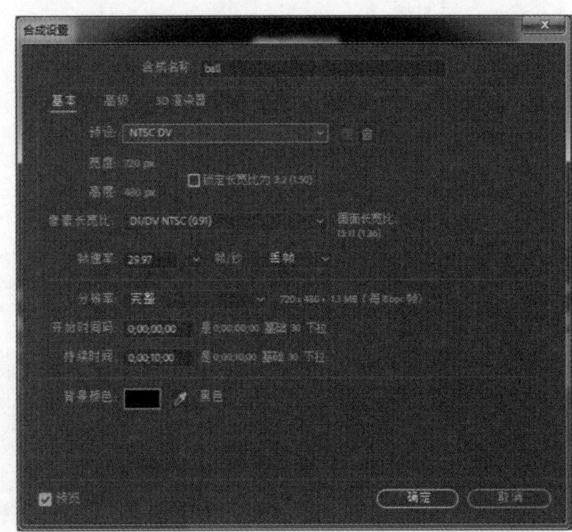

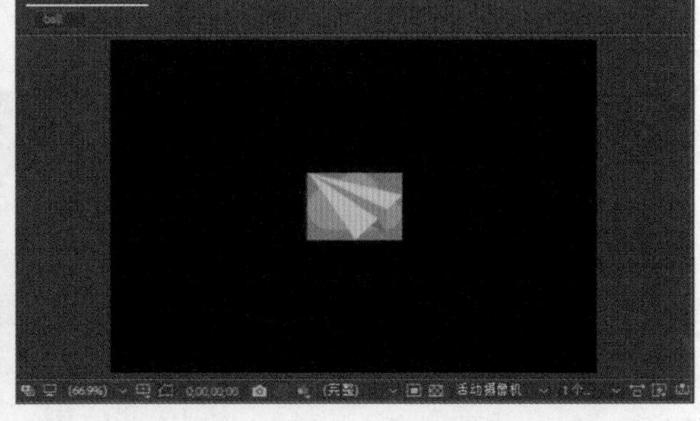

图 12.16

Step03 选择“背景”图层，将其放大，将“飞机”和“云朵”图层分别放置不同的位置，如图 12.17 所示。

Step04 选中“云朵”图层，按 S 键展开缩放属性，并设置其缩放值为 60%。选择菜单栏中的“窗口\动态草图”命令，打开动态草图面板，设置参数，如图 12.18 所示。

Step05 单击“开始捕捉”按钮，然后单击鼠标不放在合成窗口中描绘路径，此时软件将根据鼠标的移动记录下运动位置并应用到该层的位置属性。松开鼠标，按 P 键展开“云朵”图层的位置属性，可以看到“云朵”图层中位置属性的关键帧已经根据刚才鼠标的移动自动生成，如图 12.19 所示。

Step06 按数字 0 键进行预览，合成窗口中已经有一个球体不停在运动。按照“云朵”图层的方法设置“飞机”图层。此时，按数字 0 键进行预览，如图 12.20 所示。

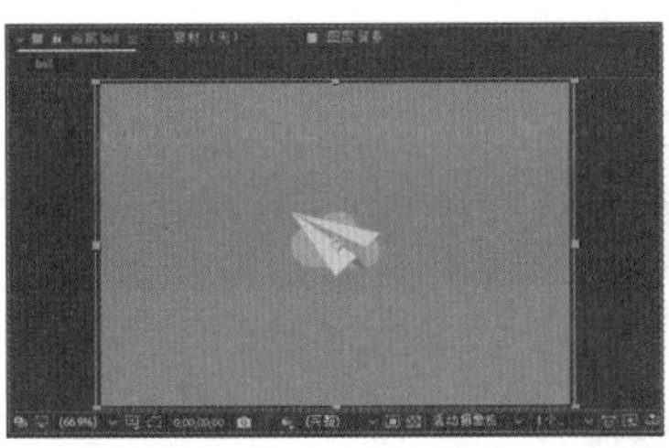
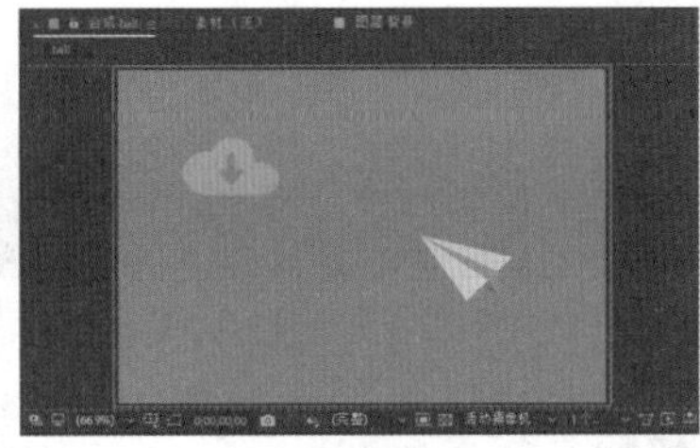

图 12.17

图 12.18

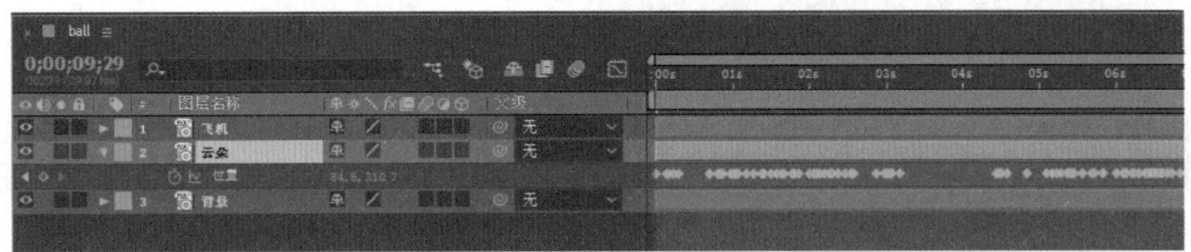


图 12.19

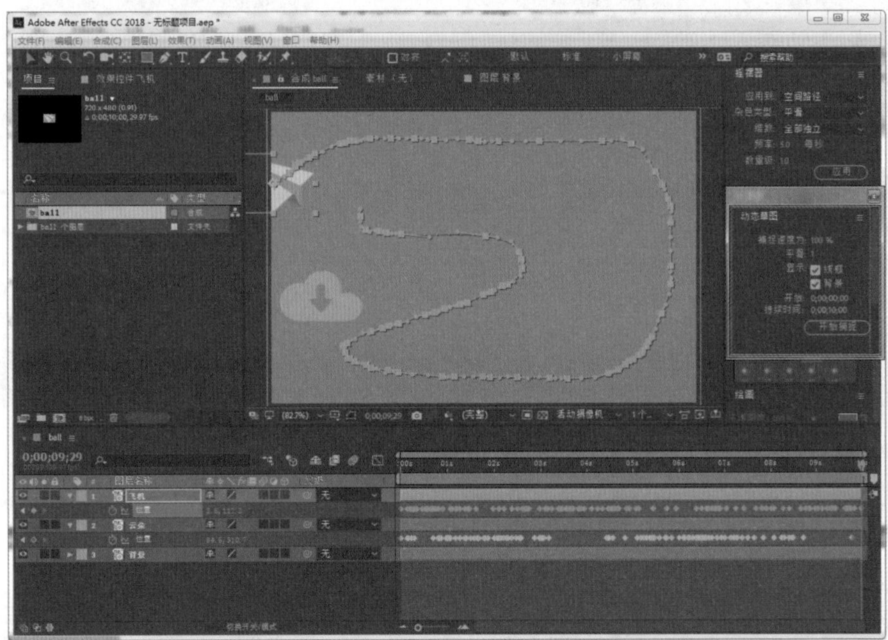


图 12.20

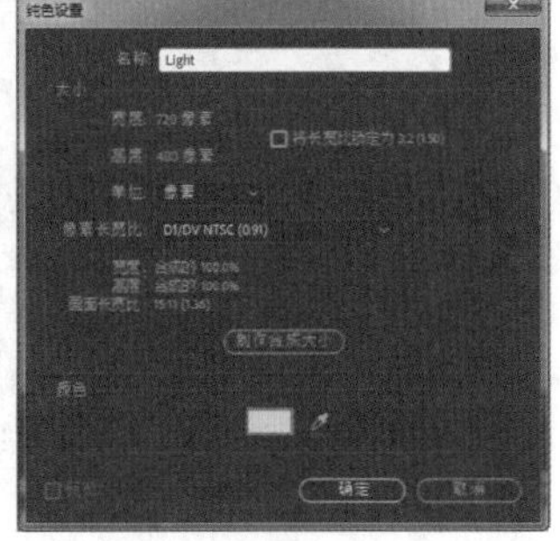

图 12.21

Step07 选择菜单栏中的“图层\新建\纯色”命令，新建一个固态层，命名为Light。选中Light层，选择菜单栏中的“效果\过时\闪光”命令，为其添加Lighting滤镜，保留闪光滤镜参数不变，如图12.21所示。将Light层的叠加方式设定为“相加”，如图12.22所示。

Step08 选中Light层，在时间线窗口中打开闪光滤镜的参数。选中起始点属性，选择菜单栏中的“动画\添加表达式”命令，为该属性增添表达式。选中所有图层，连续按U键，直到打开所有动画属性，然后单击Lighting层起始点属性右边的◎按钮，并拖动到“云朵”图层的位置属性处，再松开鼠标，如图 12.23 所示。

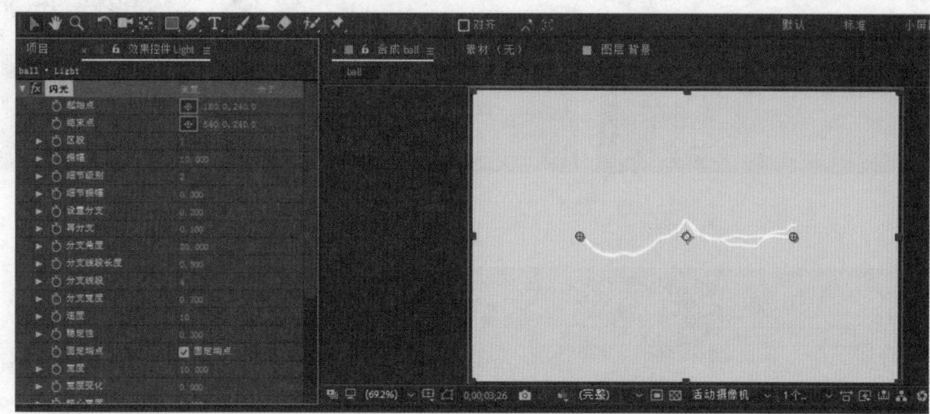

图 12.22

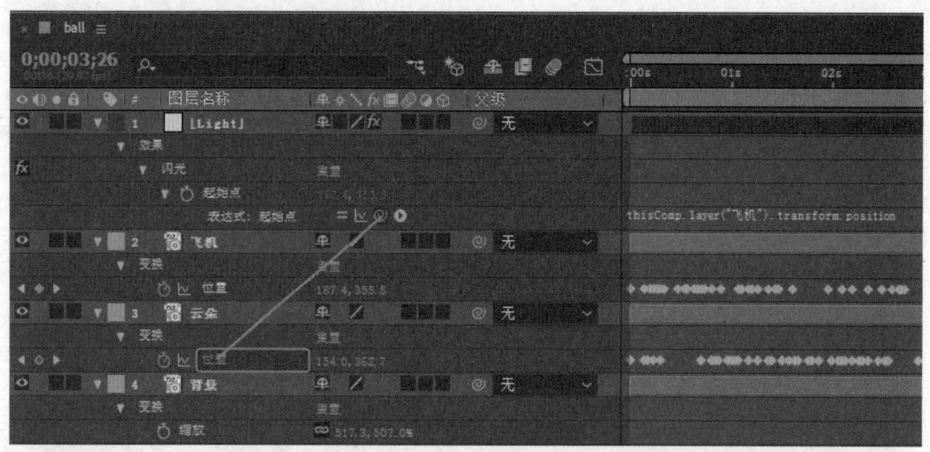


图 12.23

Step09 同样，选中“Light”层的结束点属性，选择菜单栏中的“动画\添加表达式”命令，为该属性增添表达式。按照相同的方法将结束点属性关联到“飞机”图层的位置属性，如图 12.24 所示。

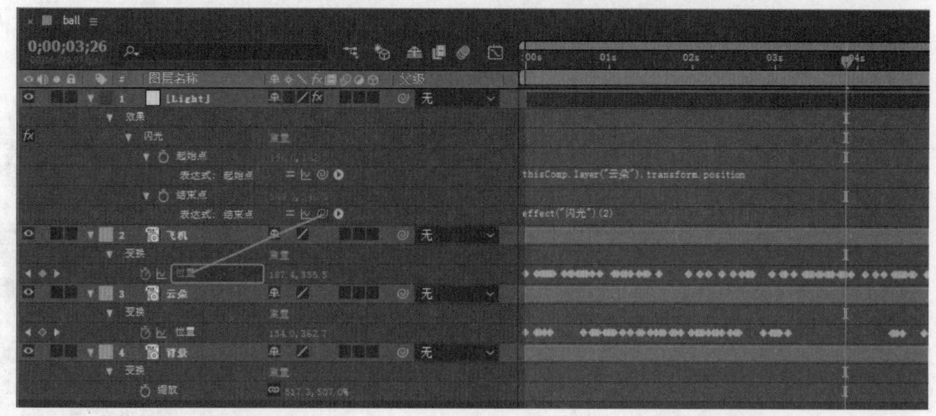


图 12.24

Step 10 单击 Light 图层右边的按钮，进行滤色。按数字 0 键进行预览，飞机和云朵产生了放电感应。这就是利用物体的位置和起始点产生了链接，得到了表达式动画效果，如图 12.25 所示。

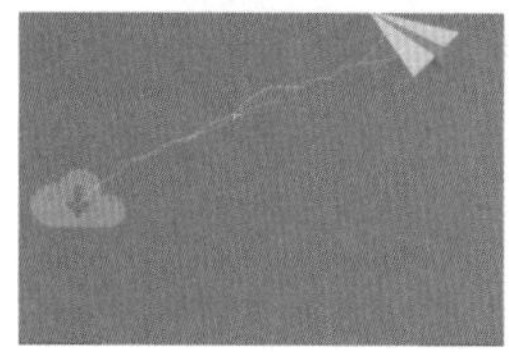
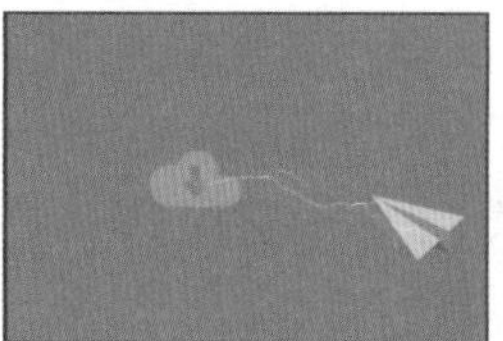

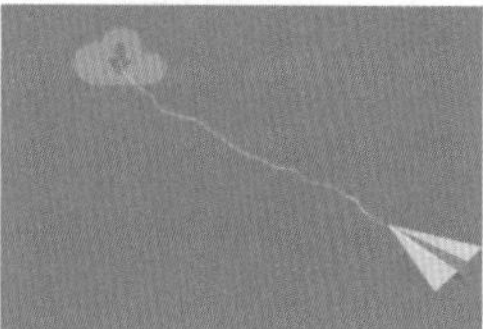

图 12.25

## 12.4 线圈运动表达式

本节继续练习线圈运动表达式的应用，如图 12.26 所示。

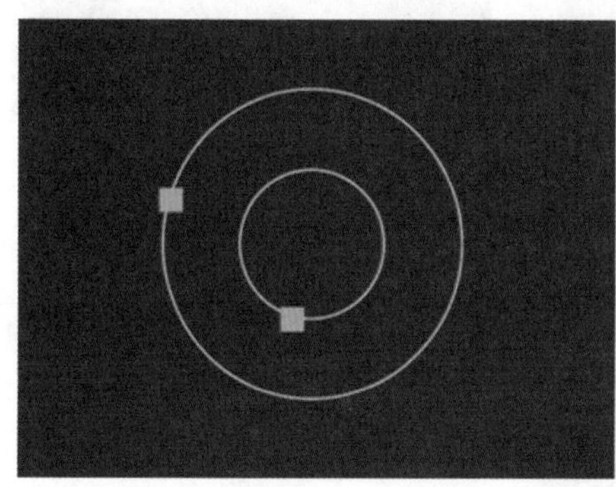
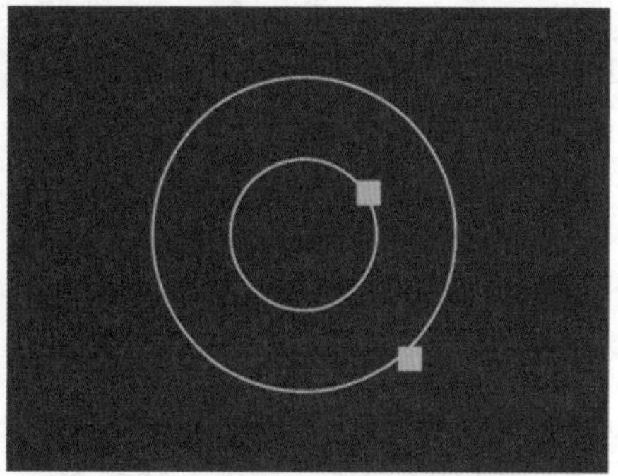

图 12.26

Step 01 选择菜单栏中的“合成 \ 新建合成”命令，新建一个合成窗口，命名为“线圈运动”，如图 12.27 所示。选择菜单栏中的“图层 \ 新建 \ 纯色”命令，新建一个固态层，命名为“背景”，如图 12.28 所示。

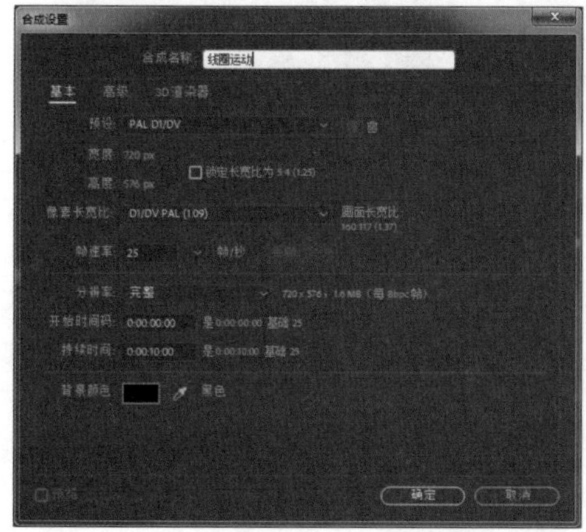


图 12.27

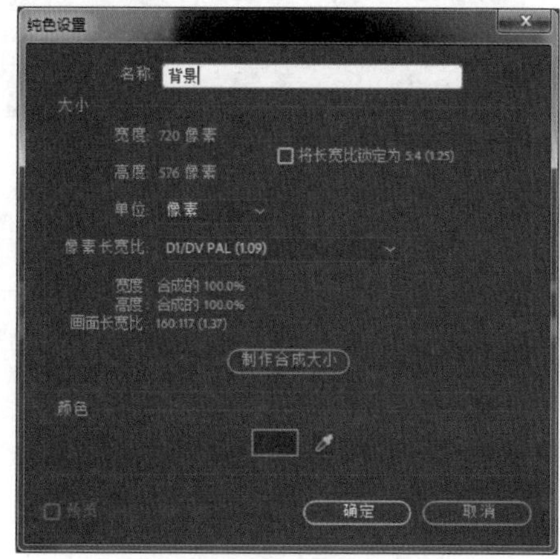


图 12.28

Step 02 选择菜单栏中的“图层\新建\纯色”命令，新建一个固态层，命名为Circle，如图12.29所示，单击工具栏中的▢工具，按住Shift键的同时单击鼠标，在合成窗口中画一个正圆形的蒙版，并将此蒙版移动到合成窗口的正中，如图12.30所示。

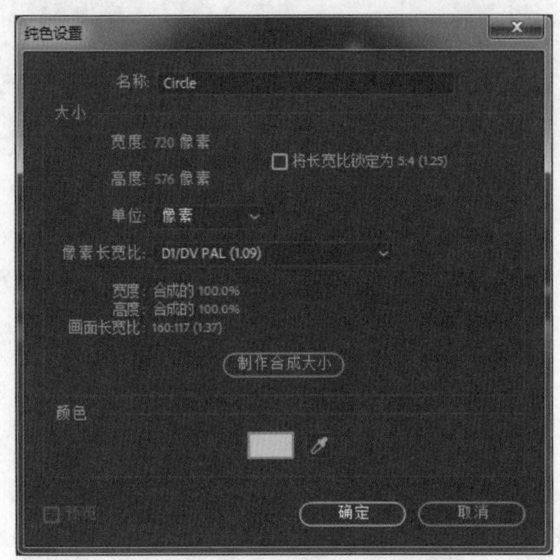


图 12.29

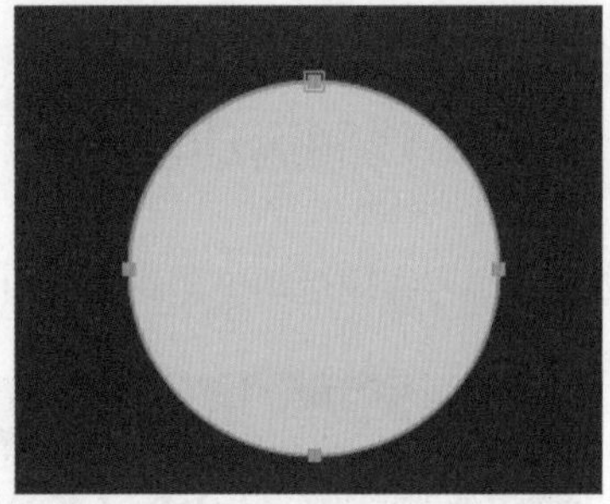

图 12.30

Step 03 选中Circle层，选择菜单栏中的“效果\生成\描边”命令，为其添加一个描边滤镜，如图12.31所示，在特效控制面板中调整参数（注意选择“绘画样式”为“在透明背景上”），如图12.32所示。

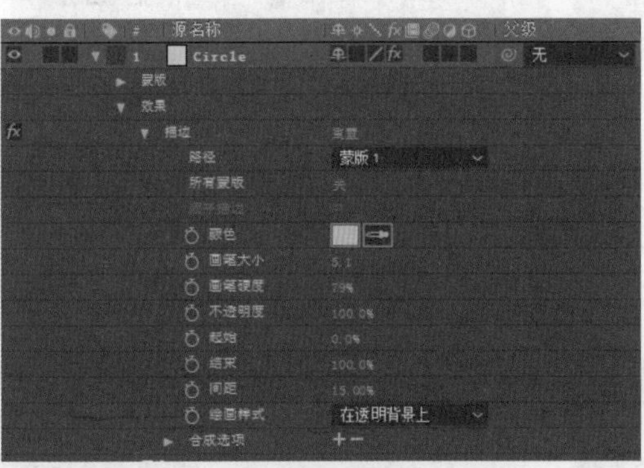


图 12.31

图 12.32

Step 04 选择菜单栏中的“图层\新建\纯色”命令，新建一个固态层，并命名为“块”，如图12.33所示。选中“块”层，按P键展开“块”层的位置属性。选中位置属性，再选择菜单栏中的“动画\添加表达式”命令，为当前属性添加表达式，在表达式输入栏中输入表达式（调整表达式中的Radius值可以改变“块”层的运动半径大小）：

```
radius = 185;                              //环绕旋转的圆的半径
cycle = 3;                                 //完成旋转一圈所需的秒数
if (cycle == 0) {cycle = 0.001;}           //避免除法运算中除数为0
phase =90;                                 //从底部算起的初始相位(角度)
reverse = -1;                              //1为逆时针旋转,-1为顺时针旋转
```

```
X = Math.sin(reverse * degrees_to_radians(time * 360 / cycle + phase));
Y = Math.cos(degrees_to_radians(time * 360 / cycle + phase));
add(mul(radius, [X,Y]),position)
```

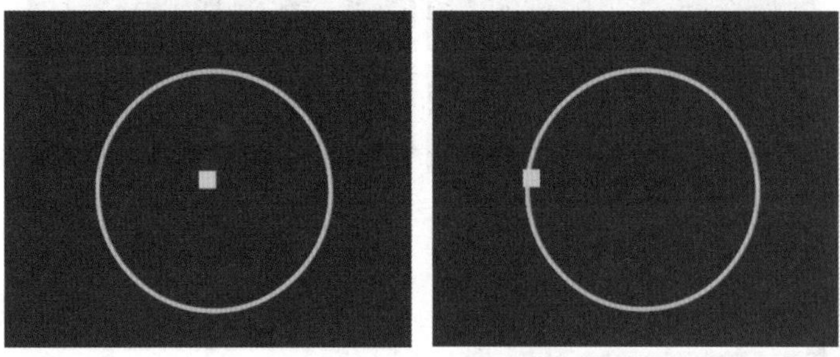

图 12.33

Step05 按数字 0 键进行预览，如图 12.34 所示。

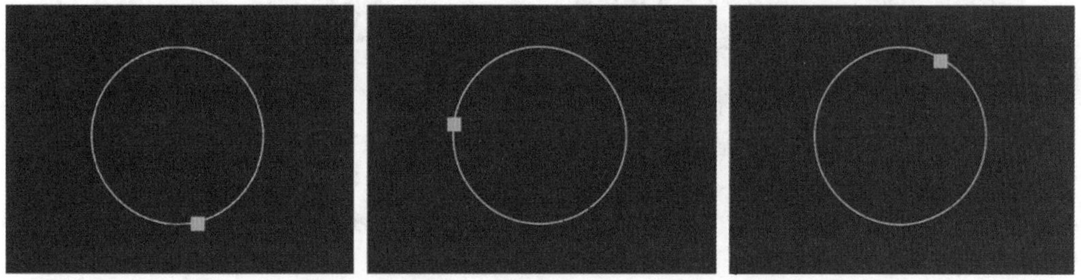

图 12.34

Step06 用同样的方法再创建一个圆圈和一个块，使在内圈的方块绕着内圈旋转；在块的表达式中调整 Radius 和 Phase 的值，使得内外方块运动的顺序有先后之分，如图 12.35 所示。

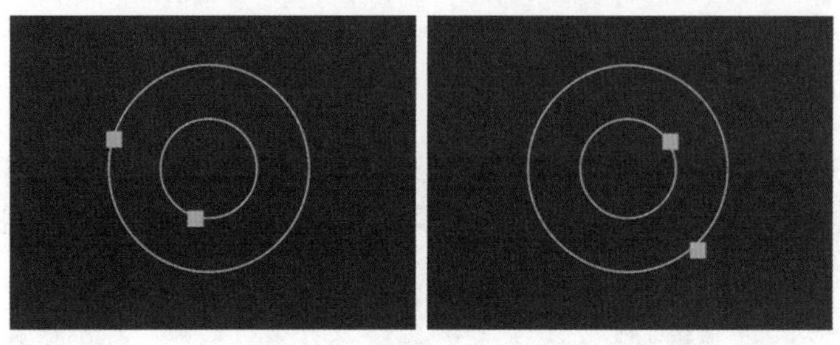

图 12.35

## 12.5 音频指示器

本节继续练习音频指示器表达式的应用，如图 12.36 所示。

Step01 选择菜单栏中的“合成 \ 新建合成”命令，新建一个合成窗口，命名为“音频指示器”，如图 12.37 所示。选择菜单栏中的“文件 \ 导入 \ 文件”命令，导入本书资源中的 DJ.mp3 文件，并将其拖动到时间线窗口中，如图 12.38 所示。

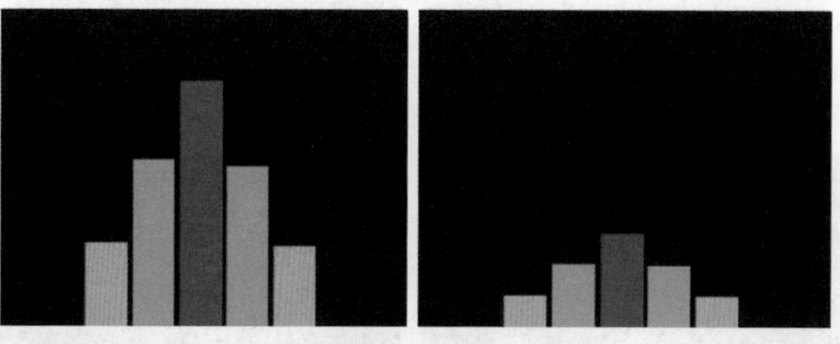

图 12.36

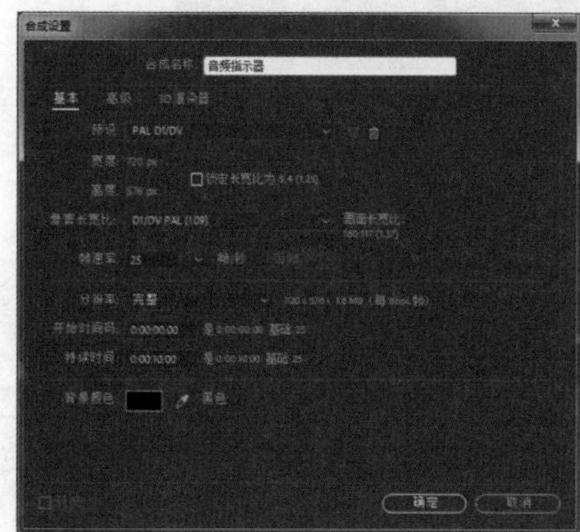

图 12.37　　　　　图 12.38

Step02 选中 DJ.mp3 层，选择菜单栏中的“动画 \ 关键帧辅助 \ 将音频转换为关键帧”命令，应用此命令后，时间线窗口自动产生一个新层“音频振幅”，此时按 U 键，可以看到“音频振幅”层已添加的关键帧，如图 12.39 所示。

Step03 选择菜单栏中的“图层 \ 新建 \ 纯色”命令，新建一个固态层，命名为 Yellow Solid1。选中 Yellow Solid1 层，单击工具栏中的▣工具，在合成窗口中将 Yellow Solid1 层的轴心点移动到图层底部，如图 12.40 所示。

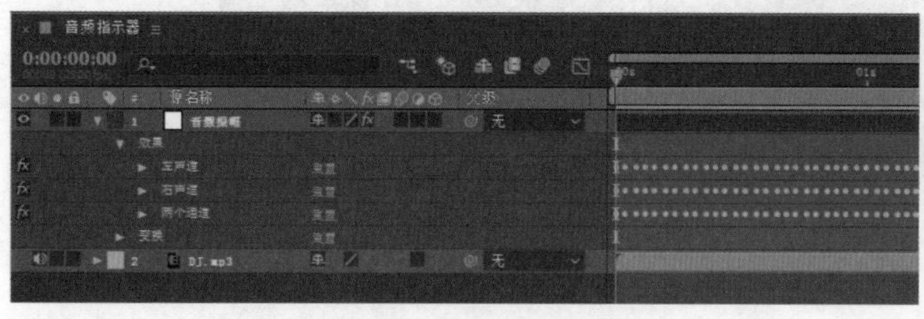

图 12.39　　　　　图 12.40

Step04 选中 Yellow Solid1 层，按 P 键打开该层的位置属性，调整位置参数，使得图层底部恰好与合成窗口底部边缘对齐。选中 Yellow Solid1 层，按 S 键展开该层的缩放属性。选中缩放属性，选择菜单栏中的“动画 \ 添加表达式”命令，为缩放属性添加表达式，在表达式输入栏中输入表达式：

```
temp = thisComp.layer("音频振幅").effect("Left Channel")("Slider")+20;
[100, temp]
```

Step05 按数字 0 键进行预览，如图 12.41 所示。

图 12.41

Step06 用同样的方法，再新建几个固态层，并调整它们的位置，使它们组合成音频波形指示器。为了使中间的红色指示器波动幅度最大，绿色次之，黄色波动幅度最小，需调整各表达式里面的参数。其中绿色指示器表达式：

```
temp = thisComp.layer("音频振幅").effect("左声道")("滑块")+20;
[100, temp*2]
```

红色指示器的表达式：

```
temp = thisComp.layer("音频振幅").effect("两个通道")("滑块")+20;
[100, temp*3]
```

在制作右半边的波形指示时，要将右边的黄色和绿色波形指示层的表达式里面的“左声道”换成“右声道”。按数字 0 键预览最终效果，如图 12.42 所示。

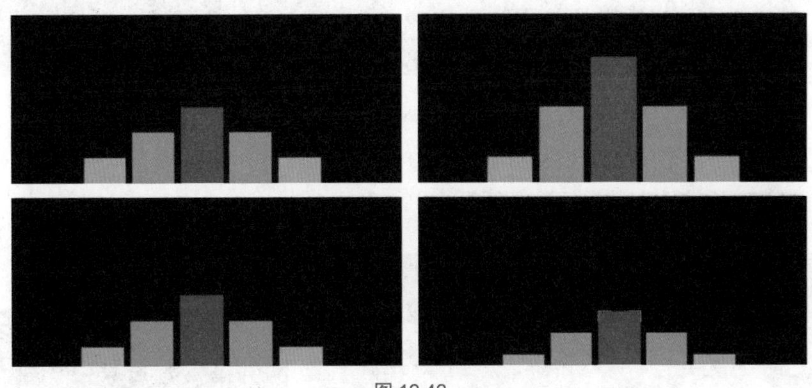

图 12.42

## 12.6 锁定目标表达式

本节继续练习锁定目标表达式的应用，如图 12.43 所示。

图 12.43

Step01 选择菜单栏中的“合成 \ 新建合成”命令，新建一个合成窗口，命名为“导弹”。选择菜单栏中的“文件 \ 导入 \ 文件”命令，导入本书资源中的 flame.mov、rocketi.psd 和 target.psd，如图 12.44 所示。

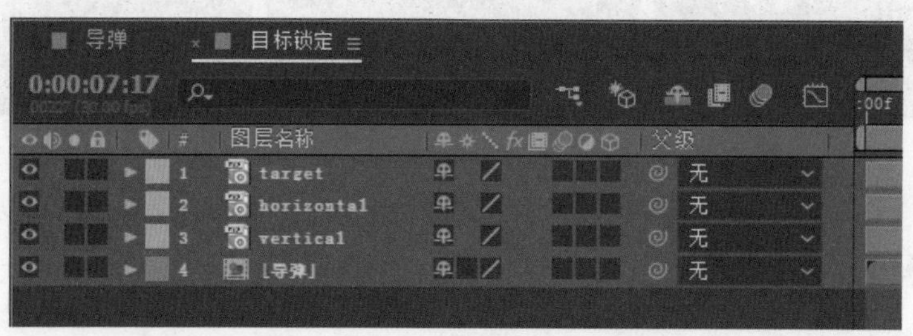

图 12.44

Step02 将项目窗口中的 flame.mov 和 rocket.psd 拖到时间线窗口中，并将 flame.mov 放在底层。在时间线窗口中将这两层选中，按下 S 键，打开这两层的缩放属性，如图 12.45 所示。

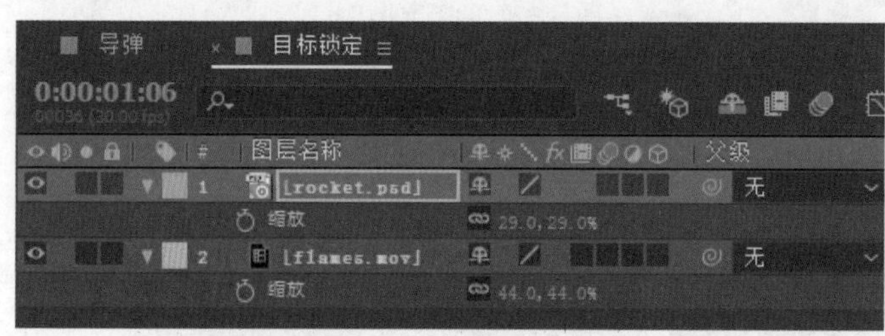
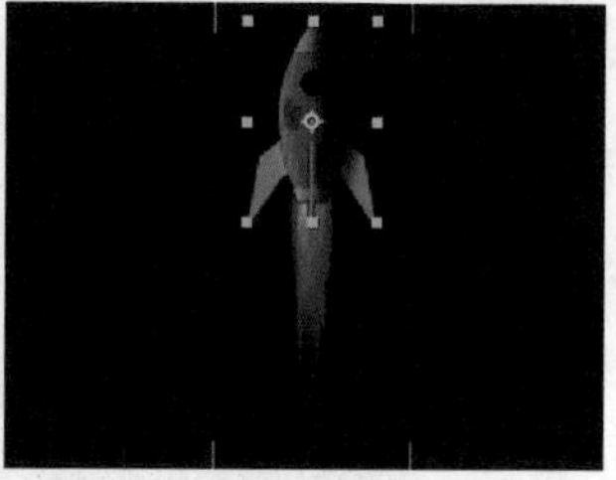

图 12.45

Step03 在选中这两层的情况下，按组合键 Shift+R，再展开这两层的旋转属性。接着设置这两层的缩放、位置和旋转属性值，如图 12.46 所示。

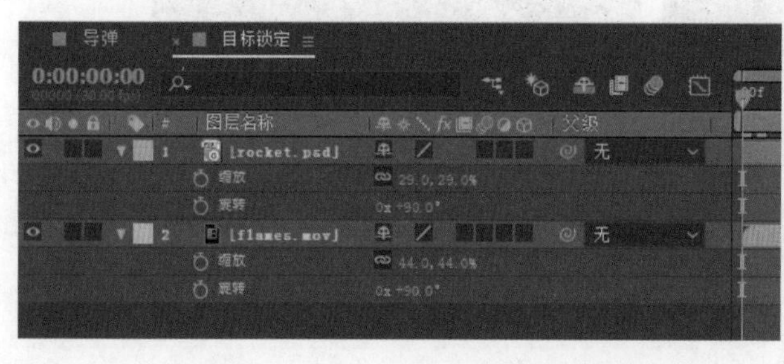

图 12.46

Step04 选择菜单栏中的“合成 \ 新建合成”命令，新建一个合成窗口，命名为“目标锁定”。将项目窗口中的“导弹”拖到“目标锁定”合成的时间线窗口中，如图 12.47 所示。

Step05 选择菜单栏中的“窗口 \ 动态草图”命令，打开“动态草图”面板，单击其中的“开始捕捉”按钮，如图 12.48 所示，开始记录。单击鼠标左键不放在合成窗口中根据自己的需要描绘路径，如图 12.49 所示。

Step06 描绘路径后，选择菜单栏中的“图层 \ 变换 \ 自动定向”命令，在弹出的“自动方向”对话框中选择“沿路径定向”选项，如图 12.50 所示。此时，按数字 0 键进行预览，如图 12.51 所示。

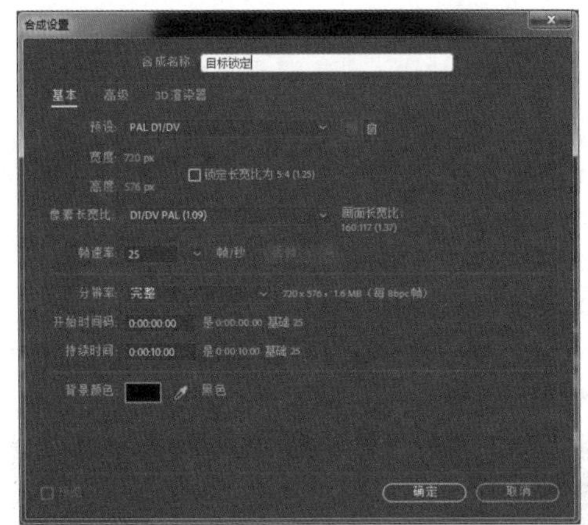


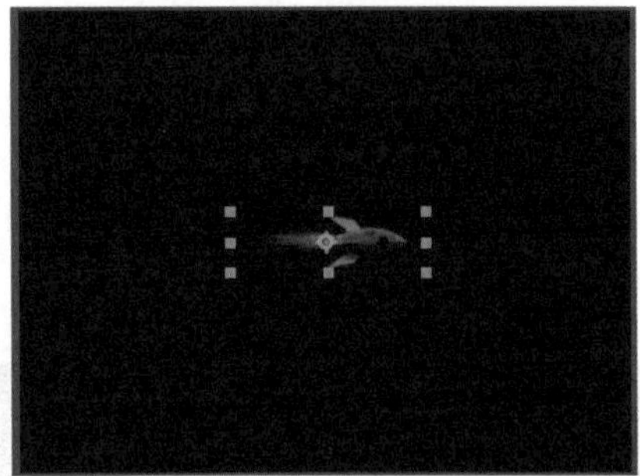

图 12.47

图 12.48

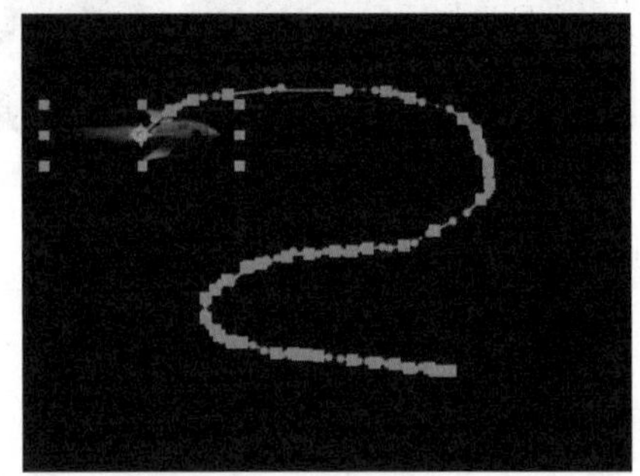

图 12.49

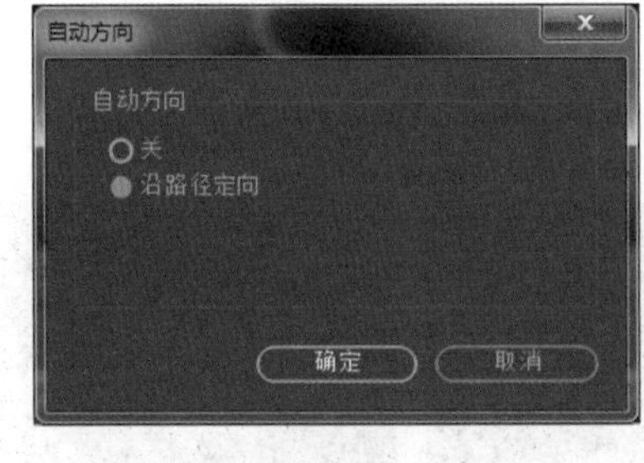


图 12.50

图 12.51

Step07 选中“导弹”层，按 U 键展开“导弹”层已经添加关键帧的属性，可以看到位置属性在每帧均产生了关键帧，现在要将这些关键帧中冗余的部分去掉。单击位置属性，可以看见所有的关键帧均已选中。选择菜单栏中的“窗口 \ 平滑器”命令，打开“平滑器”面板，单击“应用”按钮，如图 12.52 所示。这时再打开位置属性可以发现关键帧已经减少，如图 12.53 所示。

图 12.52

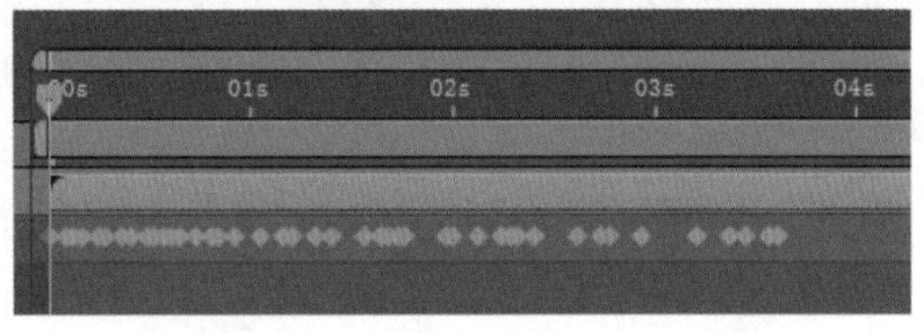


图 12.53

Step08 将项目窗口中属于 target.psd 的 3 个独立层文件拖到“锁定目标”的时间线窗口，并根据图形将各层名字分别更名为 target、vertical 和 horizontal。选中 target 层，按 P 键展开 target 层的位置属性。选中位置属性，再选择菜单栏中的“动画 \ 添加表达式”命令，为当前属性添加表达式，在表达式输入栏中输入表达式：

```
thisComp.layer("导弹").position
```

Step09 选中 target 层，按 T 键展开 target 层的不透明度属性，并将不透明度属性值改为 85%。此时，按数字 0 键进行预览，如图 12.54 所示。

图 12.54

Step10 选中 vertical 层，按 P 键展开 vertical 层的位置属性。选中位置属性，再选择菜单栏中的“动画 \ 添加表达式”命令，为当前属性添加表达式。在表达式输入栏中输入表达式：

```
[thisComp.layer("导弹").position[0],120]
```

Step11 选中 horizontal 层，按 P 键展开 horizontal 层的位置属性。选中位置属性，再选择菜单栏中的“动画 \ 添加表达式”命令，为当前属性添加表达式，在表达式输入栏中输入表达式：

```
[160,thisComp.layer("导弹").position[1]]
```

Step12 按数字 0 键进行预览，如图 12.55 所示。

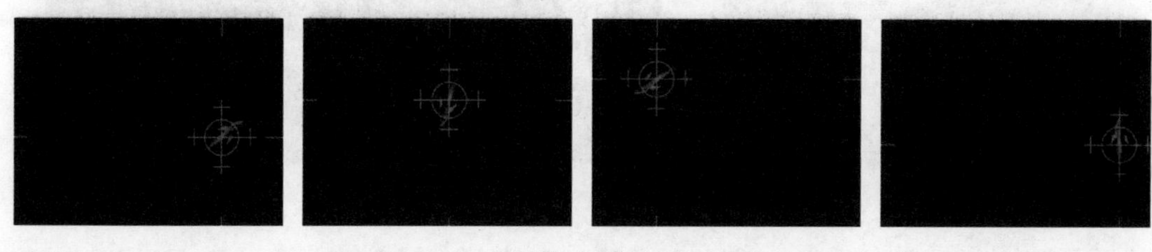

图 12.55

## 12.7 螺旋花朵表达式

本节将介绍锁定目标表达式的应用，如图 12.56 所示。

Step01 选择菜单栏中的“合成 \ 新建合成”命令，新建一个合成窗口，命名为“螺旋花朵”，如图 12.57 所示。选择菜单栏中的“图层 \ 新建 \ 纯色”命令，新建一个固态层，并命名为“螺旋”，如图 12.58 所示。

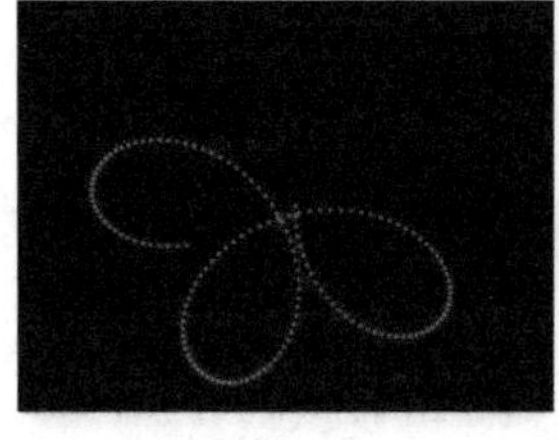

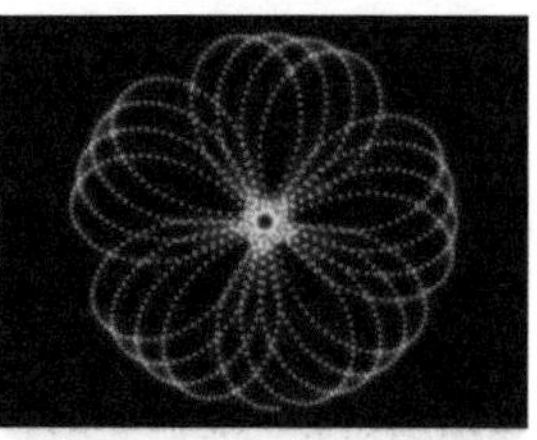

图 12.56

Step02 选中“螺旋”层，选择菜单栏中的“效果 \Generate\ 写入”命令，为其添加写入滤镜，如图 12.59 所示。在特效控制面板中调整参数，选中“螺旋”层，在时间线窗口中展开写入滤镜的参数，选中 Brush 位置属性，选择菜单栏中的“动画 \ 添加表达式”命令，为其添加表达式，在表达式输入栏中输入表达式：

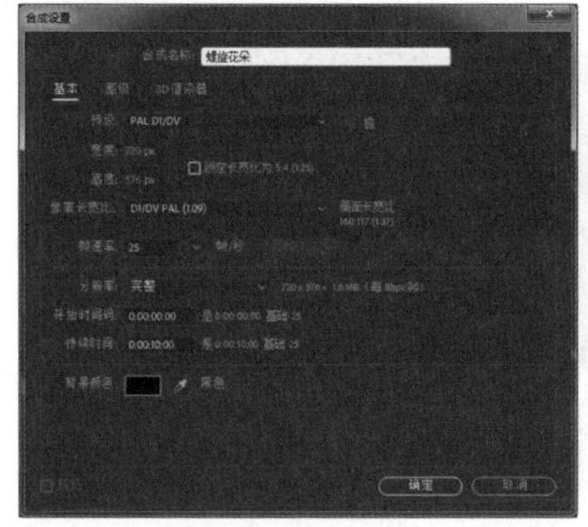

图 12.57

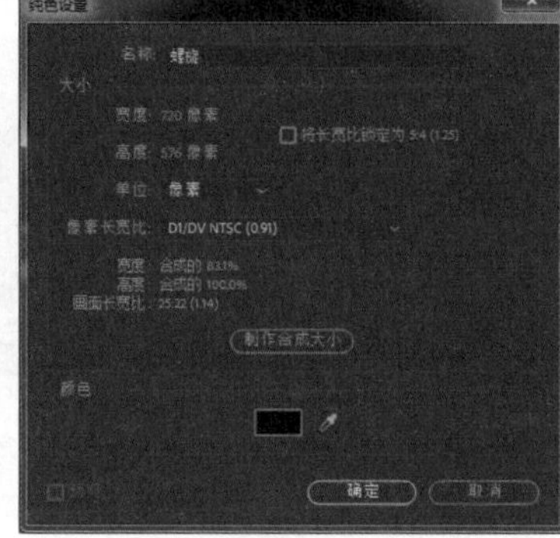

图 12.58

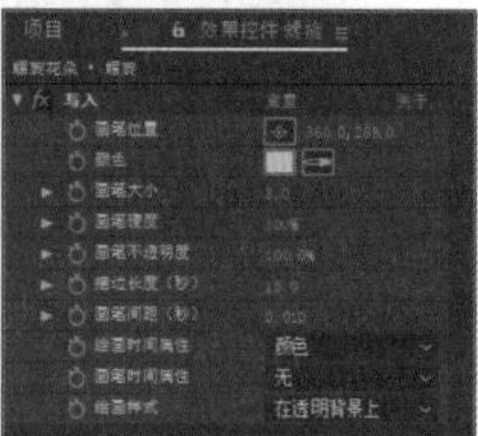

图 12.59

```
rad1=87; rad2=-18; offset=80; v=23; s=2;
x=(rad1+rad2)*Math.cos(time*v) -(rad2+offset)*Math.cos((rad1+rad2)*time*v/rad2);
y=(rad1+rad2)*Math.sin(time*v)  - (rad2+offset)*Math.sin((rad1+rad2)*time*v/rad2);
[s*x+this_comp.width/2,s*y+this_comp.height/2]
```

Step03 按数字 0 键进行预览，如图 12.60 所示。

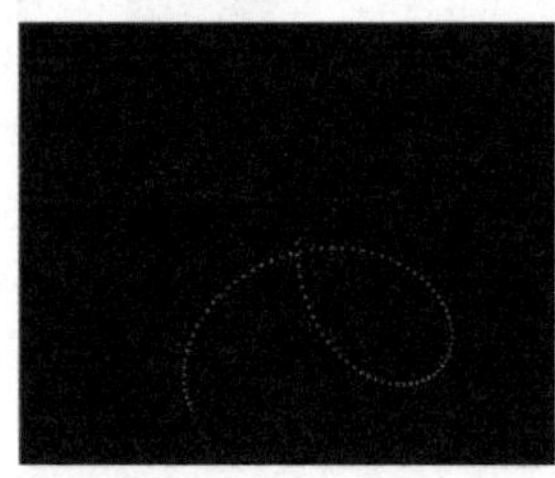

图 12.60

Step04 选中“螺旋”层，选择菜单栏中的“效果 \ 模糊和锐化 \ 高斯模糊”命令，为其添加高斯模糊滤镜，在特效控制面板中调整参数，如图 12.61 所示。选中“螺旋”层，选择菜单栏中的“效果 \ 风格化 \ 发光”命令，为其添加发光滤镜，在特效控制面板中调整参数，如图 12.62 所示。

图 12.61

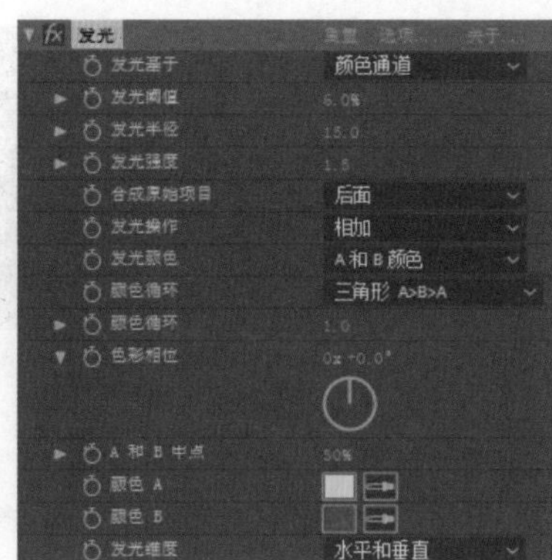


图 12.62

Step05 按数字 0 键进行预览，如图 12.63 所示。

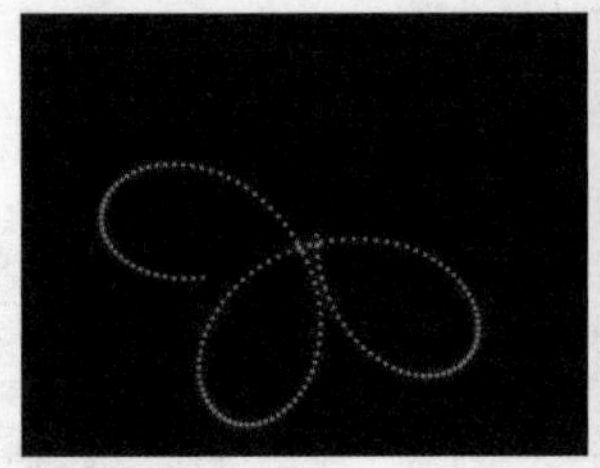
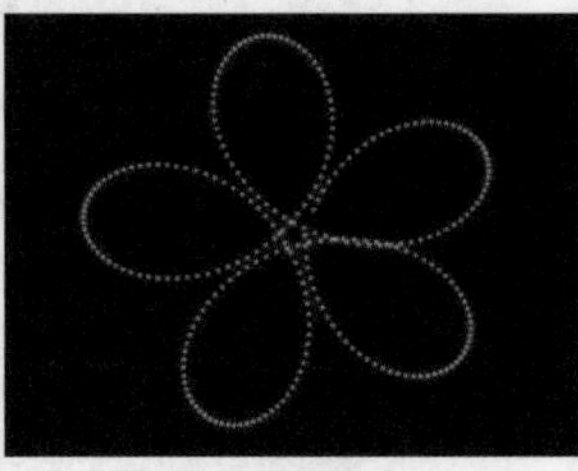

图 12.63

## 12.8 钟摆运动表达式

本节继续练习钟摆运动表达式的应用，如图 12.64 所示。

图 12.64

Step01 选择菜单栏中的“合成\新建合成”命令，新建一个合成窗口，命名为“钟摆运动”，如图 12.65 所示。选择菜单栏中的“图层\新建\纯色”命令，新建一个固态层，并命名为“钟摆支点”，如图 12.66 所示。

Step02 选择菜单栏中的“文件\导入\文件”命令，导入本书素材中的“钟摆背景 .tga”，并将其拖到时间线窗口中，放在最底层作为背景，如图 12.67 所示。

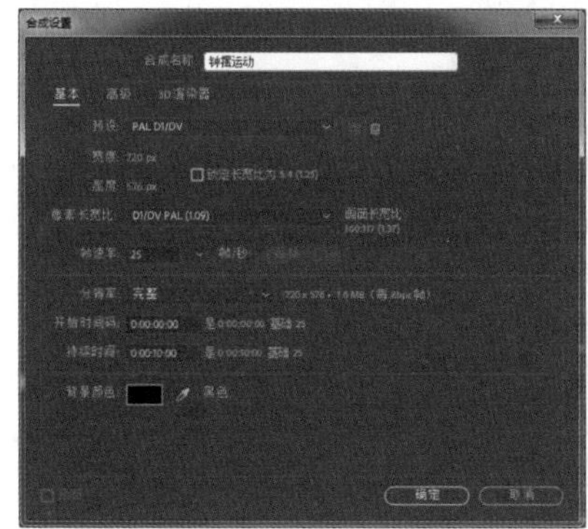

图 12.65

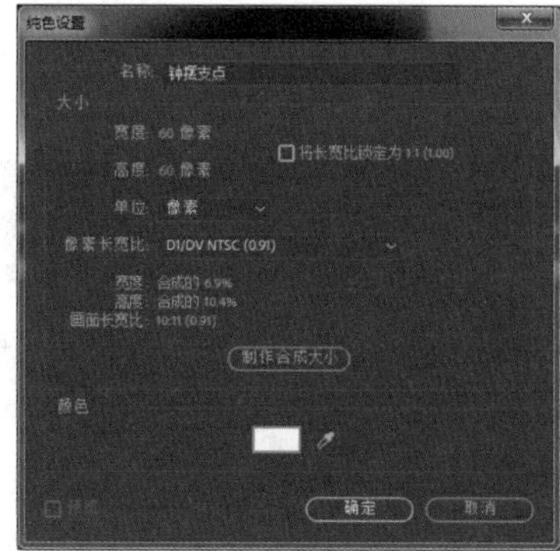

图 12.66

图 12.67

图 12.68

Step03 选择菜单栏中的“图层\新建\纯色”命令，新建一个固态层，命名为“钟摆指针”，单击工具栏中的工具，在合成窗口中单击鼠标画一个矩形的蒙版，再单击工具栏中的工具，按住 Shift 键的同时单击鼠标再画一个圆形蒙版。移动“钟摆指针”的两个 Mask 以及“钟摆支点”的位置，使得此时合成窗口内的图形组成钟摆的形状，如图 12.68 所示。

Step04 选中“钟摆指针”层，在时间线窗口中将其父层指定为“钟摆支点”层，选中“钟摆支点”层，按 R 键展开“钟摆支点”层的旋转属性。选中旋转属性，选择菜单栏中的“动画\添加表达式”命令，为该属性添加表达式，在表达式输入栏中输入表达式：

```
veloc=7;
amplitude=80;
decay=.6;
amplitude*Math.sin(veloc*time)/Math.exp(decay*time)
```

Step05 在时间线窗口中将“钟摆支点”层和“钟摆指针”层的运动模糊开关打开，并确认时间线窗口中的运动模糊按钮按下，如图 12.69 所示。

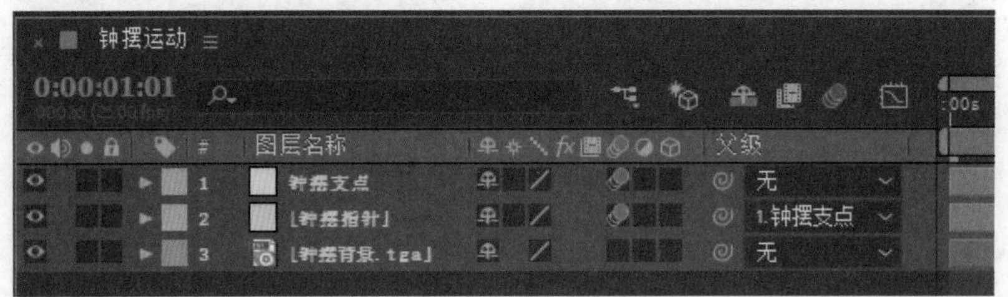


图 12.69

Step06 按数字 0 键预览最终效果，如图 12.70 所示。

图 12.70

## 12.9 放大镜表达式

本节主要练习表达式以及使用球面化滤镜模拟出放大镜效果，如图 12.71 所示。

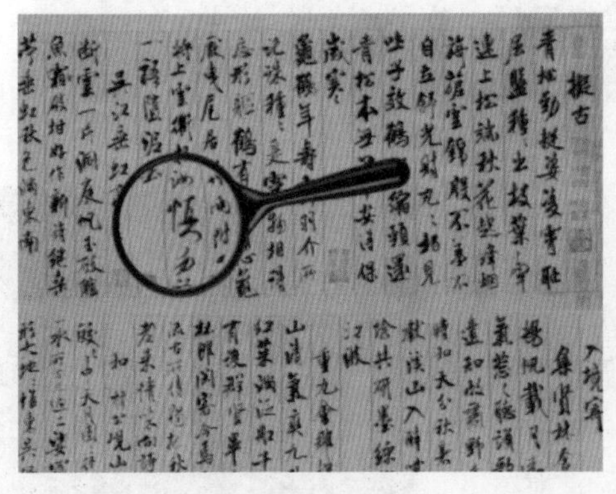
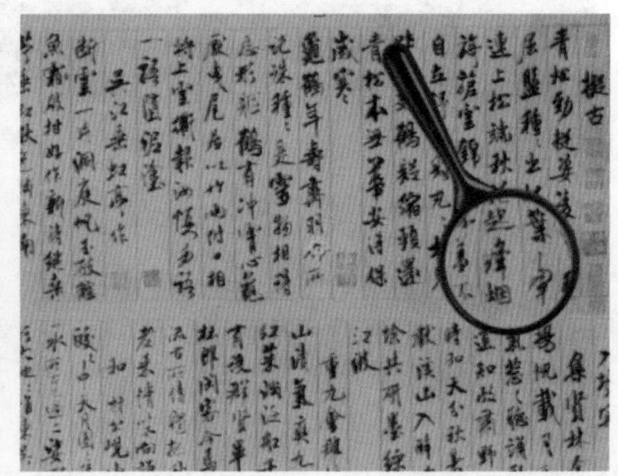

图 12.71

Step01 选择菜单栏中的“合成 \ 新建合成”命令，新建一个合成窗口，命名为“放大镜”。选择菜单栏中的“文件 \ 导入 \ 文件”命令，导入本书素材中的“放大镜 .tif”和“书法字 .tga”，并将其拖到时间线窗口，将“放大镜 .tif”放在上层，如图 12.72 所示。

Step02 选中“放大镜 .tif”层，按 S 键展开“放大镜 .tif”层的缩放属性，并将缩放值设为 50%，在选中“放大镜 .tif”层的情况下，按 A 键展开“放大镜 .tif”层的 Anchor Point 属性，并设置 Anchor Point 值，如图 12.73 所示。

图 12.72

图 12.73

Step03 单击工具栏中的工具，在合成窗口中沿放大镜镜片内圈画一个蒙版，如图 12.74 所示。选中“放大镜 .tif”层，按 M 键展开“放大镜 .tif”层的蒙版属性，并勾选蒙版属性里的“反转”，如图 12.75 所示。

图 12.74

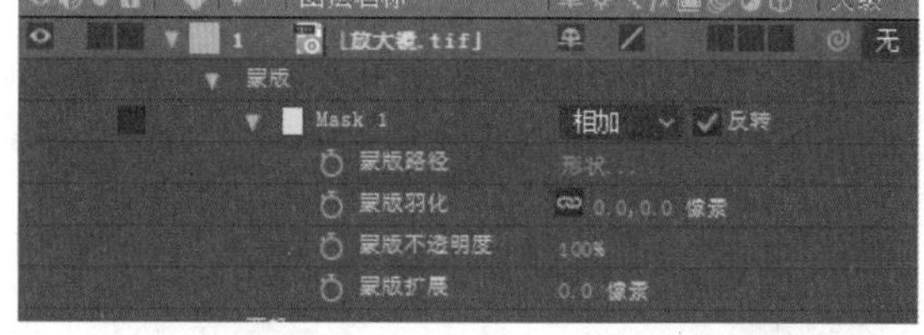
图 12.75

Step04 选中“放大镜 .tif”层，按 P 键展开“放大镜 .tif”层的位置属性，接着按下组合键 Shift+R，在打开位置属性的同时再展开“放大镜 .tif”层的旋转属性，然后在不同的时间点为位置和旋转参数设置关键帧。按数字 0 键进行预览，如图 12.76 所示。

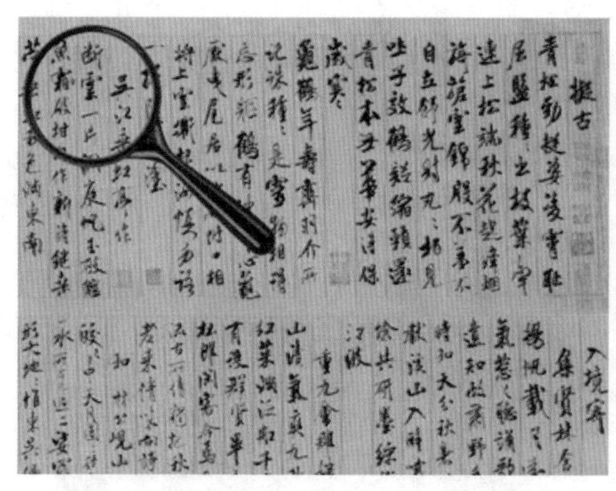

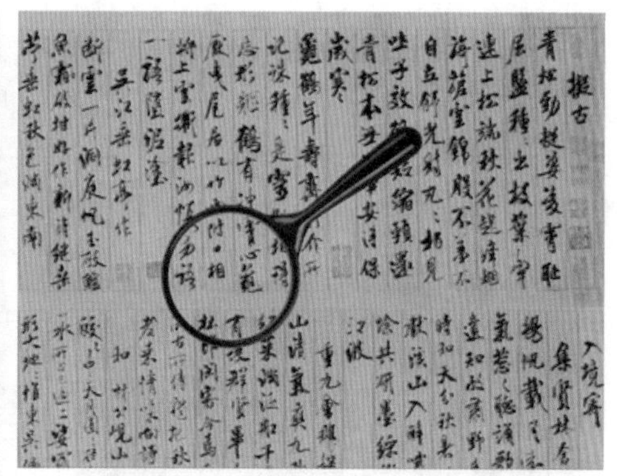
图 12.76

Step05 选中“书法字 .tga”层，选择菜单栏中的“效果 \ 扭曲 \ 球面化”命令，为其添加球面化滤镜，在特效控制面板中调整参数，在时间线窗口中展开球面化滤镜的参数，选中“球面中心”属性，选择菜单栏中的“动画 \ 添加表达式”命令，为“球面中心”属性添加表达式，在表达式输入栏中输入表达式：

```
this_comp.layer("放大镜.tif").position
```

Step06 按数字 0 键预览，预览最终效果，如图 12.76 所示。

# 第 13 章 After Effects 标板特效

## 13.1 光斑动画

本节主要介绍在 AE 中制作动画元素以及实现连续动画的过程，通过圆角矩形动画的制作熟悉 AE 的综合制作能力。本节主要以制动画元素、背景和粒子光斑为主，最终效果是否完美就取决于这三项要点的制作质量。通过光斑动画的制作能使读者了解一段完整动画制作的整个过程，如图 13.1 所示。

图 13.1

Step 01 启动 AE，选择菜单栏中的“文件 \ 项目设置”命令，设置“时间显示样式”的“帧计数”为“开始位置 0”，这样我们就可以帧为时间单位制作动画了。选择菜单栏中的“合成 \ 新建合成”命令，新建一个合成窗口，命名为 Composite，如图 13.2 所示。

Step 02 创建图层。选择菜单栏中的“图层 \ 新建 \ 纯色”命令，新建一个白色固态层，命名为 01，如图 13.3 所示。

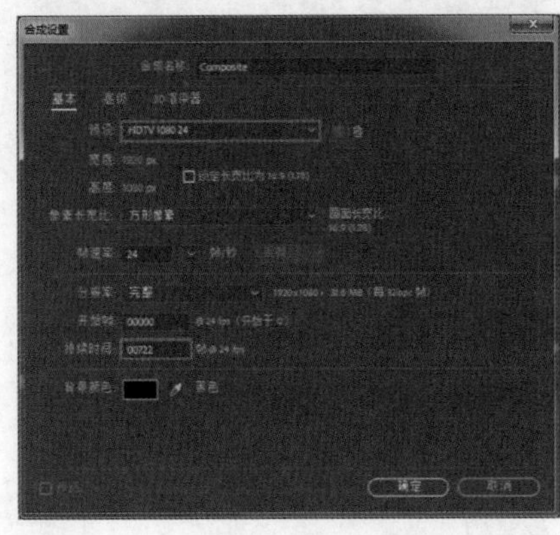


图 13.2

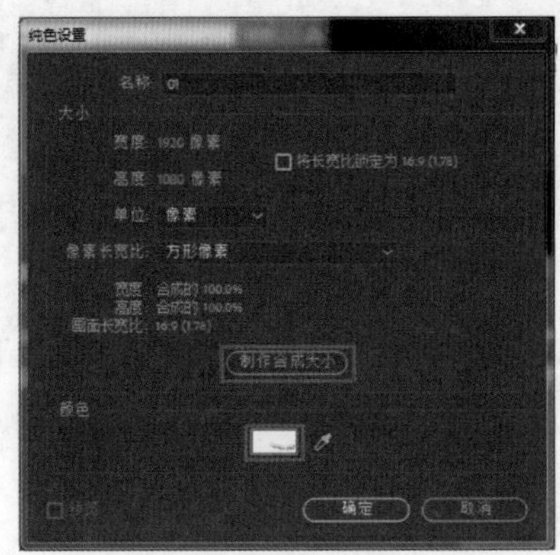


图 13.3

Step 03 在时间线窗口中选中 01 层，按下 T 键展开其“不透明度”属性列表，设置其“不透明度”

值为 75%，如图 13.4 所示。

Step04 创建遮罩。单击工具栏中的▢工具，按住 Shift 键，在合成窗口中绘制一个圆角正方形的遮罩。在时间线窗口中展开 01 层的属性列表，设置遮罩的模式为“差值”，查看此时合成窗口的效果，如图 13.5 所示。

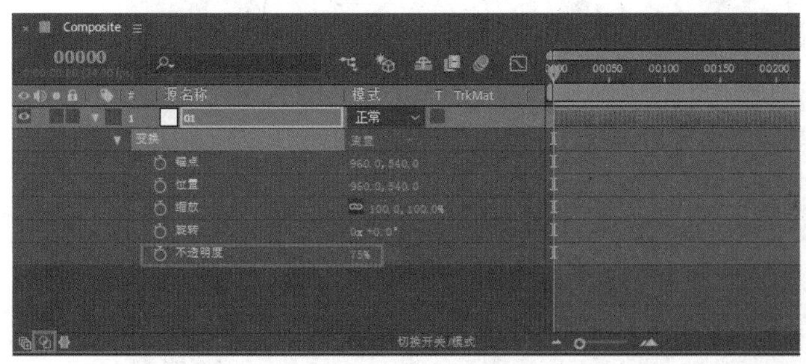


图 13.4

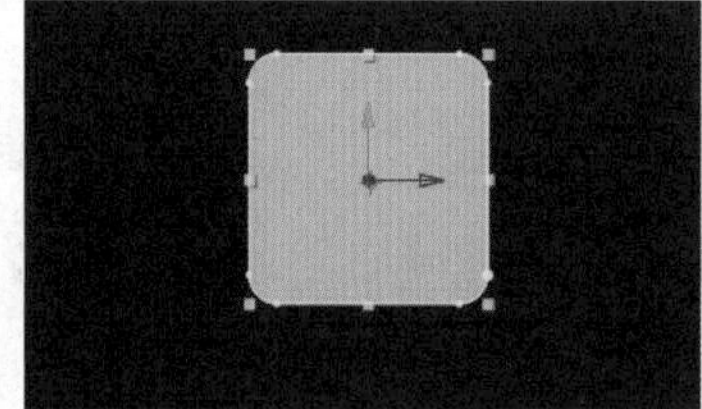

图 13.5

Step05 在时间线窗口中选中“遮罩 1”层，按下组合键 Ctrl+D 进行复制，复制出一个“遮罩 2”层，单击工具栏中的▶工具，在合成窗口中双击“遮罩 2”显示自由变换框。按住组合键 Ctrl+Shift 并将鼠标放置在自由变换框的任意一个角上拖动，将自由变换框缩放到合适大小，按 Enter 键确认。查看此时合成窗口的效果，如图 13.6 所示。

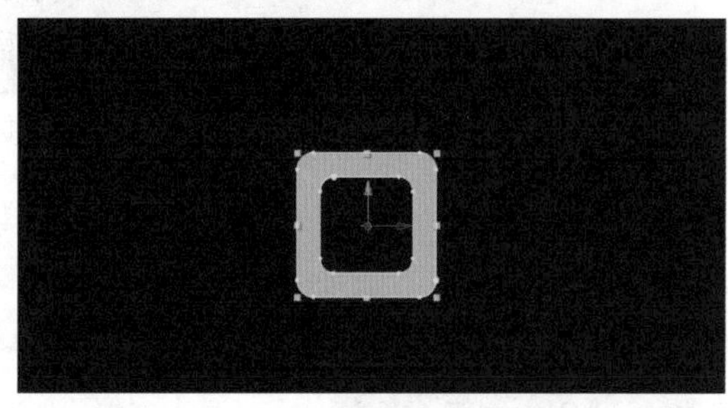

图 13.6

Step06 复制图层。在时间线窗口中选中 01 层，按组合键 Ctrl+D 进行复制。选中复制出的新层，按 P 键展开图层的“位置”属性列表，调整其 Z 轴方向上的参数，使两个图层产生距离，如图 13.7 所示。查看此时合成窗口的效果，如图 13.8 所示。

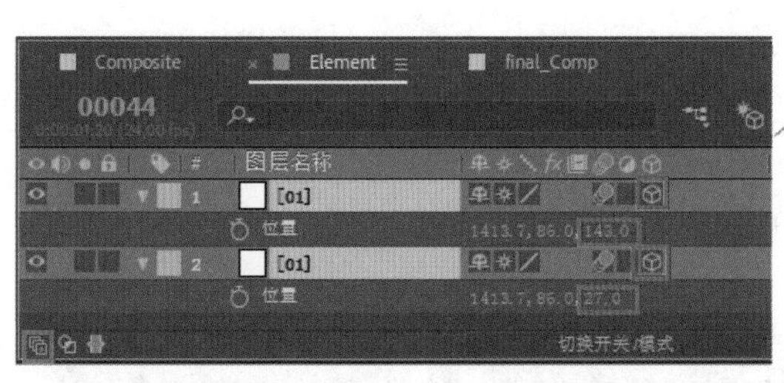


图 13.7

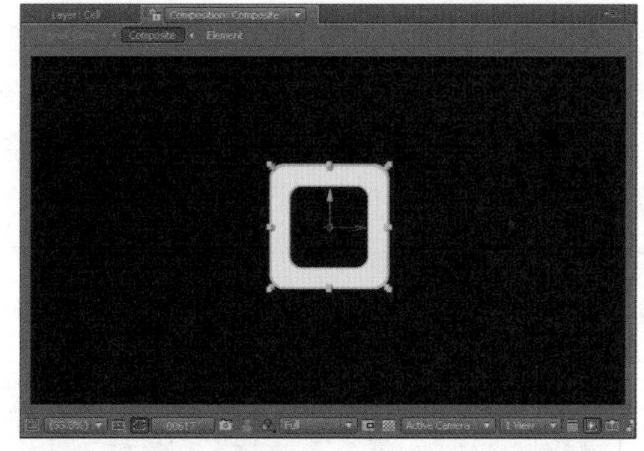

图 13.8

Step07 在时间线窗口中选中两个图层，将这两个图层作为一组，按组合键 Ctrl+D 复制出 18 个图层（形成阵列），并调整复制出的每一组图层在合成窗口中的位置，如图 13.9 所示。

Step08 合成嵌套。在时间线窗口中选中全部图层，选择菜单栏中的“图层 \ 预合成”命令进行合成嵌套，在弹出的“预合成”对话框中将新合成命名为 Element，如图 13.10 所示。

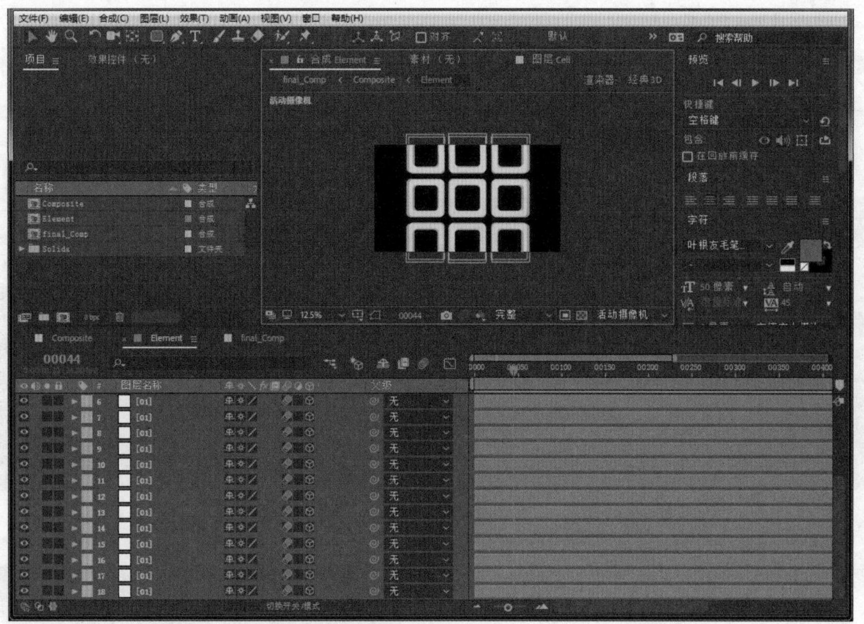

图 13.9

Step09 此时 Element 合成作为一个图层被嵌套进来。单击图层的按钮，读取图层的原始属性，如图 13.11 所示。

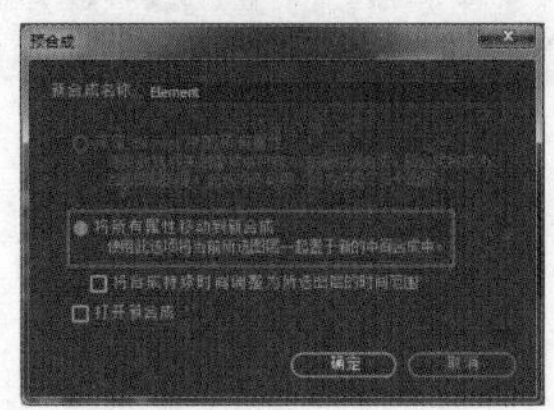

图 13.10

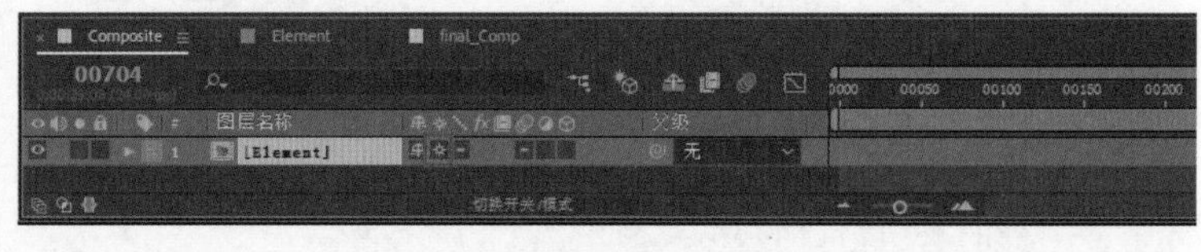

图 13.11

Step10 制作动画。选中 Element 层，按 P 键展开其"位置"属性列表；将时间滑块拖动到 0 帧处，单击"位置"左侧的按钮，调整 Element 层的位置，系统将自动记录关键帧。

Step11 复制 Element 层。在时间线窗口中选中 Element 层，按组合键 Ctrl+D 复制出若干个图层。用鼠标拖动图层，对其在时间线窗口中的出入顺序进行排列，使合成窗口的画面从 0 帧开始便显示动画元素。各层在时间线上按照入点时间间隔 76 帧依次进行排列，使各层的动画元素紧密衔接，如图 13.12 所示。按数字 0 键预览效果，可见合成窗口中已经产生了连续的动画，如图 13.13 所示。

图 13.12

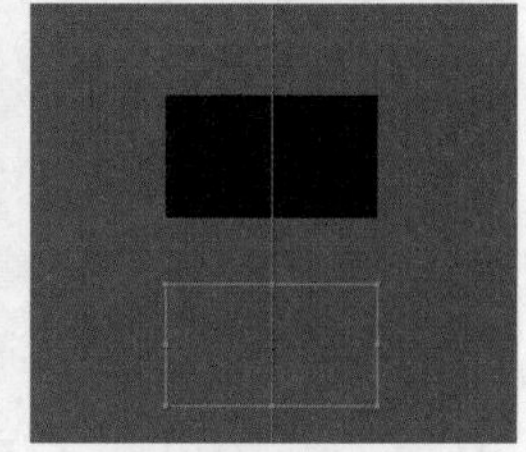

图 13.13

Step12 创建摄像机。选择菜单栏中的“图层\新建\摄像机”命令，新建一个摄像机层 Camera1，如图 13.14 所示。

Step13 单击工具栏中的工具，在合成窗口中按住鼠标左键进行拖动，调整摄像机的视角，如图 13.15 所示。

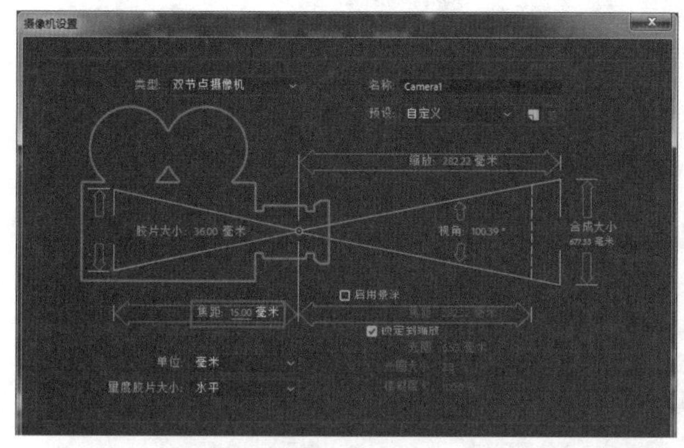


图 13.14

图 13.15

Step14 选择菜单栏中的“合成\新建合成”命令，新建一个合成窗口，命名为 final_Comp，如图 13.16 所示。

Step15 创建背景层。选择菜单栏中的“图层\新建\纯色”命令，新建一个固态层，命名为 BG，如图 13.17 所示。

图 13.16

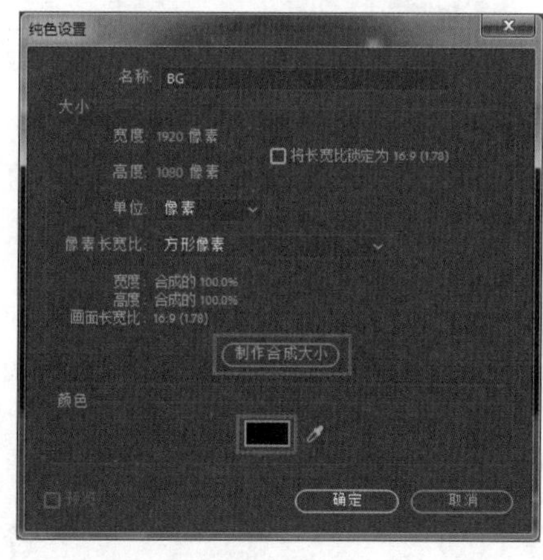


图 13.17

Step16 在时间线窗口中选中 BG 层，选择菜单栏中的“效果\生成\梯度渐变”命令，为其添加梯度渐变滤镜。在效果控件窗口中设置渐变的颜色，并调整渐变在合成窗口中的位置，如图 13.18 所示。

Step17 创建背景纹理。选择菜单栏中的“图层\新建\纯色”命令，新建一个黑色的固态层，命名为 Cell。在时间线窗口中选中 Cell 层，选择菜单栏中的“效果\生成\单元格图案”命令，为其添加单元格图案滤镜。在效果控件窗口中调整参数，如图 13.19 所示。

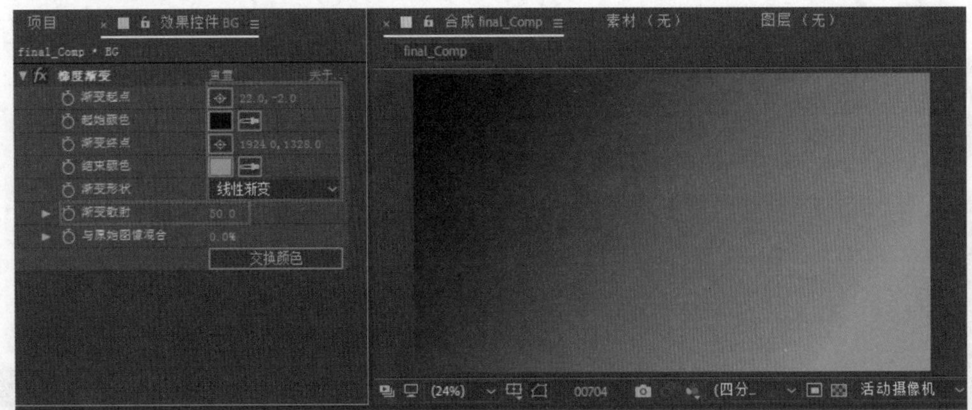

图 13.18

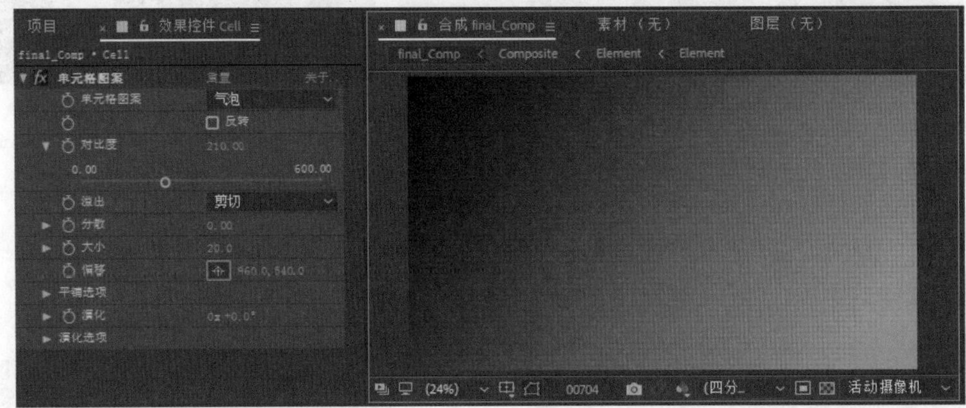

图 13.19

**Step18** 选中 Cell 层，单击工具栏中的工具，在合成面板中绘制一个矩形的遮罩。在时间线窗口中展开 Cell 层的遮罩属性列表，设置遮罩的模式为“相减”，如图 13.20 所示。查看此时合成窗口的效果，如图 13.21 所示。

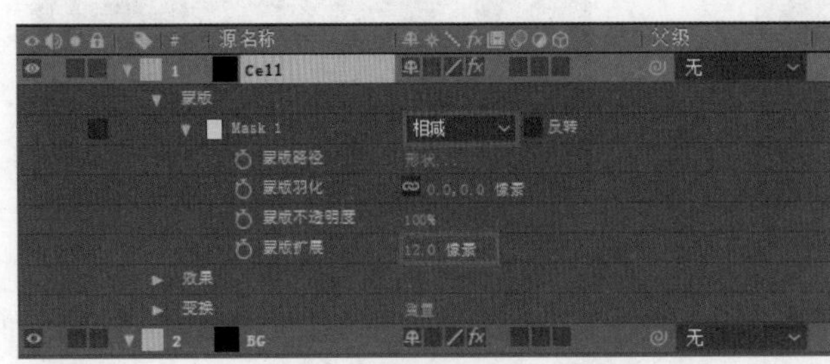

图 13.20

图 13.21

**Step19** 创建粒子层。在项目窗口选中 final_Comp 合成，将其拖放到时间线窗口中。查看此时合成窗口的效果。选择菜单栏中的“图层 \ 新建 \ 纯色”命令，新建一个白色的固态层，命名为 Particles，如图 13.22 所示。

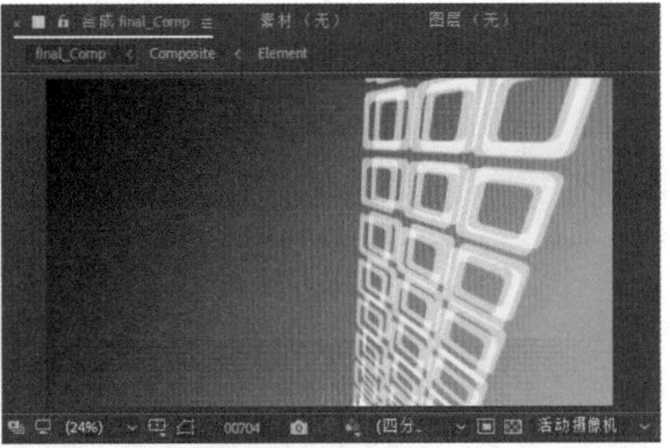


图 13.22

Step20 选中 Particles 层，选择菜单栏中的“效果 \ 模拟 \CC Particle World”命令，为其添加 CC Particle World 滤镜。在效果控件窗口中调整参数，如图 13.23 所示。

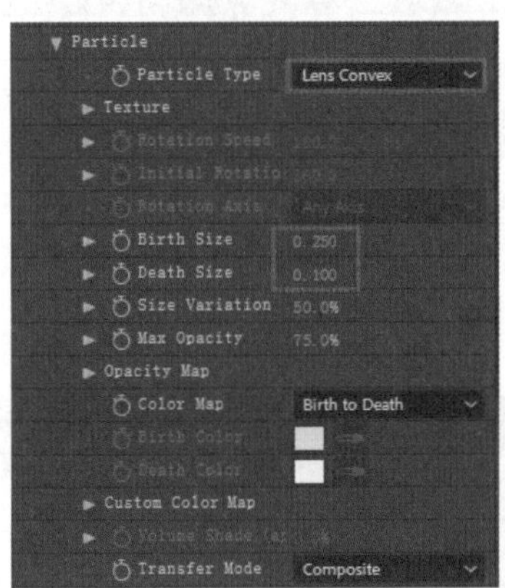

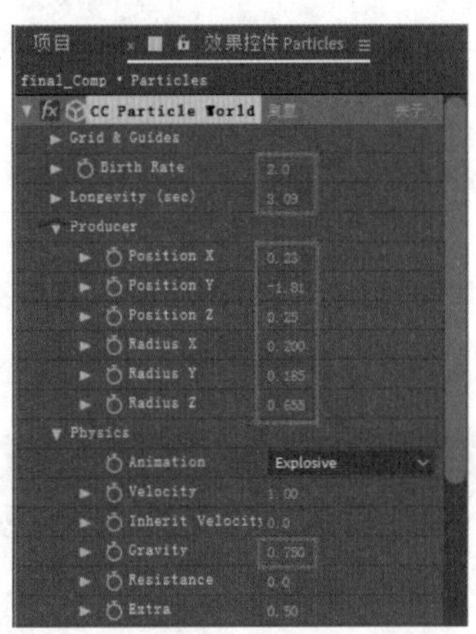


图 13.23

Step21 在时间线窗口中用鼠标拖动 Particles 层，调整其在时间线上的出入时间，使粒子从 0 帧开始便出现在画面中，如图 13.24 所示。

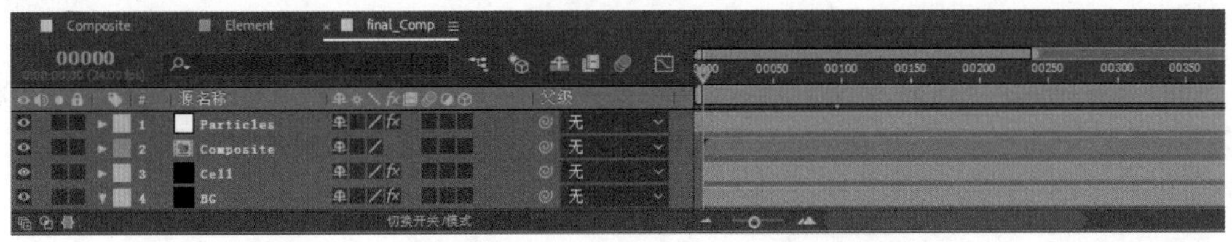


图 13.24

Step22 按数字 0 键预览效果，可见合成窗口中已经产生粒子缓缓下落的动画效果，如图 13.25 所示。

图 13.25

**Step23** 为粒子添加光晕。选中 Particles 层，选择菜单栏中的“效果 \ 模拟 \ 发光”命令，为其添加发光滤镜。在效果控件窗口中调整参数，如图 13.26 所示。

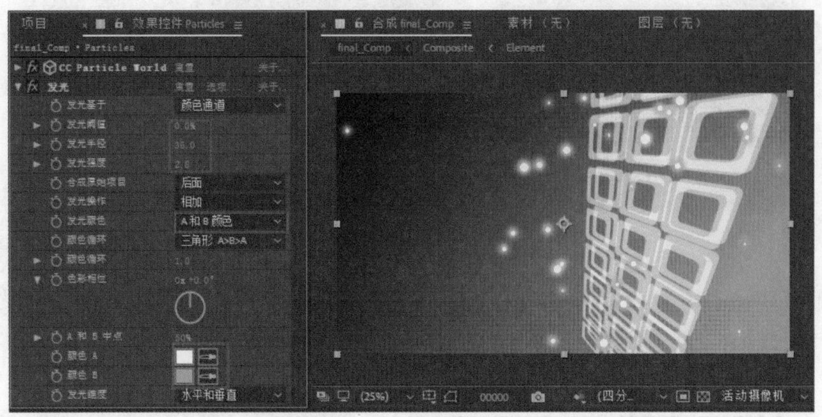


图 13.26

**Step24** 制作切场。选择菜单栏中的“图层 \ 新建 \ 纯色”命令，新建一个固态层命名为 Start，如图 13.27 所示。

**Step25** 选中 Start 层，选择菜单栏中的“效果 \ 生成 \ 镜头光晕”命令，为其添加镜头光晕滤镜。在效果控件窗口中调整参数，如图 13.28 所示。

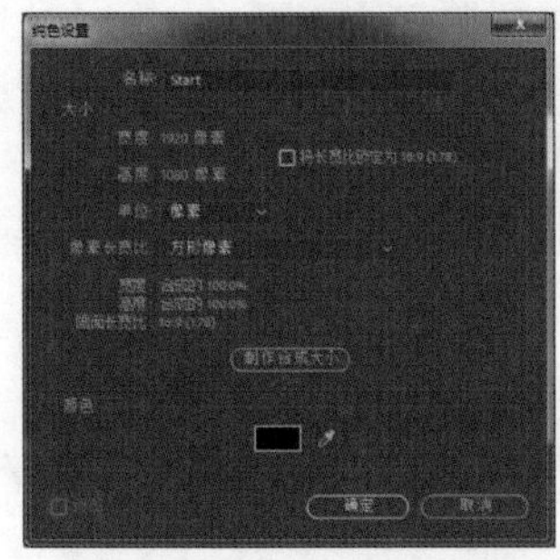

图 13.27

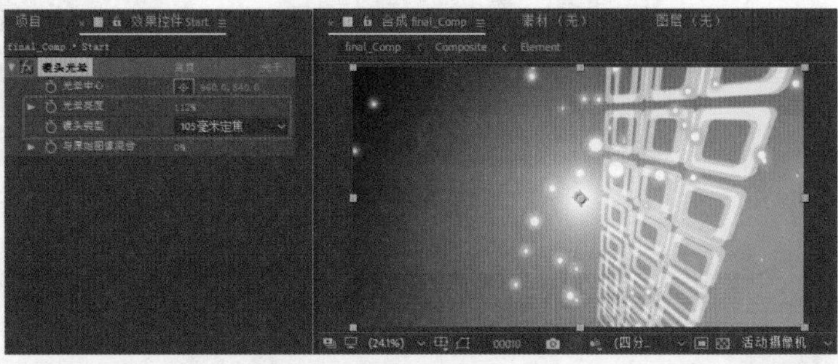


图 13.28

**Step26** 在时间线窗口中展开 Start 层的“光晕亮度”滤镜属性列表，单击 Flare Brightness 左侧的按钮，为其记录关键帧。使镜头光斑从 0 帧处开始，在 21 帧处结束。按数字 0 键预览效果，可见画面从白场切入渐变的光斑，在 21 帧处光斑从画面中消失，如图 13.29 所示。

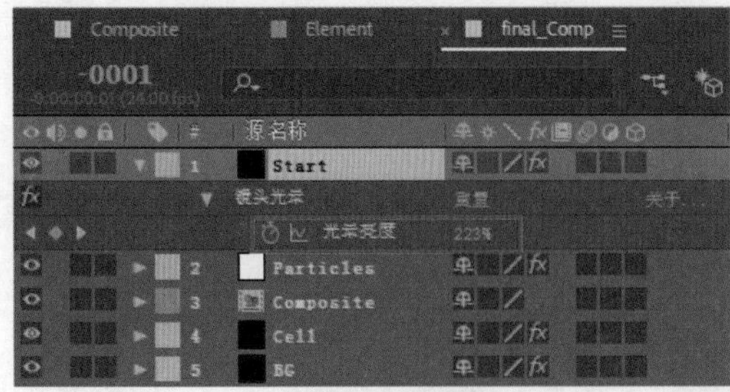


图 13.29

**Step 27** 选中 Start 层，按组合键 Ctrl+D 进行复制。在时间线窗口中展开“光晕亮度”滤镜属性列表，调整其关键帧位置，如图 13.30 所示。

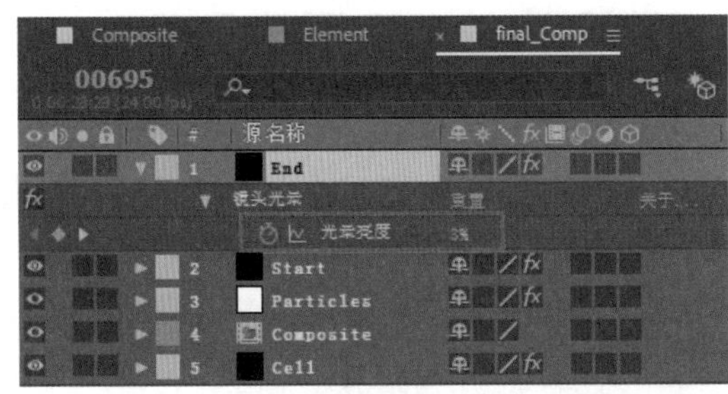


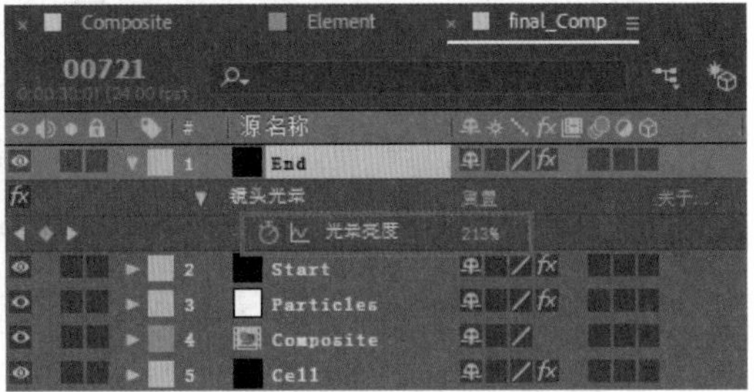


图 13.30

**Step 28** 此时画面渐变为白场淡出，按数字 0 键预览最终效果，如图 13.31 所示。

图 13.31

## 13.2 合成动画

本节主要以三维图层的应用为主，通过为“位置”属性记录关键帧，实现盒子的组合动画，再配以摄像机的镜头旋转动画，完成整个动画的制作。本例的核心技术要点是介绍在 AE 中使用平面图像制作动画的方法和技巧，最终目的是将多幅图像合成为一个美丽的动画场景。通过本例，读者将熟悉 AE 图层的应用，通过图层之间的叠加和摄像机的运用，为场景制作出动画，如图 13.32 所示。

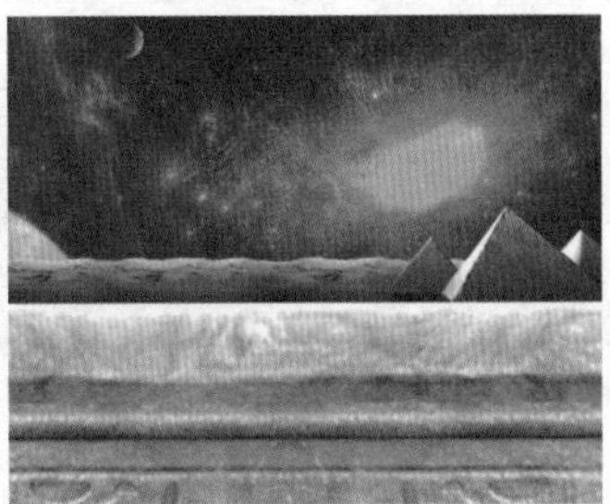
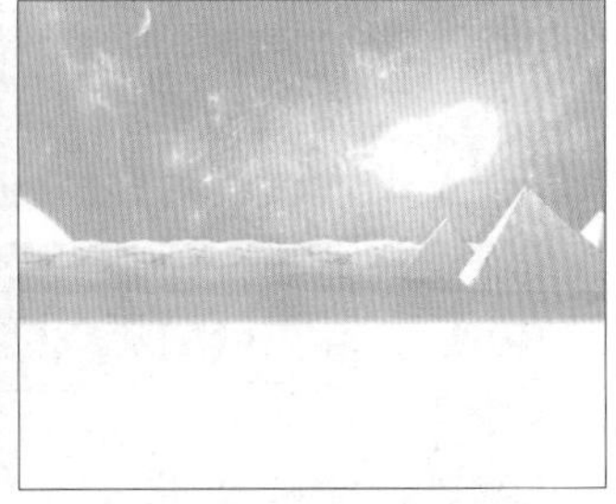

图 13.32

**Step 01** 启动 AE，选择菜单栏中的“合成\新建合成”命令，新建一个合成，如图 13.33 所示。将本书素材文件 Night-Pyramids.png、nightSand.png、NightSky.png、night-Wall.png、night-Wall-with-writing.png 导入到项目窗口中，并将它们拖到时间线窗口，如图 13.34 所示。

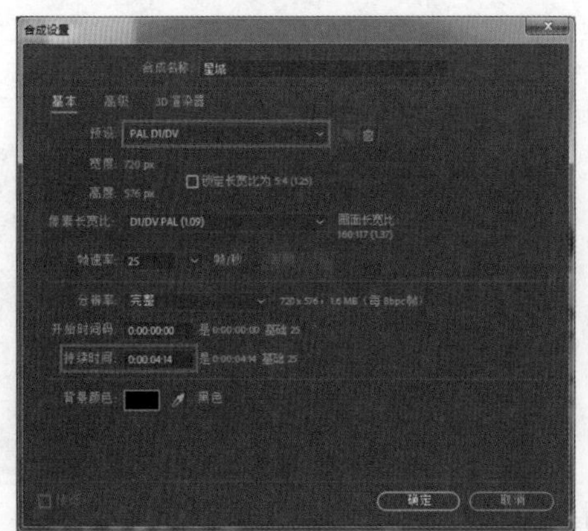

图 13.33

图 13.34

Step02 打开图层的三维选项。单击图层的按钮，打开图层的三维属性开关，并对素材的大小和位置进行调整。在时间线窗口中调整 night-Wall-with-writing.png 层的出入时间，如图 13.35 所示。

图 13.35

Step03 在时间线窗口中选中 night-Wall-with-writing.png 层，按 T 键展开其“不透明度”属性列表，并为其设置关键帧，让文字有淡入淡出的效果。将时间滑块放置在时间 0:00:01:24 处并设置“不透明度”的值为 0%。在时间 0:00:02:08 处和时间 0:00:02:24 处设置“不透明度”的值为 100%。在时间 0:00:03:06 处设置“不透明度”的值为 0%，如图 13.36 所示。

图 13.36

Step04 记录摄像机动画。在时间线窗口中右击，在弹出的快捷菜单中选择“新建 \ 摄像机”选项，新建一个摄像机层 Camera1，如图 13.37 所示。

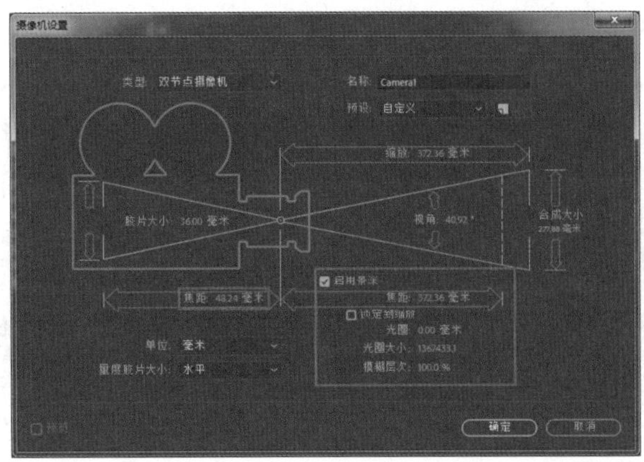


图 13.37

Step05 单击工具栏中的工具，在合成窗口中按住鼠标右键并拖动调整画面。展开 Camera1 层的属性列表，单击“位置”前面的按钮为 Camera1 层的“位置”属性记录关键帧。同样为“光圈”属性记录关键帧。在时间 0:00:00:00 处和时间 0:00:01:20 处设置“位置”和“光圈”的值。在时间 0:00:03:08 处和时间 0:00:04:06 处设置“位置”的值，如图 13.38 所示。

图 13.38

Step06 按数字 0 键预览效果，如图 13.39 所示。

图 13.39

Step07 给影片调色。在时间线窗口中右击，在弹出的快捷菜单中选择“新建\调整图层”选项，新建一个调节层。选中调节层，选择菜单栏中的“效果\颜色校正\色阶”命令，为其添加色阶滤镜。单击“直方图”左侧的按钮为色阶滤镜的直方图属性设置关键帧。在时间 0:00:03:08 处和时间

0:00:04:06处设置“直方图”的值，如图 13.40 所示。

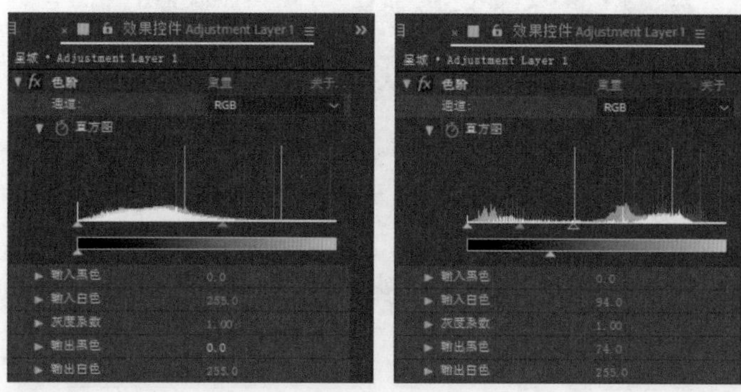


图 13.40

Step08 查看此时合成窗口的效果，如图 13.41 所示。

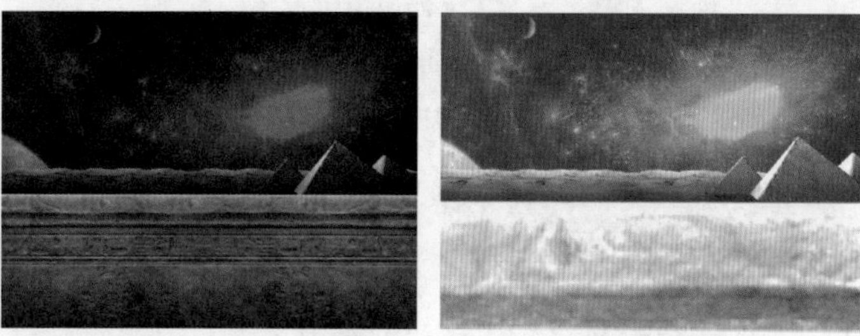

图 13.41

Step09 在时间线窗口中右击，在弹出的快捷菜单中选择“新建\纯色”选项，新建一个白色的固态层，并为其“不透明度”属性设置关键帧动画。在时间0:00:04:06处设置“不透明度”的值为 0%。在时间0:00:04:08处设置“不透明度”的值为 100%，如图 13.42 所示。

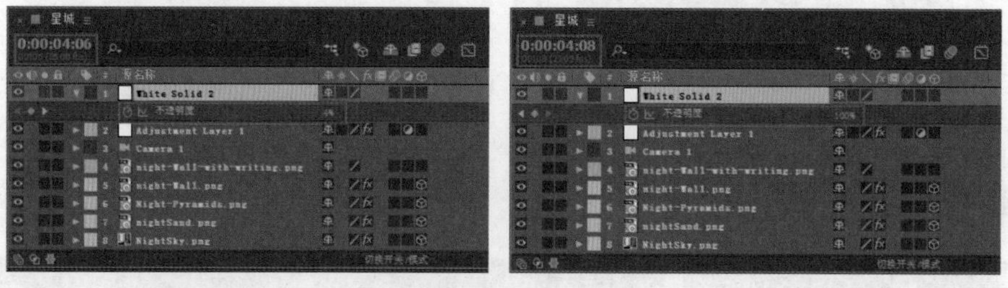


图 13.42

Step10 按数字 0 键预览最终效果，如图 13.43 所示。

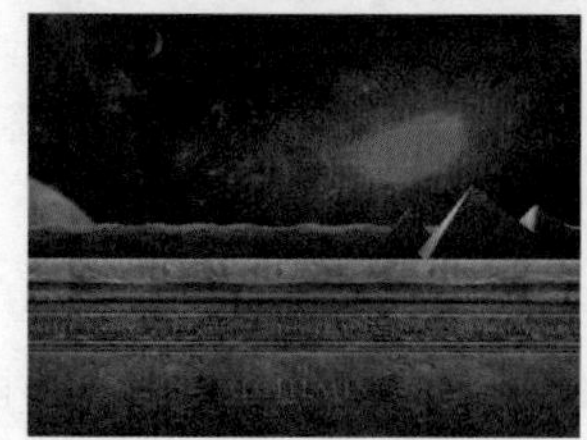
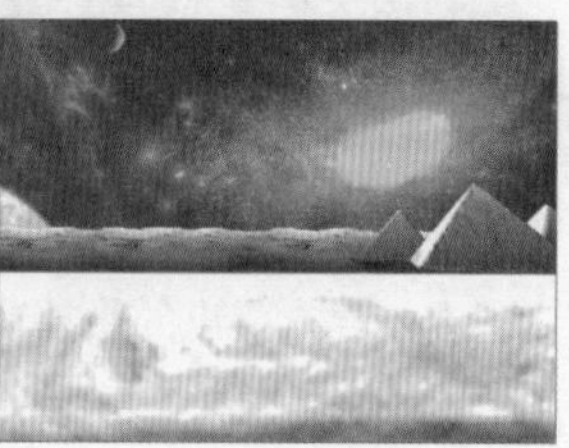
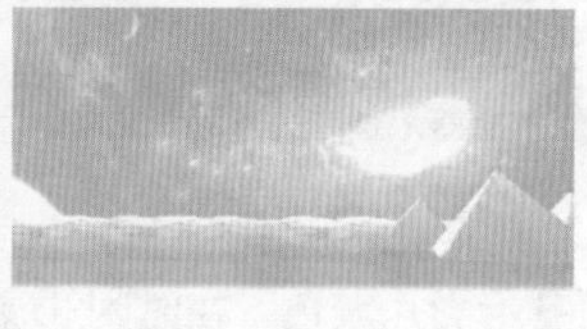

图 13.43

## 13.3 墨滴动画

本节主要使用AE的单帧渲染，并通过对渲染的单帧图像进行加工得到预期的画面效果。本例的核心技术要点是利用AE和CC Particle World滤镜制作墨滴效果的方法。通过本例，读者将熟悉AE中三维图层的应用，即利用单帧输出渲染一幅平面的粒子发射图，再将渲染所得的粒子图进行合成制作，最终为场景添加摄像机并记录关键帧动画，如图13.44所示。

图 13.44

Step01 启动AE，选择菜单栏中的“合成\新建合成”命令，新建一个合成窗口，命名为“墨滴”，如图13.45所示。

Step02 在时间线窗口中右击，在弹出的快捷菜单中选择“新建\纯色”选项，新建一个白色的固态层White Solid1，如图13.46所示。

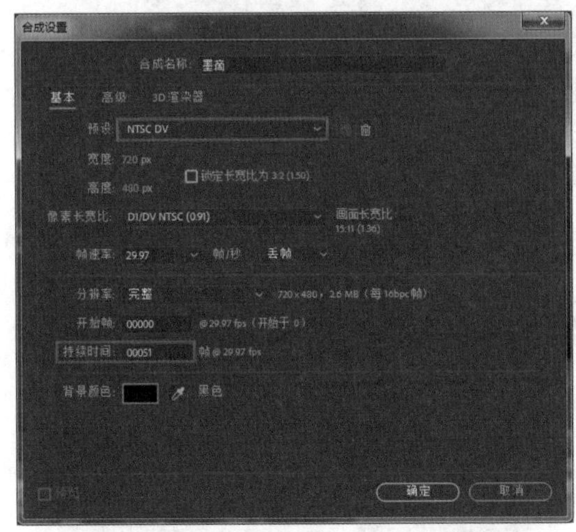

图 13.45

图 13.46

Step03 添加粒子特效。在时间线窗口中选中White Solid1层，选择菜单栏中的“效果\模拟\CC Particle World”命令，为其添加CC Particle World滤镜。在效果控件窗口中调整参数，如图13.47所示。查看此时合成窗口的效果，如图13.48所示。

Step04 在时间线窗口中拖动时间滑块进行预览，并将时间滑块停留在相应的画面时间处。选择菜单栏中的“合成\另存帧为\文件”命令，输出单帧图像，并在渲染面板中设置输出路径，之后单击“渲染”按钮进行渲染，如图13.49所示。

Step05 制作墨滴。按组合键Ctrl+N，新建一个合成窗口，命名为“合成”。在项目窗口中双击导入制作的“墨滴(00033).psd”文件，将其拖到“合成”的时间线窗口中，如图13.50所示。

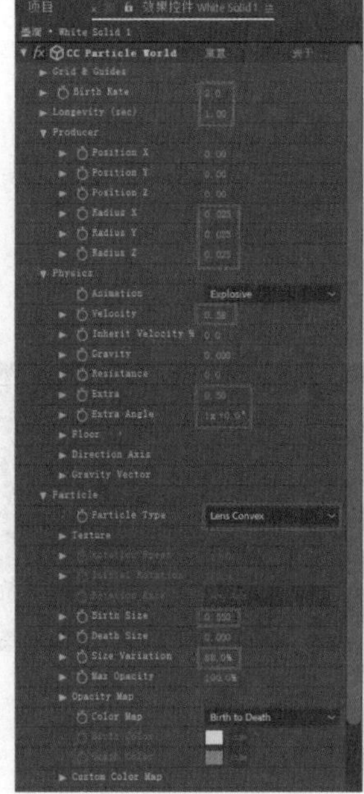

图 13.47

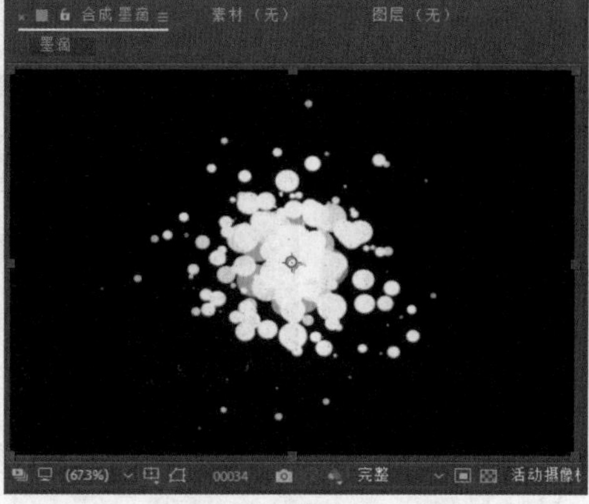

图 13.48

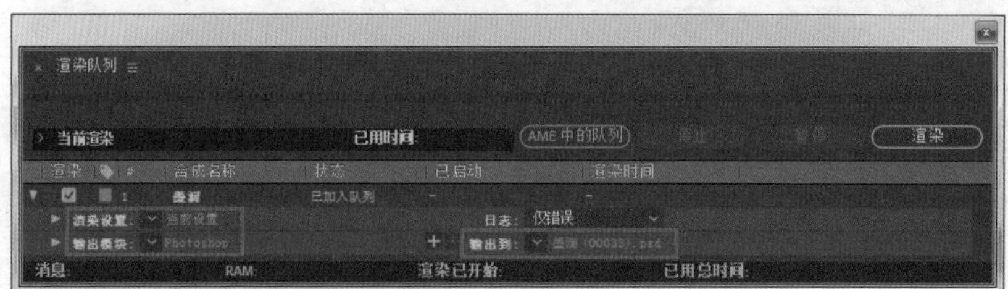


图 13.49

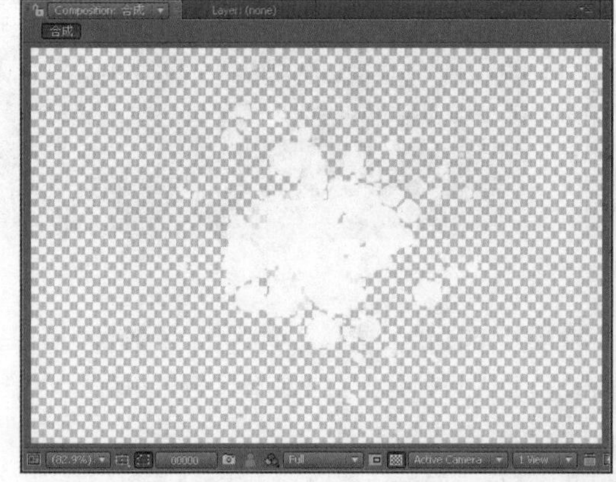

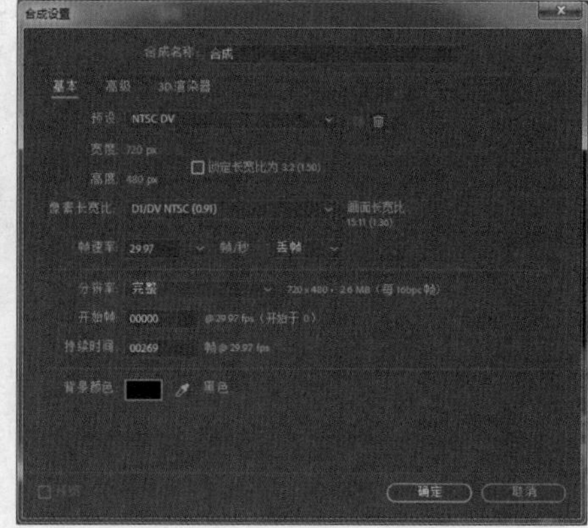

图 13.50

Step06 导入本书素材中的“宣纸jpg”文件，将其拖放到时间线窗口的底层。选中“墨滴(00033).psd”层，选择菜单栏中的“效果\颜色校正\色相/饱和度”命令，为其添加色相/饱和度滤镜，在效果控件窗口中调整颜色，如图13.51所示。

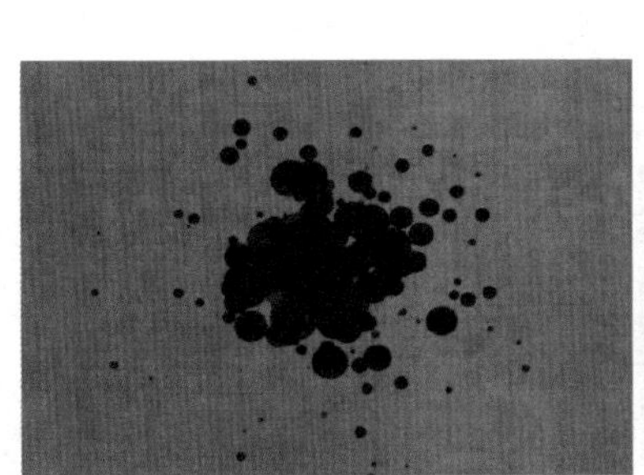

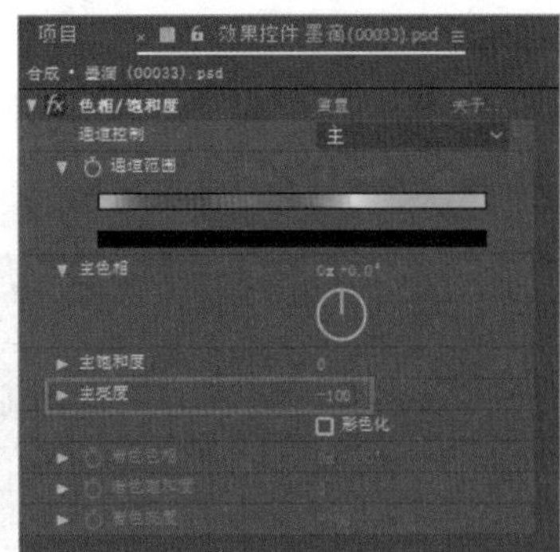


图 13.51

Step07 创建文字。在工具栏中单击T工具，在合成窗口中单击，输入 YINGSHITIANTIANJIAN，并打开文字层和“墨滴 (00033).psd”层的三维属性开关。查看此时合成窗口的效果，如图 13.52 所示。

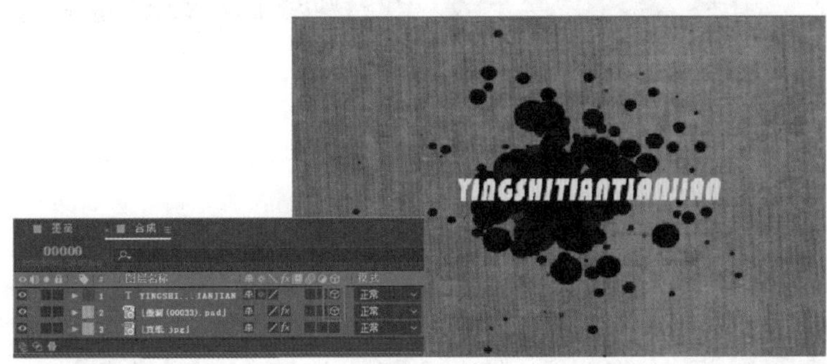


图 13.52

Step08 创建摄像机层。在时间线窗口中右击，在弹出的快捷菜单中选择“新建\摄像机”选项，创建一个摄像机层 Camera1，如图 13.53 所示。

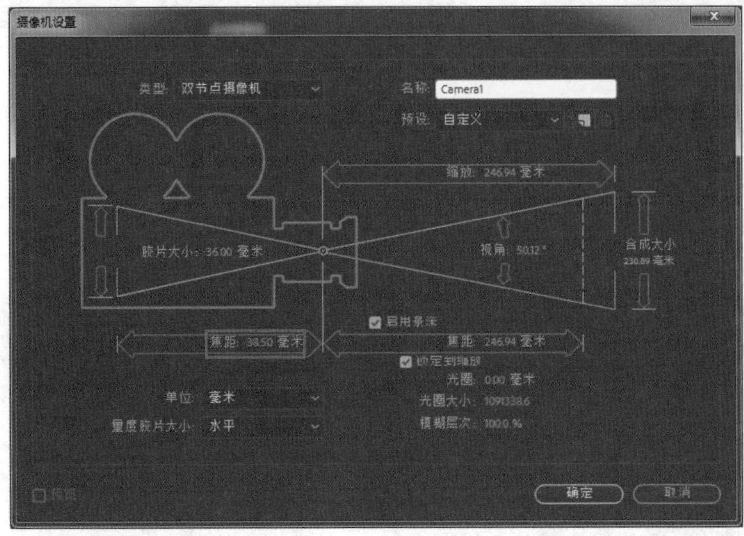


图 13.53

Step09 选中 Camera1 层，按 P 键展开其“位置”属性列表。单击其按钮记录关键帧，拖曳时间滑块到其他时间处，单击工具栏中的工具，在合成窗口中调整摄像机的视角，系统自动记录关键帧，如图 13.54 所示。

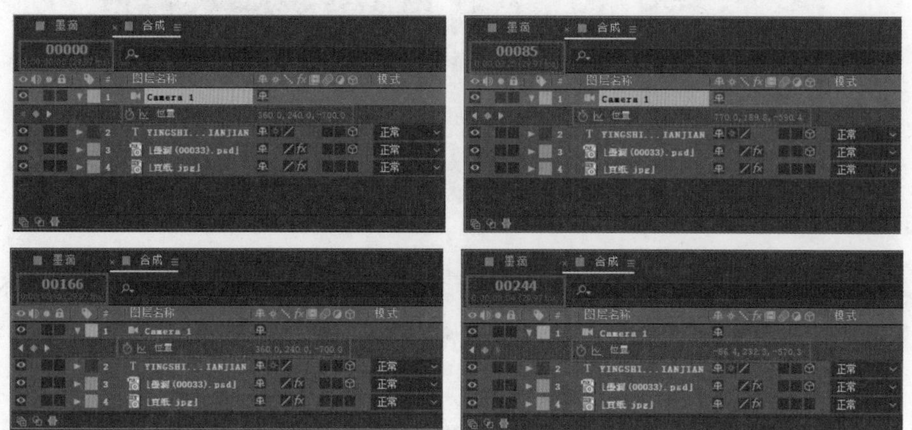

图 13.54

Step10 选中“墨滴 (00033).psd”层，按组合键 Ctrl+D 复制出若干个图层，并在合成窗口中调整这些图层的位置。

Step11 再次复制出三个“墨滴 (00033).psd 层”，在效果控件窗口中删除它们的色相/饱和度滤镜，并设置它们的图层混合模式为“差值”，如图 13.55 所示。

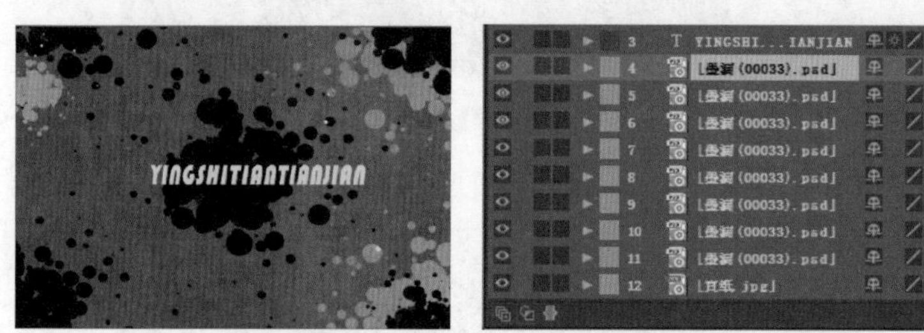

图 13.55

Step12 制作镜头暗角效果。在时间线窗口中右击，在弹出的快捷菜单中选择“新建\纯色”选项，新建一个黑色的固态层。选中黑色的固态层，在工具栏中双击工具，在该层上创建一个遮罩，并设置遮罩的羽化值为 318，如图 13.56 所示。

Step13 按数字 0 键预览最终效果，如图 13.57 所示。

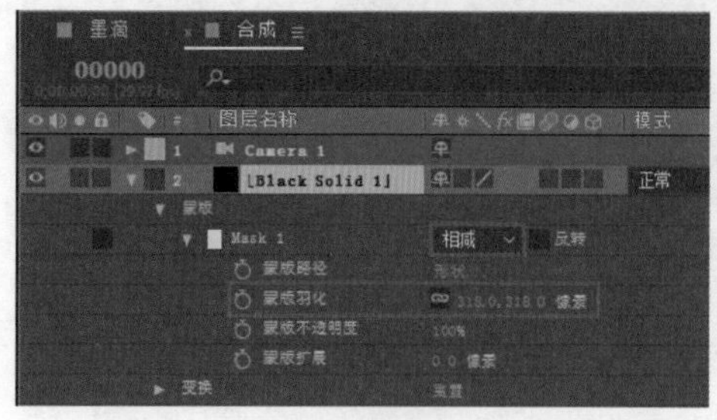

图 13.56

图 13.57

## 13.4 三维反射标板

本节主要介绍在 AE 中如何使用灯光和图层的三维属性，通过综合处理得到逼真的反射效果。

Step01 启动 AE，选择菜单栏中的“合成 \ 新建合成”命令，新建一个合成窗口，命名为“三维环境”，如图 13.58 所示。按组合键 Ctrl+T，调用文字工具，在合成窗口中单击并输入文字“宁静湖畔”，文字工具控制面板中的参数设置如图 13.59 所示。

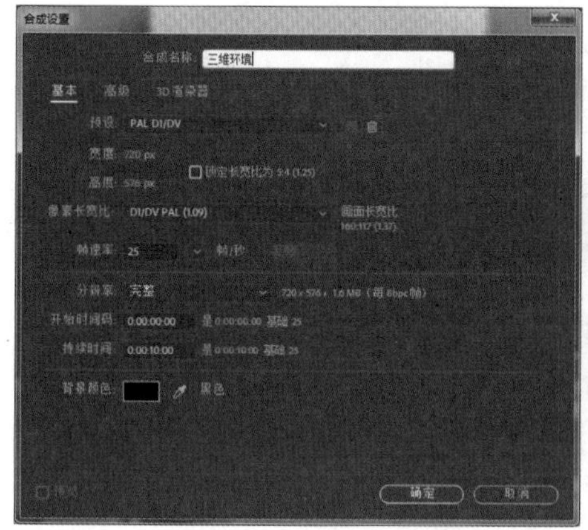


图 13.58

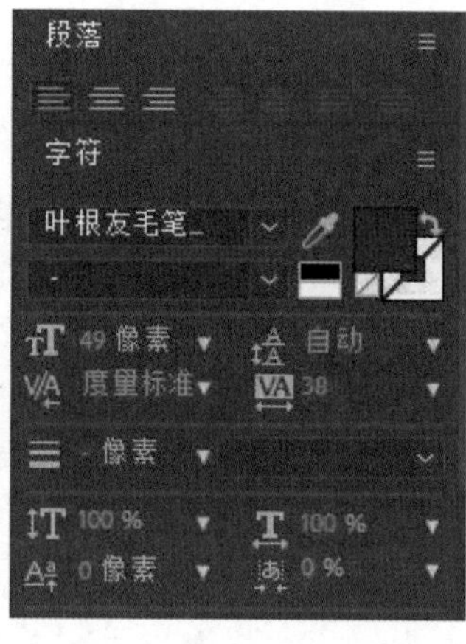

图 13.59

Step02 在时间线窗口中按住键盘上的 Alt 键，双击文字图层，进入 TEXT 合成窗口。选择文字层复制一个。选中上面的文字层，将其重命名为 Reflection，并对其属性进行设置，如图 13.60 所示。

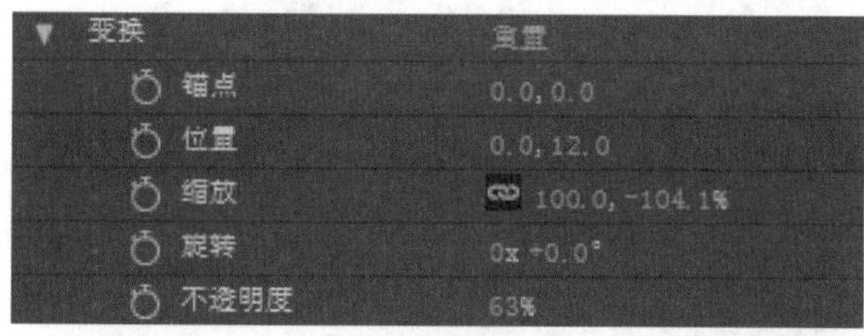


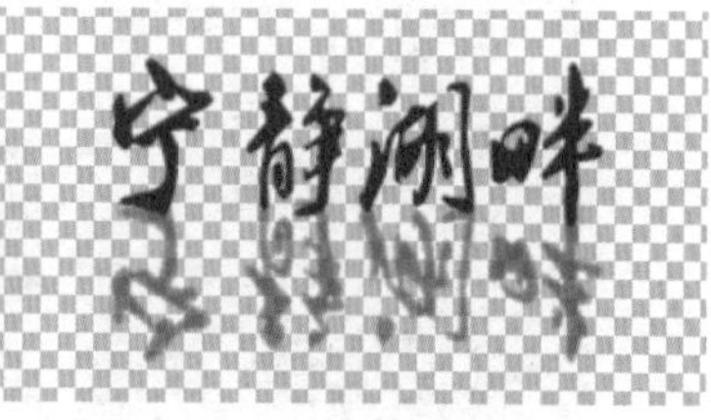


图 13.60

Step03 选中 Reflection 层图，选择菜单栏中的“效果 \ 过渡 \ 线性擦除”命令，在特效控制面板中设置线性擦除的参数，如图 13.61 所示。

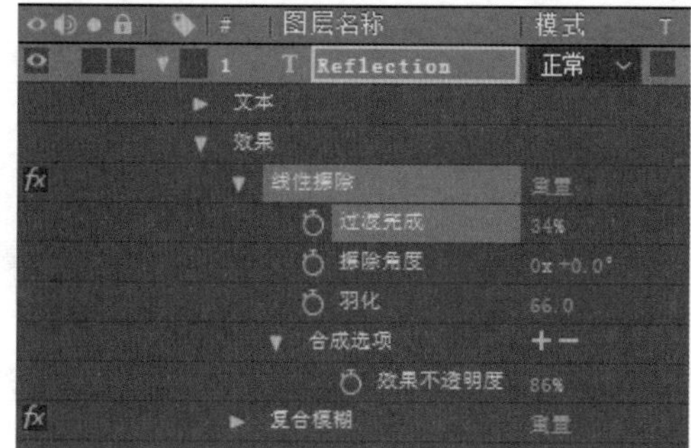

图 13.61

图 13.62

Step04 回到“三维环境”合成窗口，在项目窗口导入背景素材 text-5.jpg，将其拖动到时间线窗口最下层，如图 13.62 所示。

Step05 在时间线窗口中右击，在弹出的快捷菜单中选择“新建\摄像机”选项，创建一盏摄像机，单击工具栏中的 工具，在合成窗口中按住鼠标左键拖动调整摄像机视角，如图 13.63 所示。

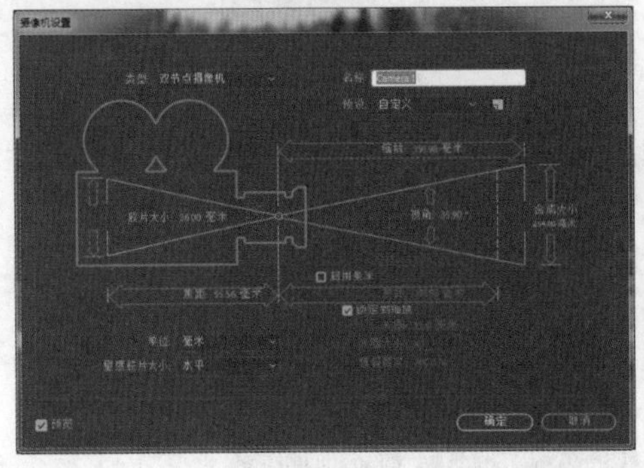

图 13.63

Step06 在时间线窗口中右击，在弹出的快捷菜单中选择“新建\灯光”选项，在场景中创建一个点光源 Light1，调整灯光的位置，如图 13.64 所示。

图 13.64

Step07 再次选择“新建\灯光”选项，在场景中创建环境光 Light2。分别选择灯光层，按 T 键展开其强度属性，调节此值的大小可控制场景的亮度，如图 13.65 所示。

Step08 在时间线窗口中右击，在弹出的快捷菜单中选择“新建\纯色”选项，新建一个固态层，如图 13.66 所示，命名为 Floor，并将 Floor 层拖到文字层的下面，打开两个图层的三维属性开关，如图 13.67 所示。

Step09 先设置不透明度为 30%，单击 按钮沿着图层透过的湖面绘制蒙版，如图 13.68 所示。

Step10 设置不透明度为 100%，设置蒙版 1 的羽化参数如图 13.69 所示，设置材质选项的参数如图 13.70 所示，让湖面与 Floor 层融合，使湖面变得更加通透和透明，如图 13.71 所示。

图 13.65

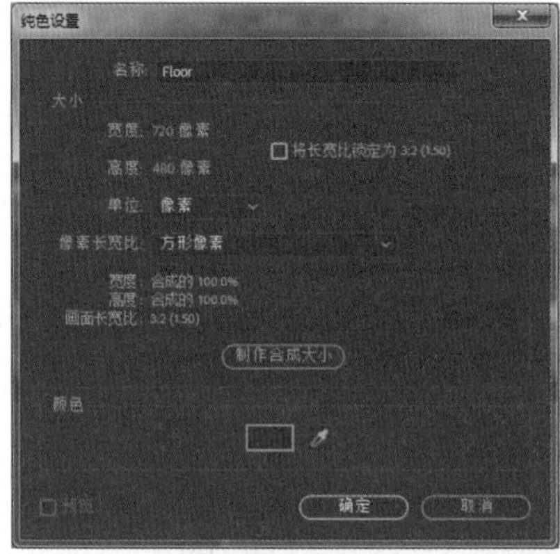


图 13.66

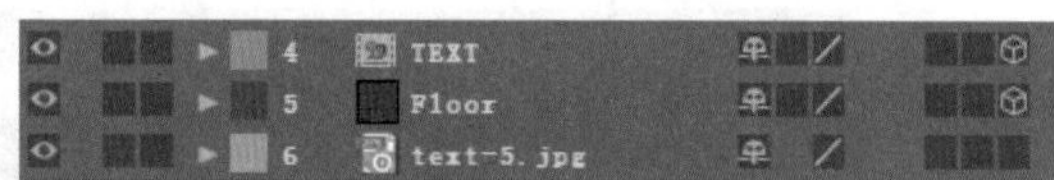


图 13.67

图 13.68

图 13.69

图 13.70

图 13.71

Step 11 回到“三维环境”合成窗口，选择菜单栏中的“图层\新建\调整图层”命令新建一个调节层，将此层拖到文字层的下面作为间隔层，这样可显示出文字层的倒影，如图 13.72 所示。

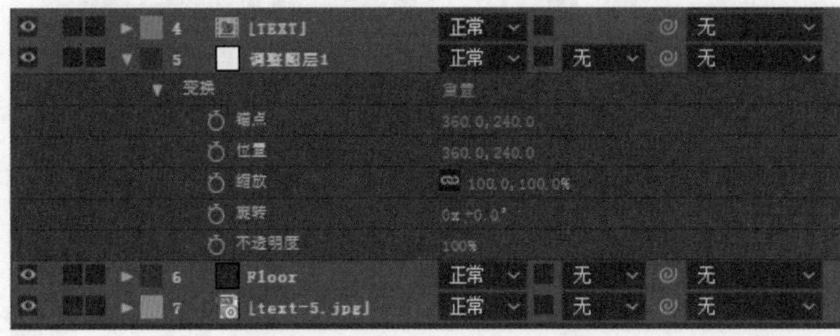

图 13.72

Step 12 选择 Camera1 图层，按 P 键给位置属性添加动画，如图 13.73 所示。

图 13.73

Step 13 按数字 0 键预览动画，如图 13.74 所示。

图 13.74

## 13.5 飘云标板动画

本节主要介绍如何使用复合模糊和置换图滤镜，并利用复合模糊制作层模糊效果，利用置换图制作扭曲飘动的效果。

Step01 启动 AE，选择菜单栏中的“合成\新建合成”命令，新建一个合成窗口，命名为“文字”。选择菜单栏中的“图层\新建\纯色”命令，新建一个固态层，命名为 Text1。选中 Text1 图层，选择菜单中的“效果\过时\基本文字”命令，为其添加基本文字滤镜，如图 13.75 所示。在特效控制面板中单击“编辑文本”选项，在弹出的“基本文字”对话框中输入文字，在特效控制面板中调整其他的参数，如图 13.76 所示。

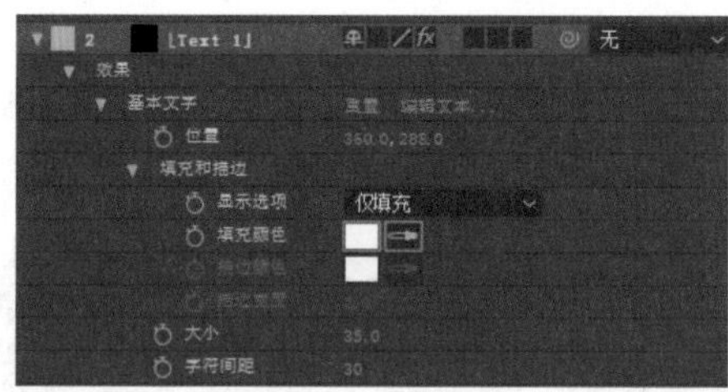


图 13.75

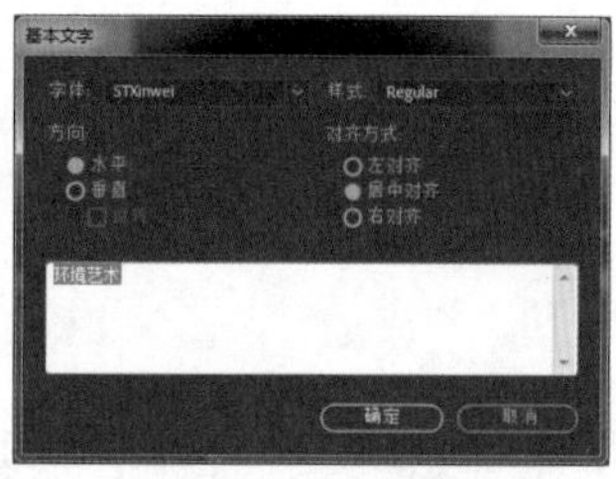


图 13.76

Step02 选中 Text1 层，按组合键 Ctrl+D 将当前层复制一次，并将其更名为 Text2，将 Text2 层的文字改为“地球部落”。将时间滑块拖动到时间 0:00:01:10 处，选中 Text1 层，按下组合键 Alt+]，使得 Text1 层从当前时间向后的部分被截掉，再选中 Text2 层，按下组合键 Alt+[，使得 Text2 层从当前时间向前的部分被截掉，如图 13.77 所示。

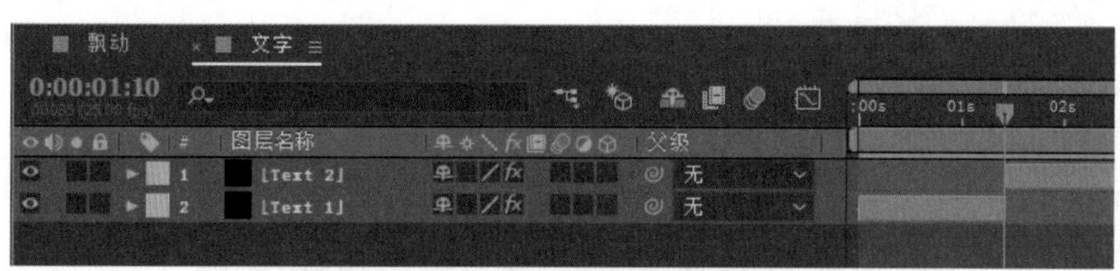


图 13.77

Step03 此时按下数字 0 键进行预览，两层文字在时间 0:00:01:10 处进行硬切过渡。选择菜单栏中的“合成\新建合成”命令，新建一个合成窗口，命名为“飘动”。导入 Blur Map.mov 和 Displacement Map.mov，并将它们都拖入时间线窗口中，在时间线窗口中将这两个图层的显示开关关闭。将项目窗口中的“文字”拖入时间线窗口中。选中“文字”层，选择菜单栏中的“效果\模糊和锐化\复合模糊”命令，为其添加复合模糊滤镜，如图 13.78 所示，在特效控制面板中调整参数（模糊图层选择 Blur Map.mov），如图 13.79 所示。

图 13.78

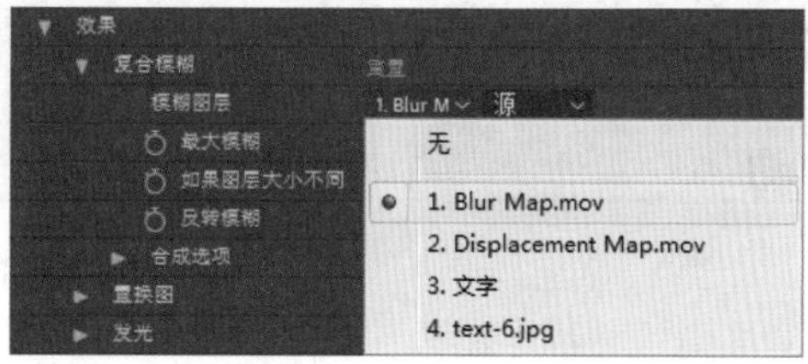


图 13.79

Step04 此时按数字 0 键进行预览，如图 13.80 所示。

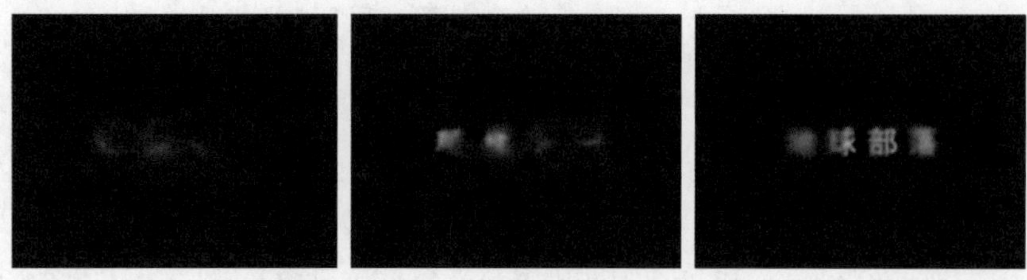

图 13.80

Step05 选中“文字”层，选择菜单栏中的“效果\扭曲\置换图”命令，为其添加置换贴图滤镜，在特效控制面板中调整参数（置换图层选择 Displacement Map.mov），如图 13.81 所示。选中“文字”层，选择菜单栏中的“效果\风格化\发光”命令，为其添加发光滤镜，在特效控制面板中调整参数，如图 13.82 所示。

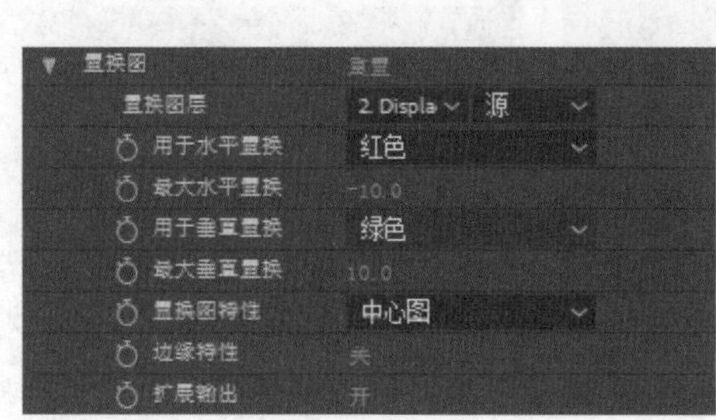


图 13.81

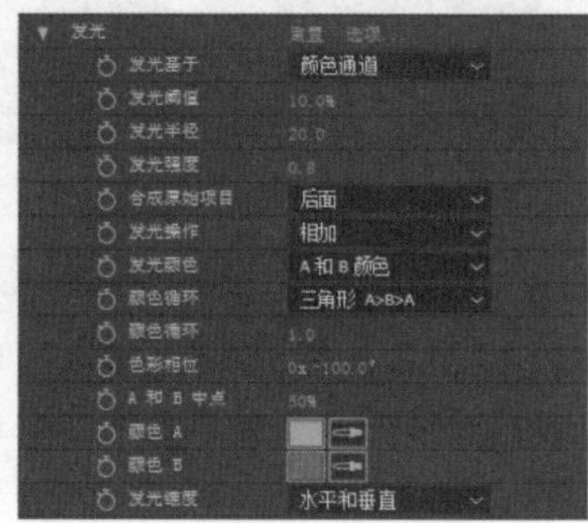


图 13.82

Step06 回到“三维环境”合成窗口，在项目窗口导入背景素材 text-6.jpg，将其拖动到时间线窗口最下层，如图 13.83 所示。此时按数字 0 键进行预览，如图 13.84 所示。

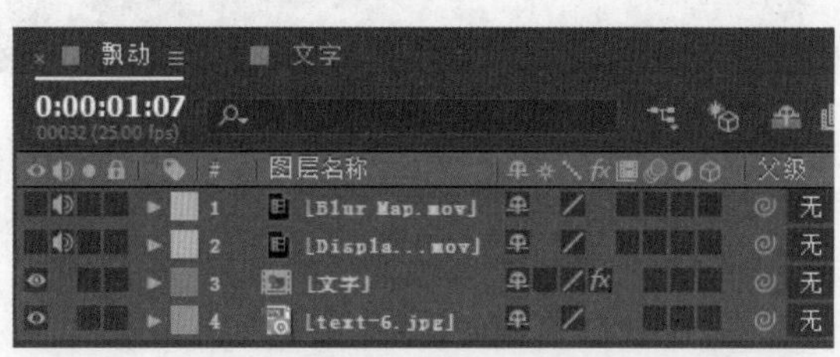


图 13.83

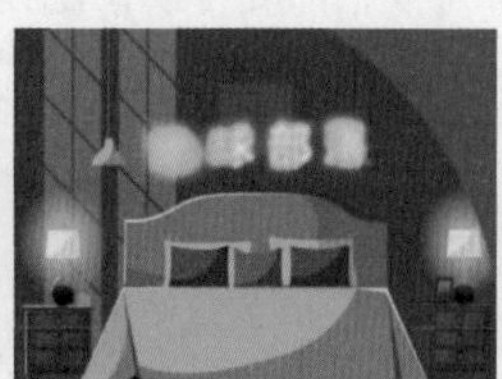

图 13.84

# 第 14 章 After Effects 光影特效

## 14.1 星球爆炸

本节主要介绍 Shatter 滤镜的应用，即利用现有的动画素材制作爆炸效果，最后通过嵌套合成和三维图层制作出真实的爆炸视觉效果。通过本例，读者将熟悉对素材的应用，通过对现有素材的加工制作出宇宙星球的场景，并制作爆炸后产生的光波动画的方法和技巧，如图 14.1 所示。

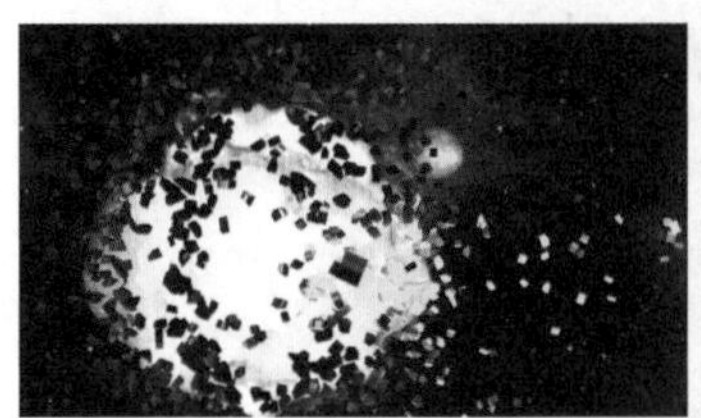
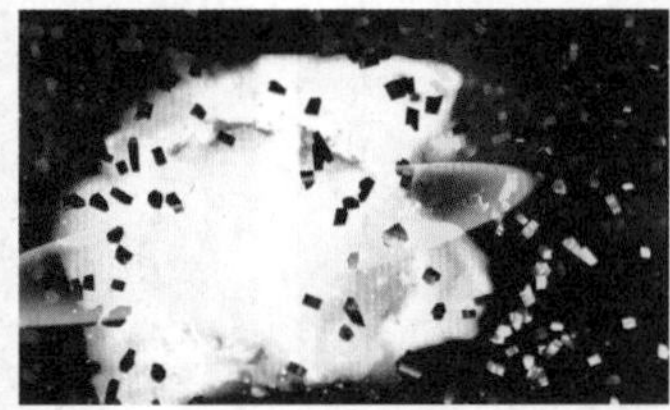

图 14.1

Step 01 启动 AE，选择菜单栏中的“合成 \ 新建合成”命令，新建一个合成窗口，命名为“星球爆炸”，如图 14.2 所示。在项目窗口中双击，导入本书素材中的“行星 .mov”“Explosion.mov”“火星 .tga”“spaceBG.jpg”文件，将项目窗口中的“行星 .mov”拖到“星球爆炸”合成的时间线窗口中，如图 14.3 所示。

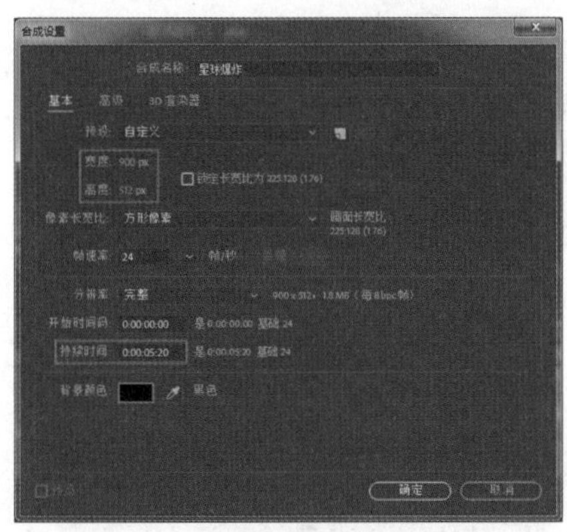

图 14.2

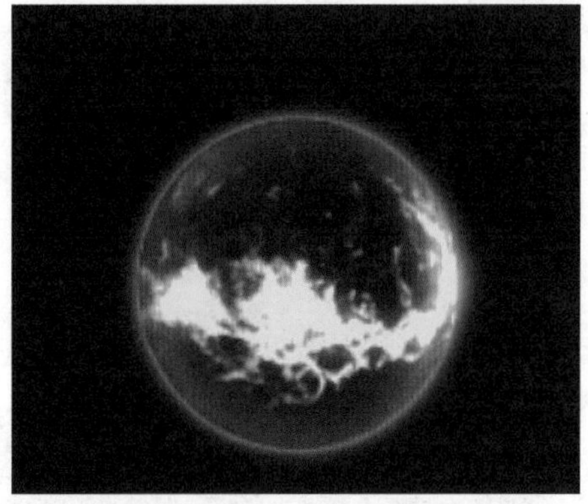

图 14.3

Step 02 将项目窗口的 spaceBG.jpg 拖到“星球爆炸”合成的时间线窗口中，如图 14.4 所示。

Step 03 创建摄像机。在时间线窗口中右击，在弹出的快捷菜单中选择“新建 \ 摄像机”选项，新建一个摄像机层 Camera1，如图 14.5 所示。

图 14.4

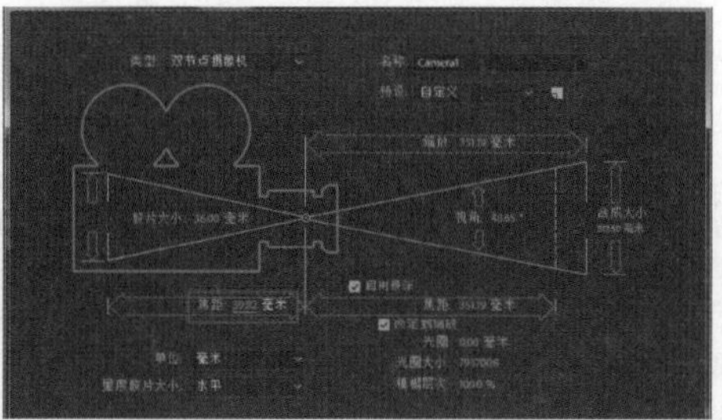

图 14.5

Step04 制作爆炸。在时间线窗口中选中“行星 .mov”层，选择菜单栏中的“效果 \ 模拟 \ 碎片”命令，为其添加碎片滤镜，如图 14.6 所示。

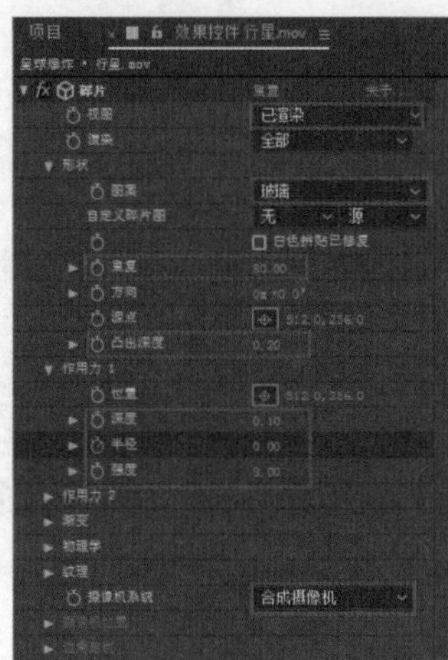

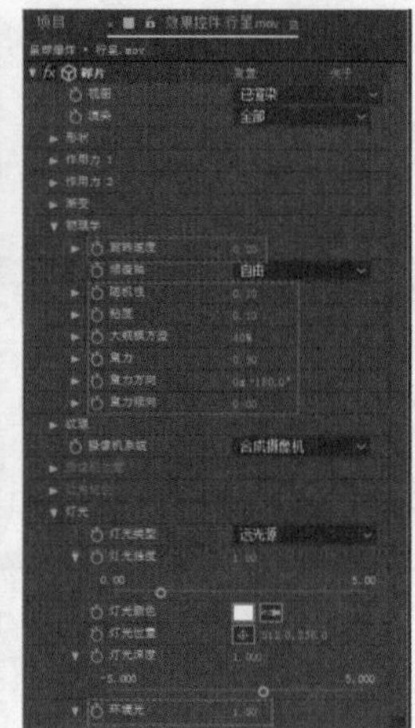

图 14.6

Step05 在时间线窗口中展开“行星 .mov”层的碎片特效的“半径”属性列表，为其记录关键帧，使星球产生爆炸效果，如图 14.7 所示。

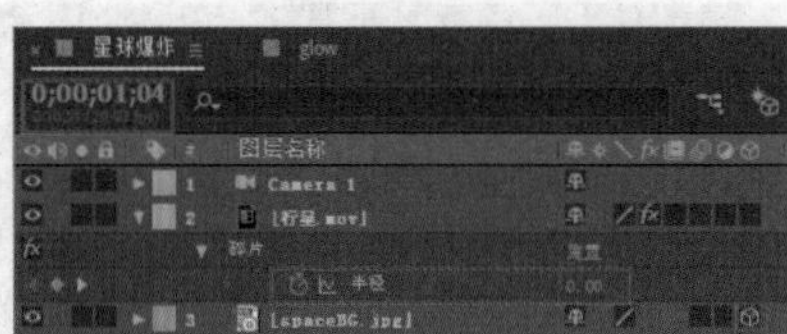

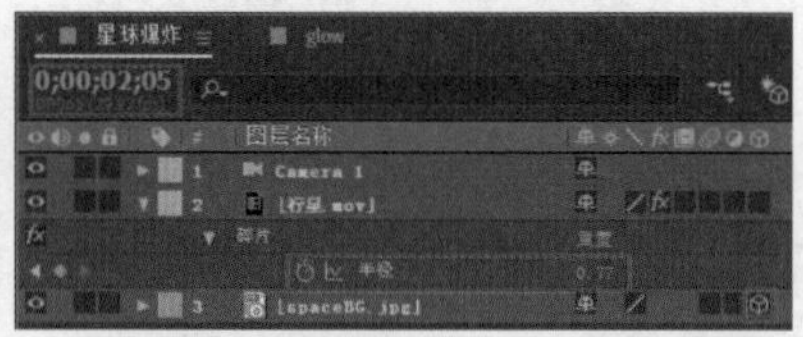

图 14.7

Step06 将项目窗口的 Explosion.mov 文件拖到时间线窗口中，如图 14.8 所示。

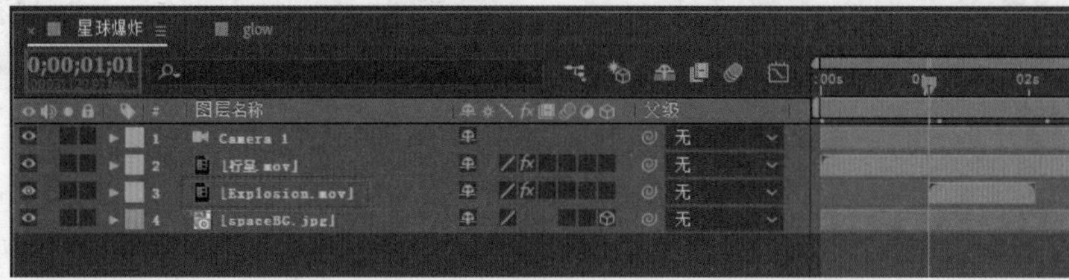

图 14.8

Step07 按数字 0 键预览效果，如图 14.9 所示。

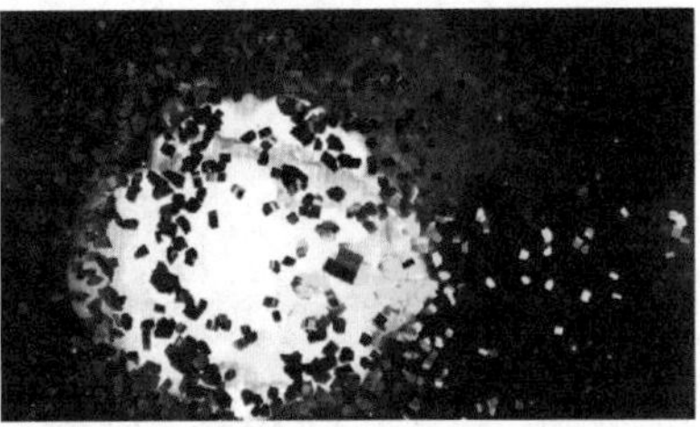

图 14.9

Step08 制作光晕。按组合键 Ctrl+N，新建一个合成，命名为 glow，如图 14.10 所示。在时间线窗口中右击，在弹出的快捷菜单中选择“新建 \ 纯色”选项，新建一个固态层 Orange Solid1，如图 14.11 所示。

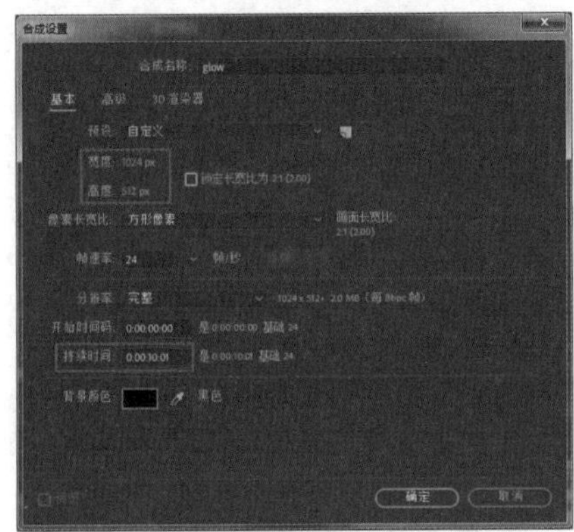


图 14.10

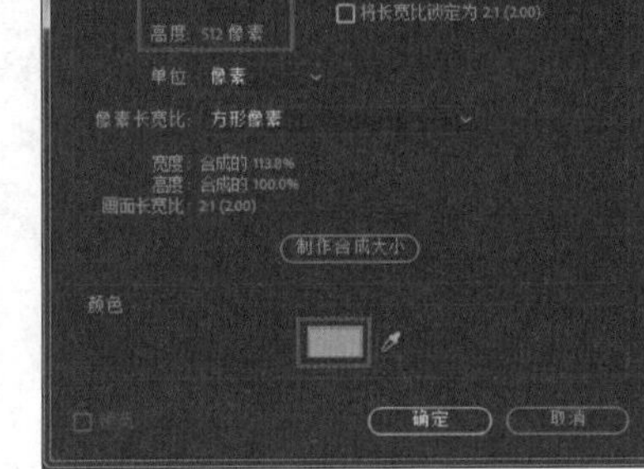


图 14.11

Step09 单击工具栏中的工具，在合成窗口中绘制一个遮罩，如图 14.12 所示。在时间线窗口中设置遮罩的参数，如图 14.13 所示。

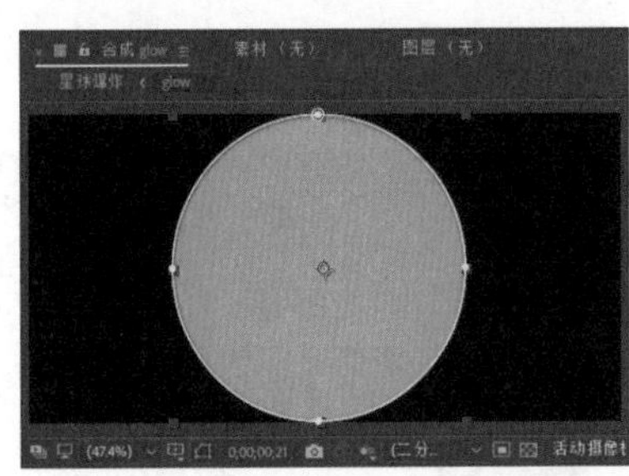

图 14.12

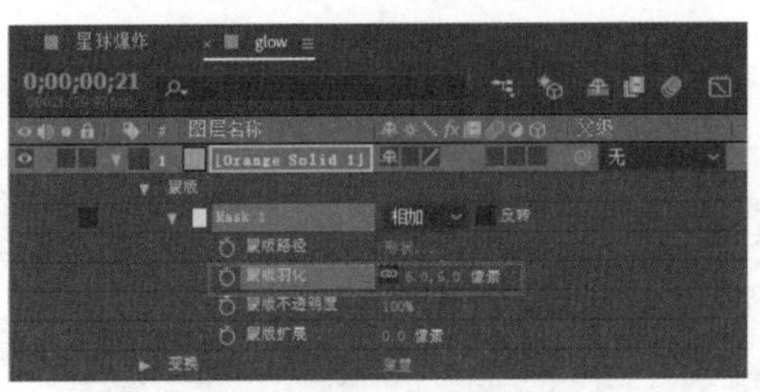


图 14.13

Step10 在时间线窗口中选中 Mask1，按组合键 Ctrl+D 复制。设置复制出的 Mask2 的参数，如图 14.14 所示。

Step11 回到“星球爆炸”合成窗口，将 glow 合成从项目窗口中拖到“星球爆炸”的时间线窗口中，进行合成嵌套。打开 glow 层的三维属性开关并调节其图层的旋转属性，如图 14.15 所示。

Step12 在时间线窗口中选中 glow 层，按 S 键展开其“缩放”属性列表。同时，按组合键 Shift+T 展开“不透明度”属性列表，为“缩放”和“不透明度”属性记录关键帧，如图 14.16 所示。

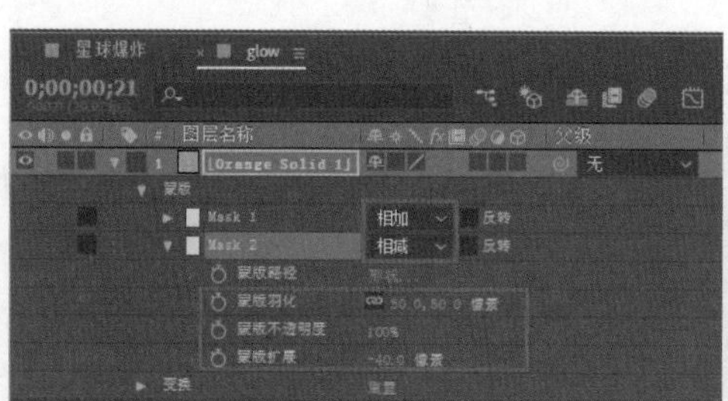
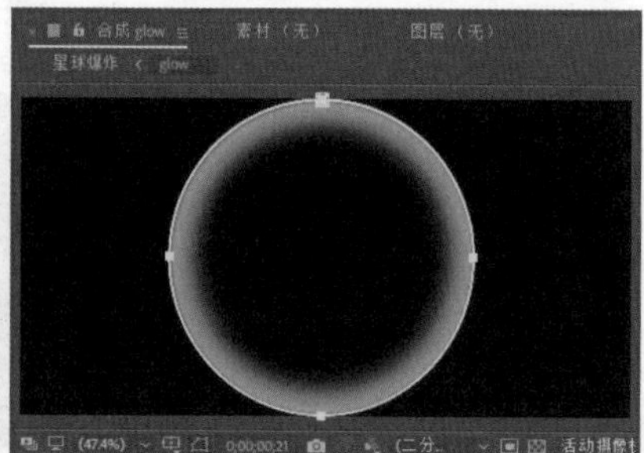

图 14.14

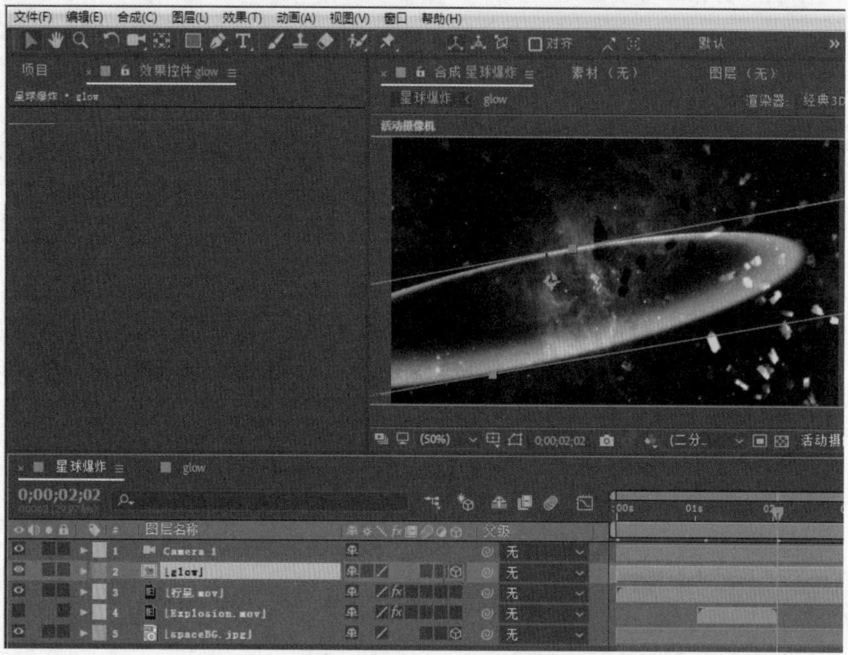

图 14.15

图 14.16

**Step 13** 将“火星 .tga”文件从项目窗口拖到时间线窗口中，放在 spaceBG.jpg 层的上面。按数字 0 键预览最终效果，如图 14.17 所示。

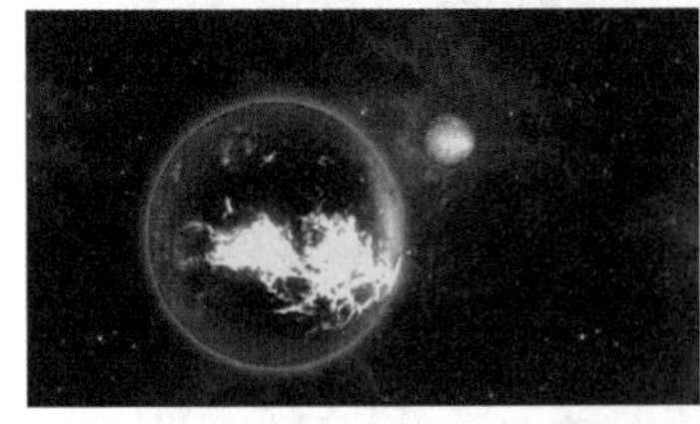
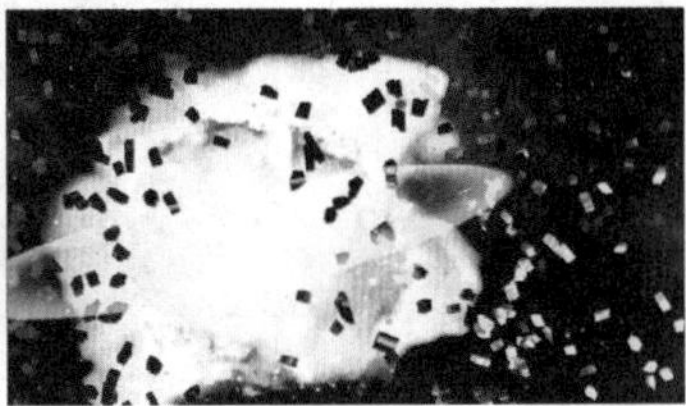
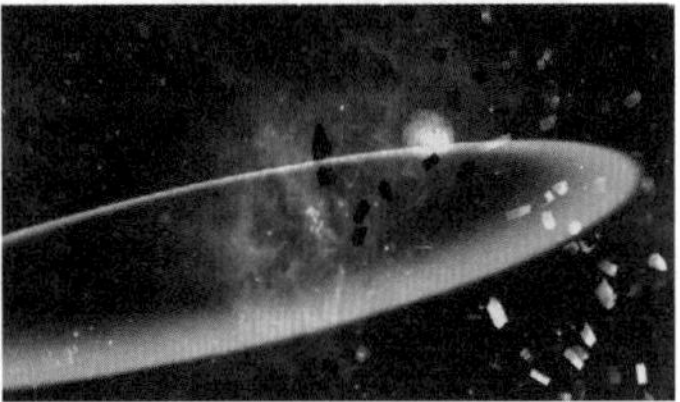

图 14.17

## 14.2 光波动画

本节主要介绍利用 AE 的三维图层制作一段动态光环效果的方法，以及无线电波滤镜的使用技巧。通过本例，读者将熟悉 AE 中三维图层和摄像机的应用，并利用合成嵌套制作光波效果，最后为场景建立摄像机并调整视觉角度，如图 14.18 所示。

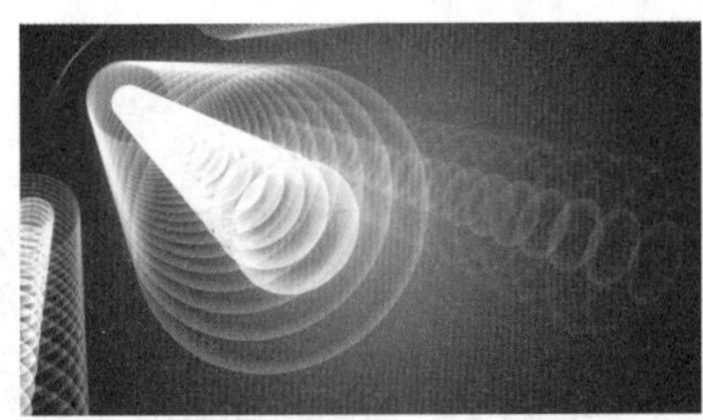

图 14.18

**Step 01** 启动 AE，选择菜单栏中的“合成 \ 新建合成”命令，新建一个合成窗口，命名为 Radio_Wave_Camp，如图 14.19 所示。

**Step 02** 选择菜单栏中的“图层 \ 新建 \ 纯色”命令，新建一个固态层，命名为 Radio_Wave_01，如图 14.20 所示。

图 14.19

图 14.20

**Step 03** 制作波纹动画。选中 Radio_Wave_01 层，选择菜单栏中的“效果 \ 生成 \ 无线电波”命令，为其添加无线电波滤镜；在效果控件窗口中设置参数，如图 14.21 所示。

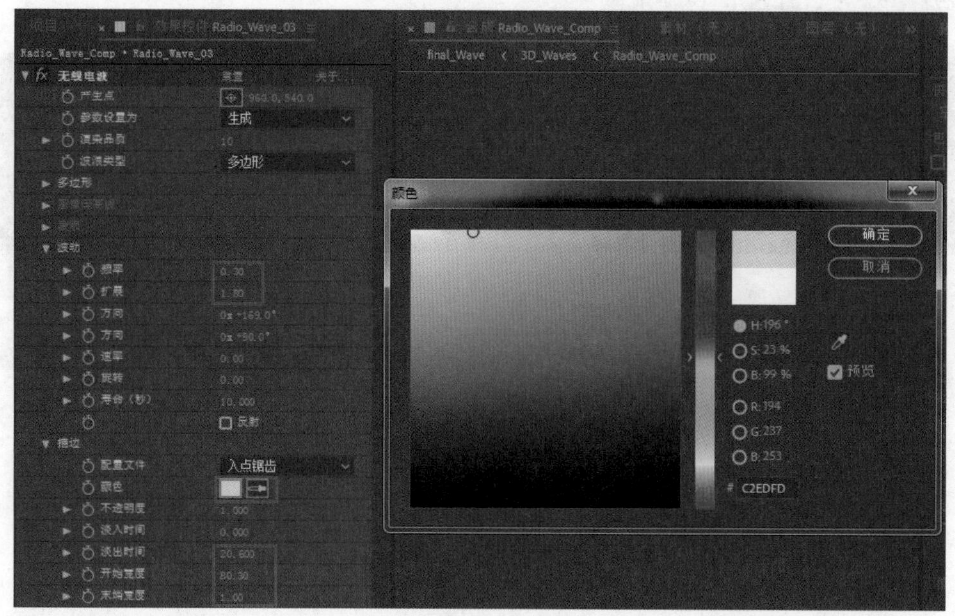

图 14.21

Step04 按数字 0 键预览效果，可见合成窗口中已经产生波纹效果，如图 14.22 所示。

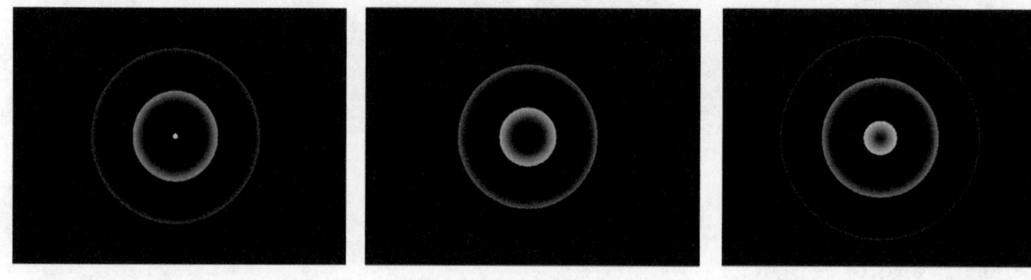

图 14.22

Step05 在时间线窗口中拖动图层，调整图层在时间线上的出入时间，使波纹动画从中间开始播放，如图 14.23 所示。

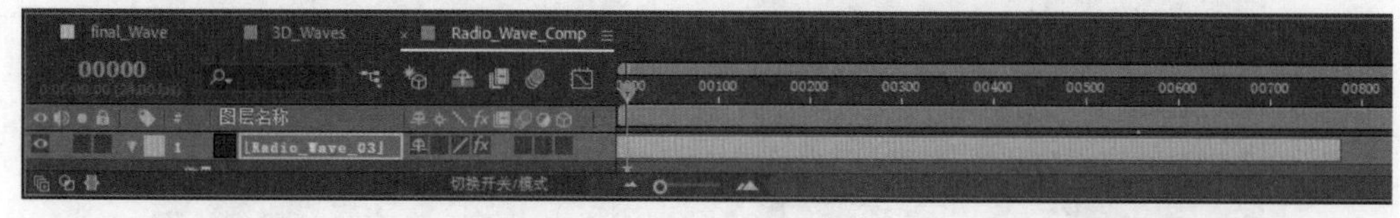

图 14.23

Step06 嵌套合成。选择菜单栏中的“合成\新建合成”命令，新建一个合成窗口，命名为 3D_Waves。在项目窗口中选中 Radio_Wave_Comp 层，将其拖放到时间线窗口中作为嵌套层，并打开 Radio_Wave_Comp 层的三维属性开关，如图 14.24 所示。

Step07 复制 Radio_Wave_Comp 层。在时间线窗口中选中 Radio_Wave_Comp 层，按组合键 Ctrl+D 进行复制，复制出 24 个图层，如图 14.25 所示。

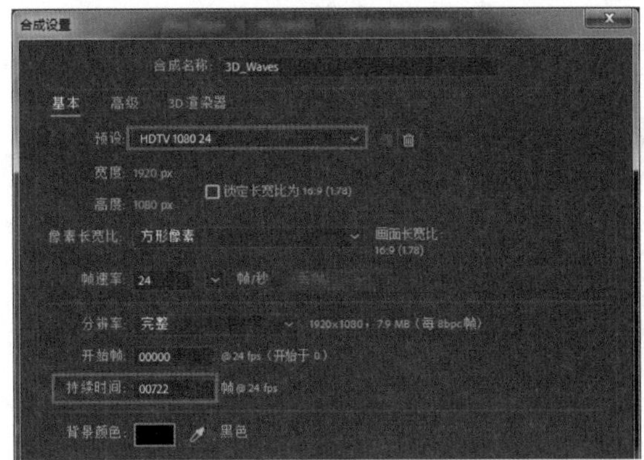


图 14.24

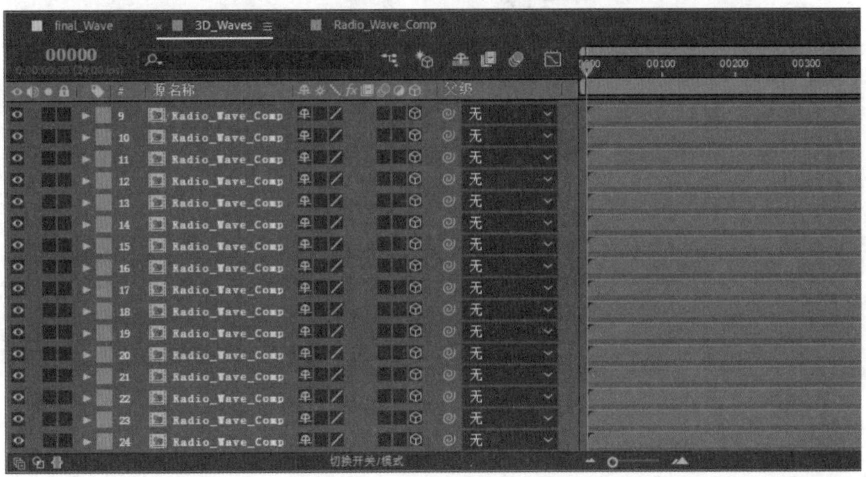


图 14.25

Step08 对图层进行排列。在时间线窗口中选中各图层，按下 P 键，展开各图层的“位置”属性列表。调整“位置”属性 Z 轴方向上的参数，使两个图层在 Z 轴方向上的距离为 160，如图 14.26 所示。

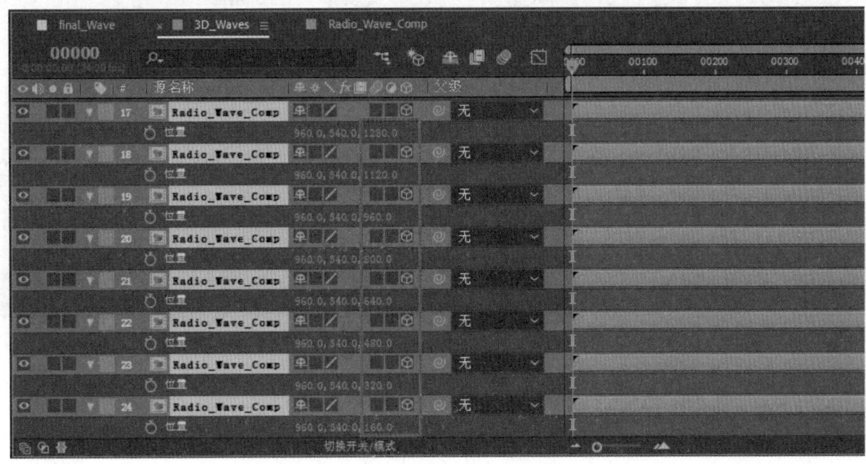


图 14.26

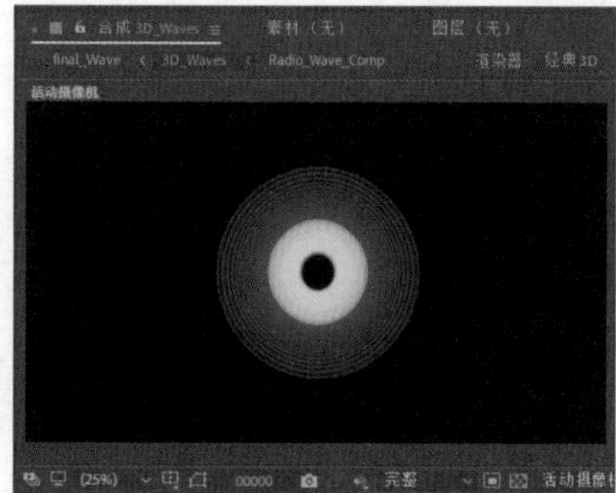


图 14.27

Step09 此时将合成窗口的视图设置为 Top 视图，对图层位置进行观察。在活动摄像机视图查看效果，如图 14.27 所示。

Step10 选择菜单栏中的“合成\新建合成”命令，新建一个合成窗口，命名为 final_Wave，如图 14.28 所示。选择菜单栏中的“图层\新建\纯色”命令，新建一个固态层，命名为 BG，如图 14.29 所示。该层将作为场景的背景层。

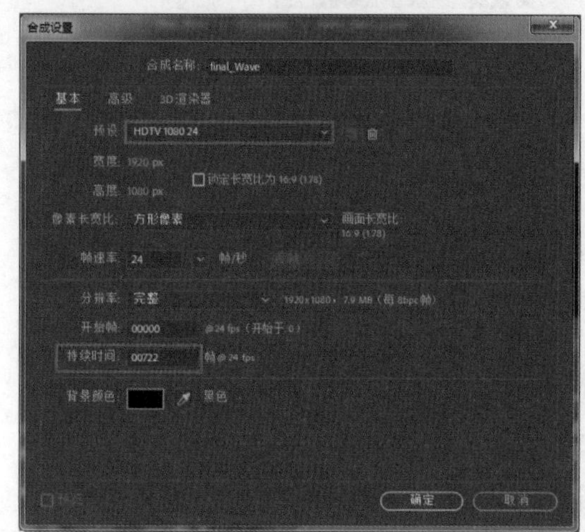


图 14.28

图 14.29

Step11 在时间线窗口中选中 BG 层，选择菜单栏中的“效果\生成\梯度渐变”命令，为其添加 Ramp 滤镜，在效果控件窗口中调整参数，并设置“起始颜色”和“结束颜色”的颜色为天蓝色和深蓝色，如图 14.30 所示。

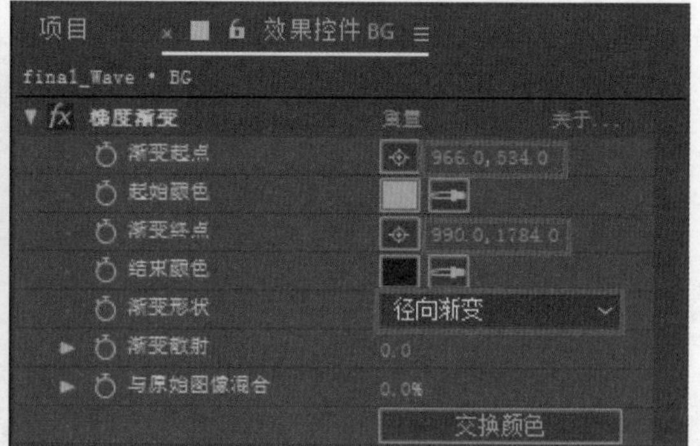


图 14.30

Step12 添加波纹元素到场景中。在项目窗口中选中 final_Wave 层，将其拖放到时间线窗口中 4 次，产生 4 个 final_Wave 层，如图 14.31 所示。

Step13 分别调整 final_Wave2、3、4 层在合成窗口中的位置，如图 14.32 所示。

图 14.31

图 14.32

Step14 创建摄像机。选择菜单栏中的“图层\新建\摄像机”命令，新建一个摄像机层 Camera1，如图 14.33 所示。

Step15 单击工具栏中的■工具，在合成窗口中按住鼠标左键后拖动调整摄像机视角。查看此时合成窗口的效果，如图 14.34 所示。

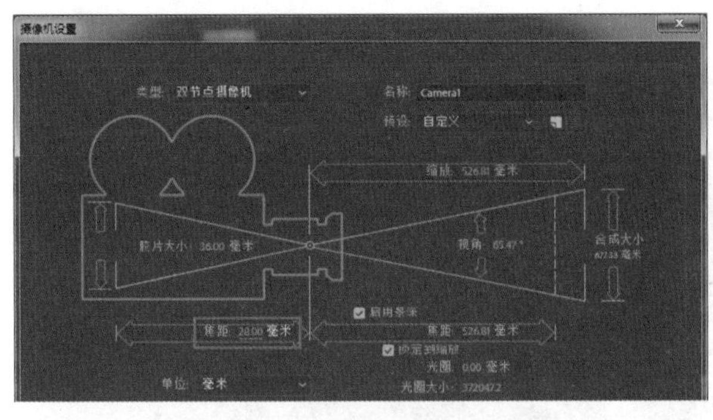


图 14.33

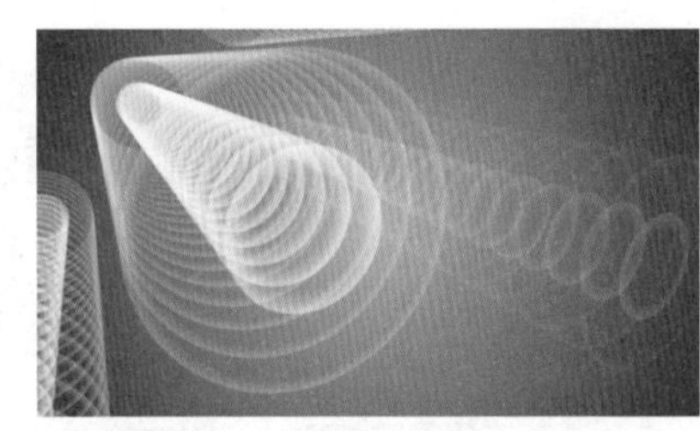

图 14.34

Step16 给背景调色。选择菜单栏中的“图层\新建\调整图层”命令，新建一个调整图层。选中调整图层，选择菜单栏中的“效果\颜色校正\曲线”命令，为其添加曲线滤镜，在效果控件窗口中调整曲线的形状，如图 14.35 所示。此时画面的对比度有所增强，如图 14.36 所示。

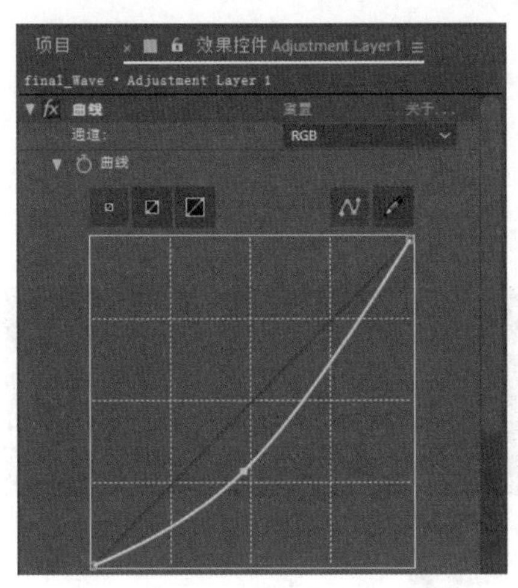


图 14.35

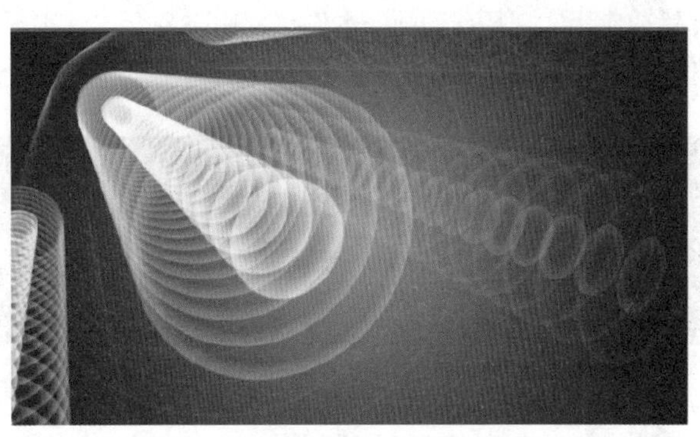

图 14.36

Step17 在时间线窗口中选中调节层，选择菜单栏中的“效果\风格化\发光”命令，为其添加发光滤镜，在效果控件窗口中设置参数，如图 14.37 所示。

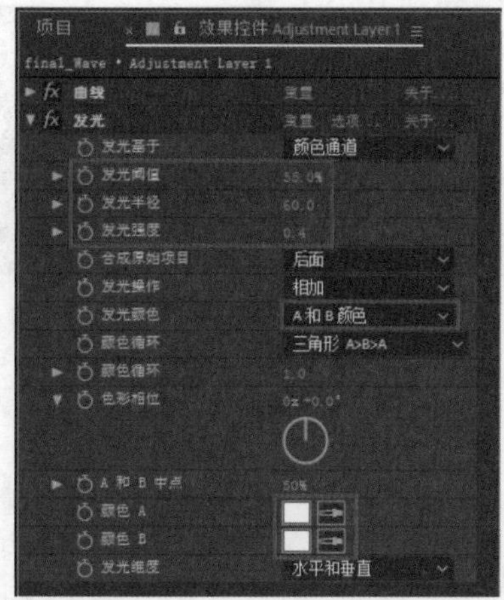

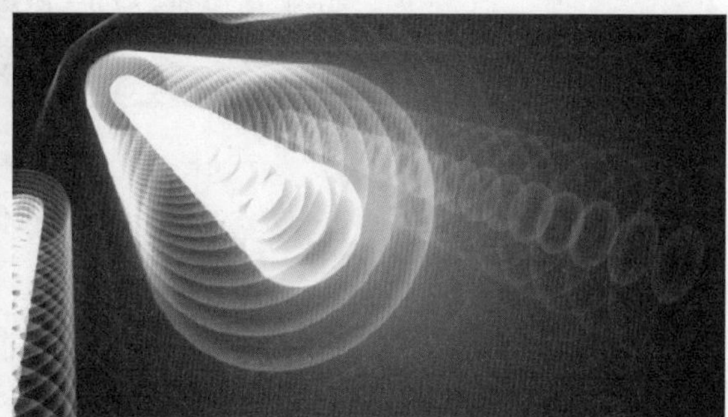

图 14.37

Step18 按数字 0 键预览最终效果，如图 14.38 所示。

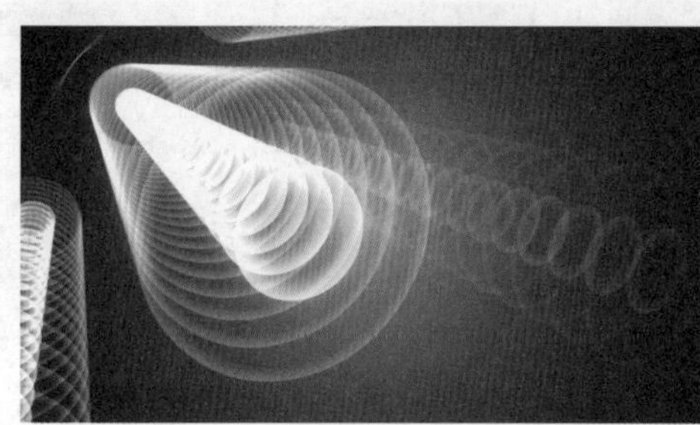
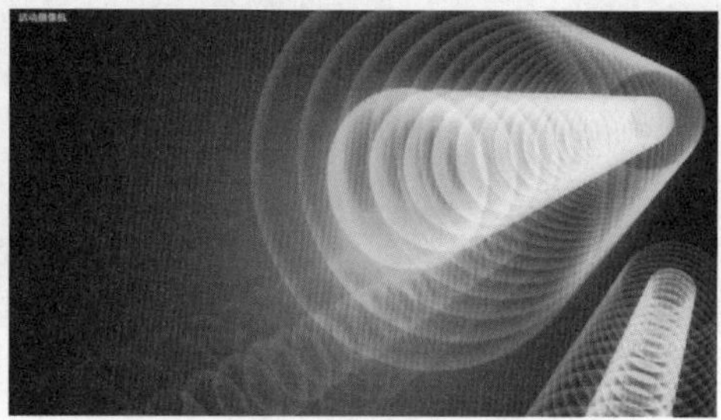

图 14.38

## 14.3 星球动画

本节主要学习如何利用平面素材制作三维球体的动画效果，可通过 CC Sphere、发光、Invert 等滤镜的应用实现星球动画。本例将利用嵌套合成，实现星球的制作，然后通过图层的叠加完成场景的制作，并为星球制作光效以及旋转动画，如图 14.39 所示。

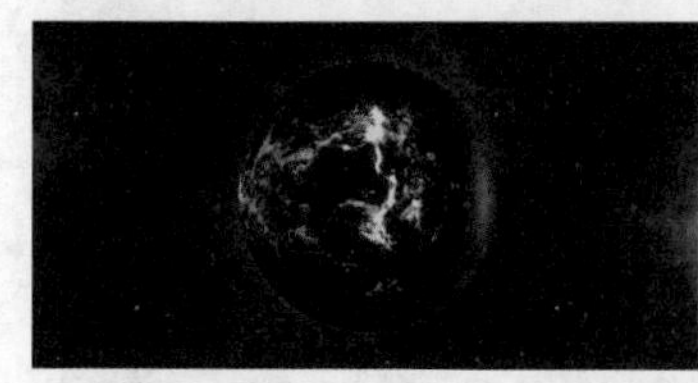
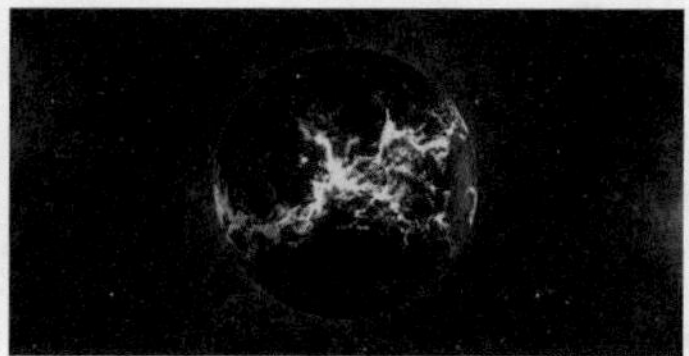
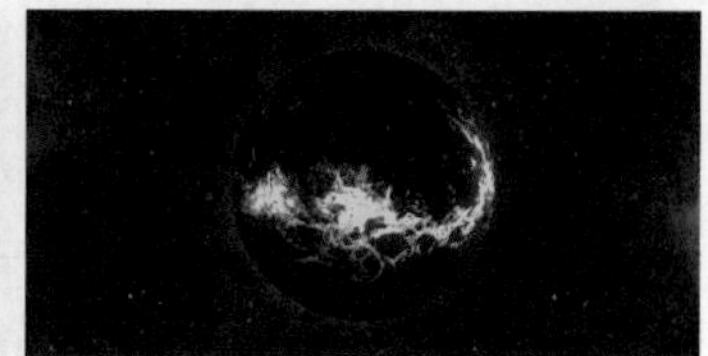

图 14.39

Step01 启动 AE，选择菜单栏中的“合成\新建合成”命令，新建一个合成窗口，命名为“星球”。在项目窗口中双击，导入本书素材中的 venusmap.jpg、spaceBG.jpg、venusbump.jpg 文件，并将 venusmap.jpg 从项目窗口中拖到时间线窗口，如图 14.40 所示。

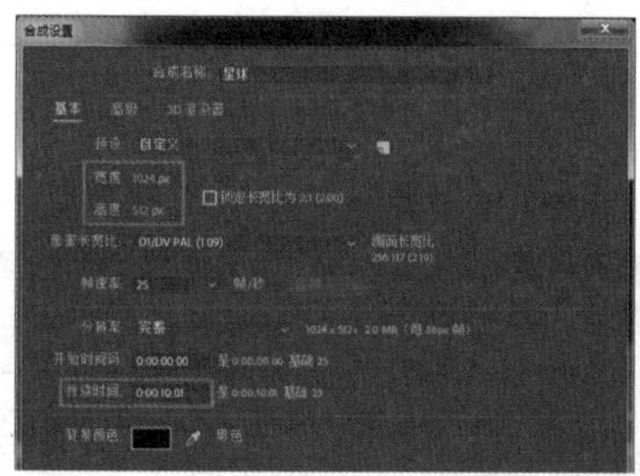
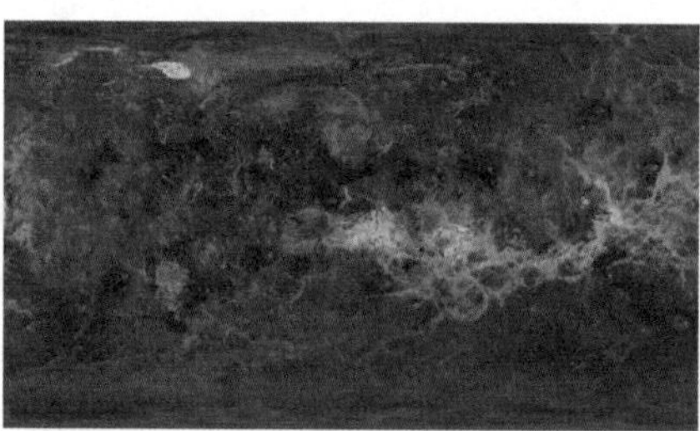

图 14.40

Step02 嵌套合成。在时间线窗口中选中 venusmap.jpg 层，按组合键 Ctrl+Shift+C 将此图层作为一个合成嵌套进来，如图 14.41 所示。

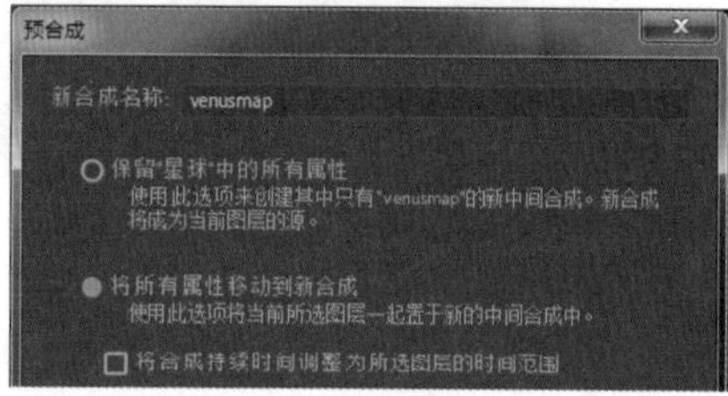


图 14.41

Step03 双击 venusmap 合成，进入其合成窗口。选中 venusmap.jpg 层，选择菜单栏中的“效果 \ 颜色校正 \ 色相 / 饱和度”命令，为其添加色相 / 饱和度滤镜，在效果控件窗口中调整其参数，如图 14.42 所示。查看此时合成窗口的效果，如图 14.43 所示。

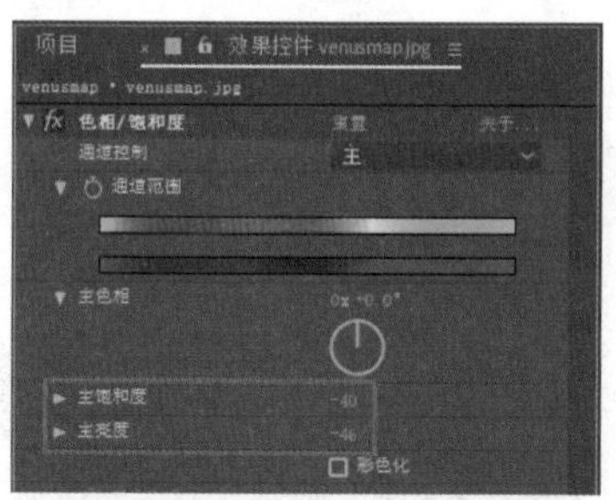


图 14.42

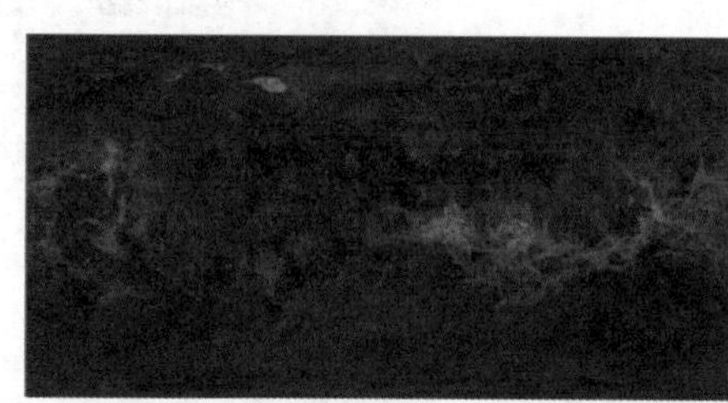

图 14.43

Step04 制作星球。回到“星球”合成窗口中，在效果控件窗口的输入栏中输入 CC Sphere，系统将自动寻找到 CC Sphere 滤镜。选中 CC Sphere 并将其拖放到时间线窗口中的 venusmap 层上。在效果控件窗口中调整参数，如图 14.44 所示。

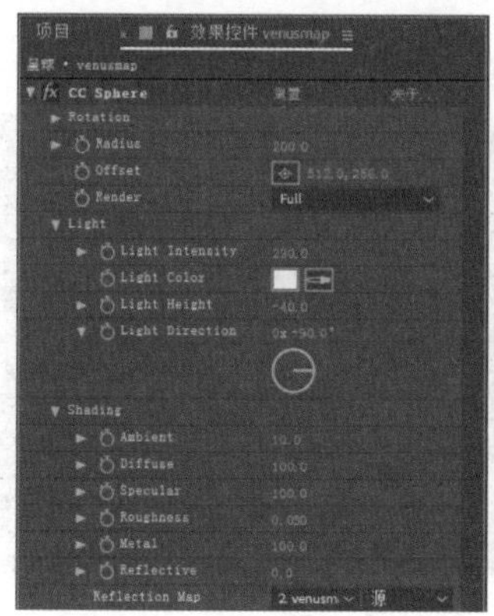

图 14.44

Step 05 在时间线窗口中选中 venusmap 层，按组合键 Ctrl+D 进行复制，并调整复制出的新图层的叠加模式为“屏幕”。之后在效果控件窗口中调整 Light Height 的值为 40，Light Direction 的值为 -85，如图 14.45 所示。

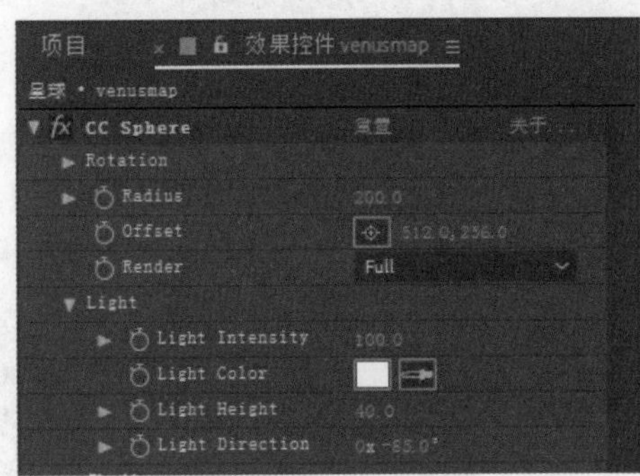

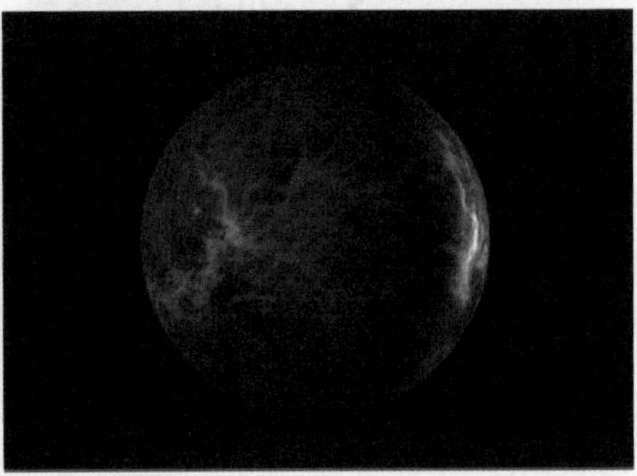

图 14.45

Step 06 将 spaceBG.jpg 文件从项目窗口拖到时间线窗口中作为背景，如图 14.46 所示。

Step 07 制作星球纹理。按组合键 Ctrl+N 新建一个合成，命名为 map。将项目窗口的 venusbump.jpg 文件拖到时间线窗口中。选中 venusbump.jpg 层，选择菜单栏中的“效果 \ 通道 \ 反转”命令，将图像颜色反向，如图 14.47 所示。

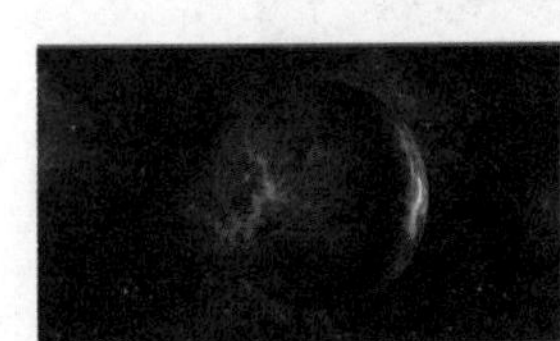

图 14.46

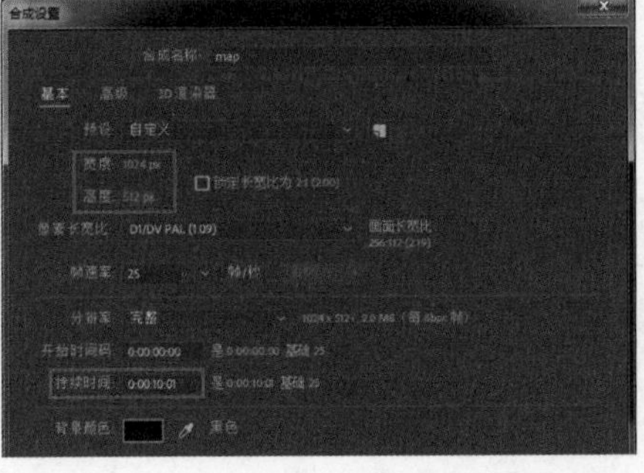
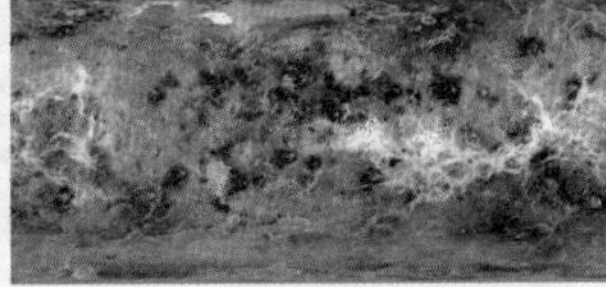

图 14.47

Step 08 选中 venusbump.jpg 层，选择菜单栏中的“效果 \ 颜色校正 \ 曲线”命令，为其添加曲线滤镜。在效果控件窗口中调整曲线的形状，如图 14.48 所示。

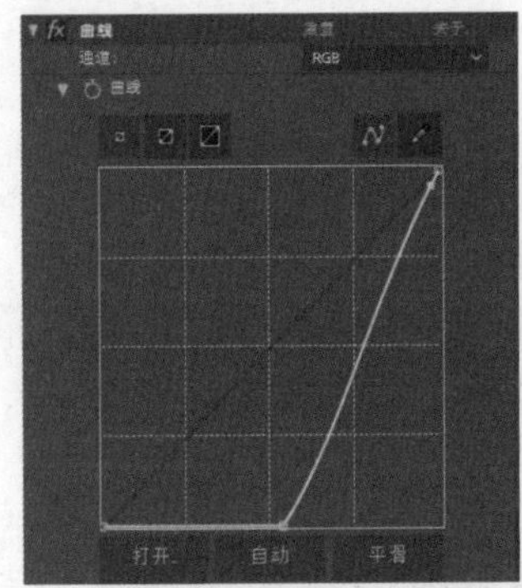

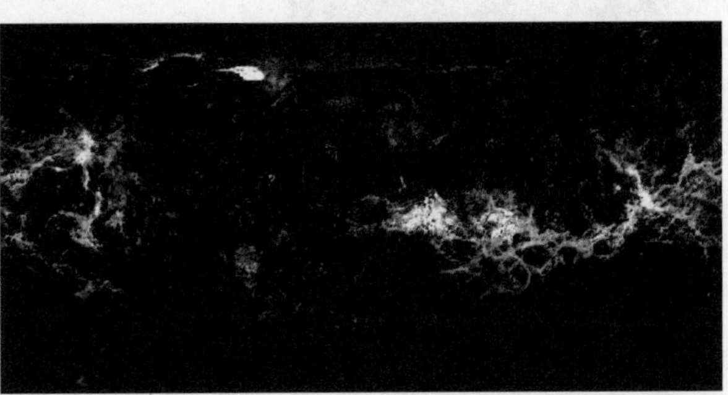

图 14.48

Step09 选择菜单栏中的“效果 \ 颜色校正 \ 色调”命令，为其添加色调滤镜，并在效果控件窗口中调整参数，如图 14.49 所示。查看此时合成窗口的效果，如图 14.50 所示。

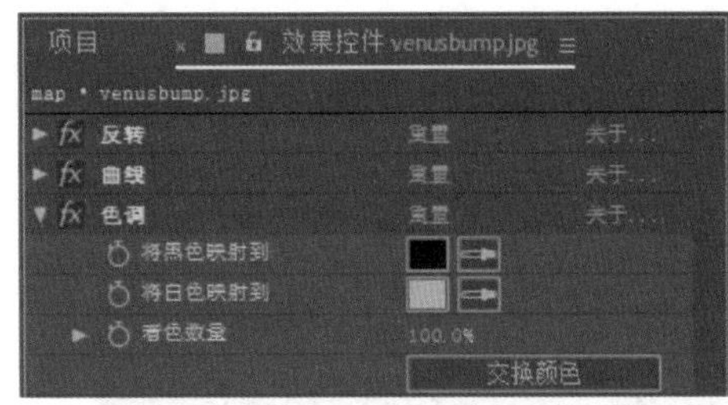


图 14.49

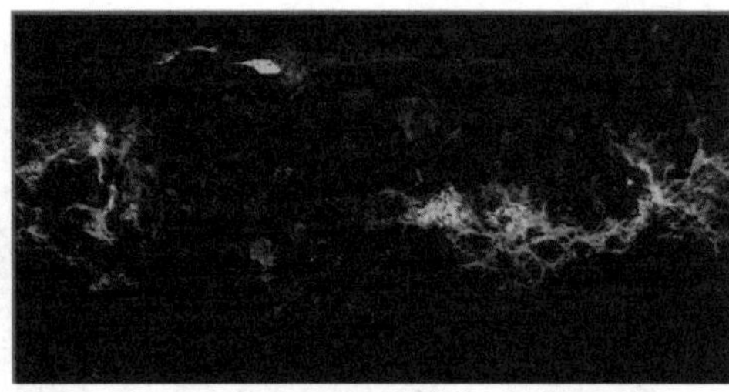

图 14.50

Step10 选中 venusbump.jpg 层，按组合键 Ctrl+D 复制。选中复制出的新层，在效果控件窗口中将色调滤镜删除。之后设置图层的 TrkMat 选项为 Luma Matte，如图 14.51 所示。查看此时合成窗口的效果，如图 14.52 所示。

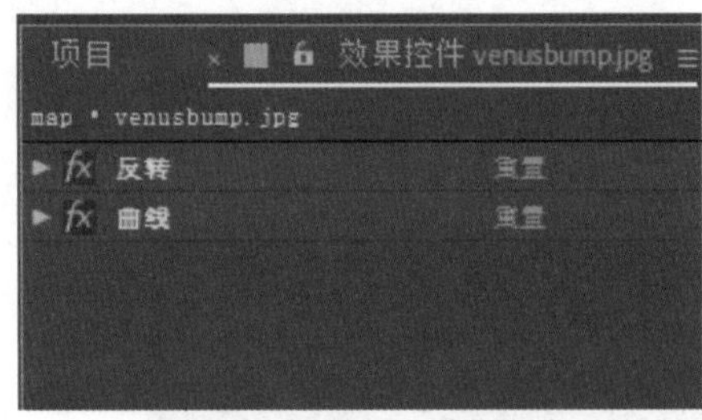


图 14.51

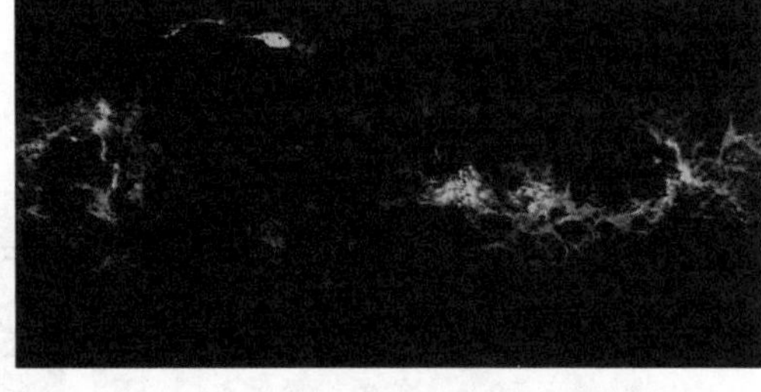

图 14.52

Step11 回到“星球”合成窗口，将项目窗口中的 map 拖到时间线窗口中。选中 map 层，选择菜单栏中的“效果 \ 透视 \CC Sphere”命令，为其添加 CC Sphere 滤镜。在效果控件窗口中调整参数，如图 14.53 所示。

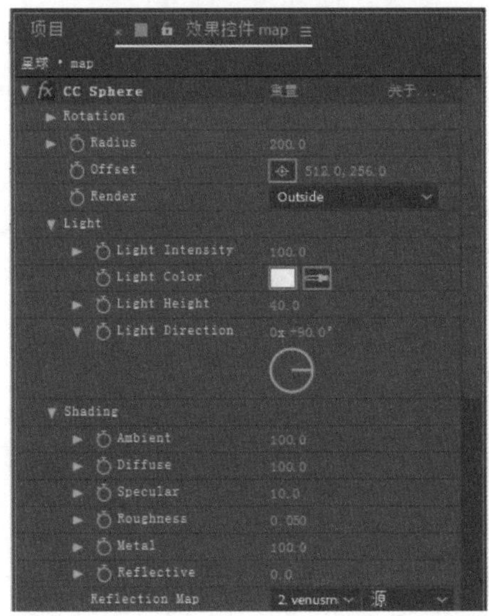


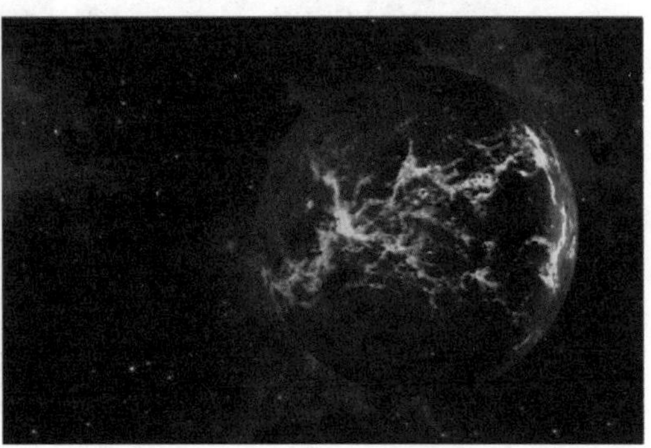

图 14.53

Step 12 制作光效。在时间线窗口中选中底下的 venusmap 层，选择菜单栏中的“效果\颜色校正\曲线”命令，为其添加曲线滤镜并调整曲线的形状，如图 14.54 所示。查看此时合成窗口的效果，如图 14.55 所示。

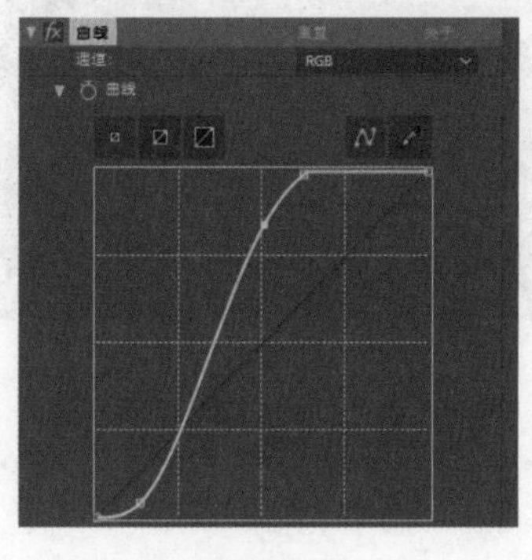


图 14.54

图 14.55

Step 13 选择菜单栏中的“效果\风格化\发光”命令，为其添加发光滤镜。在效果控件窗口中调整参数，如图 14.56 所示。

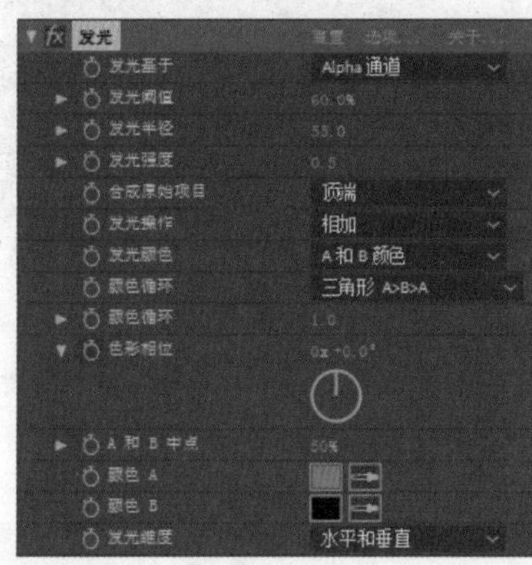


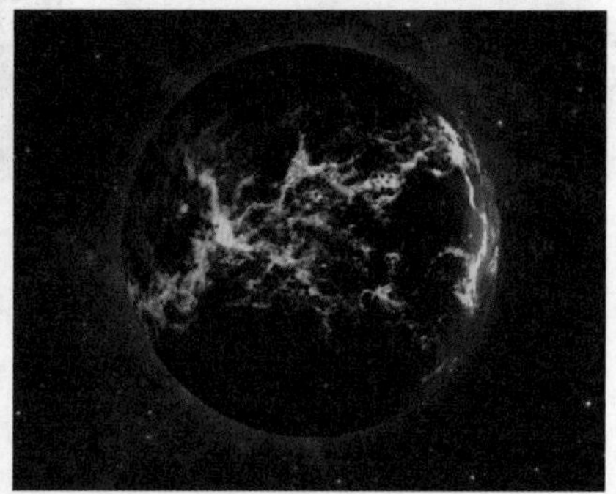

图 14.56

Step 14 选中 map 层，选择菜单栏中的“效果\风格化\发光”命令，为其添加发光滤镜，使星球的纹理产生自发光效果，如图 14.57 所示。查看此时合成窗口的效果，如图 14.58 所示。

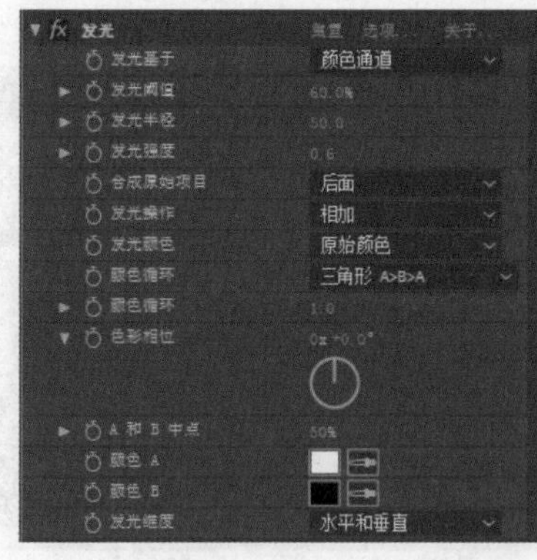


图 14.57

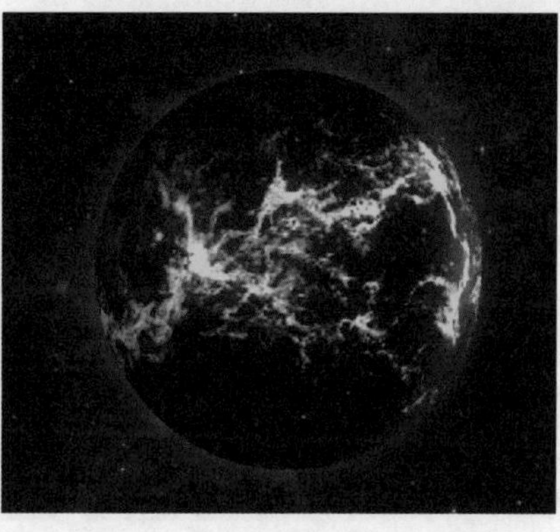

图 14.58

Step15 制作动画。选中 map 层，展开 CC Sphere 滤镜的旋转属性，单击 RotationY 左侧的按钮为其记录关键帧，使星球转动，如图 14.59 所示。

图 14.59

Step16 按数字 0 键预览最终效果，如图 14.60 所示。

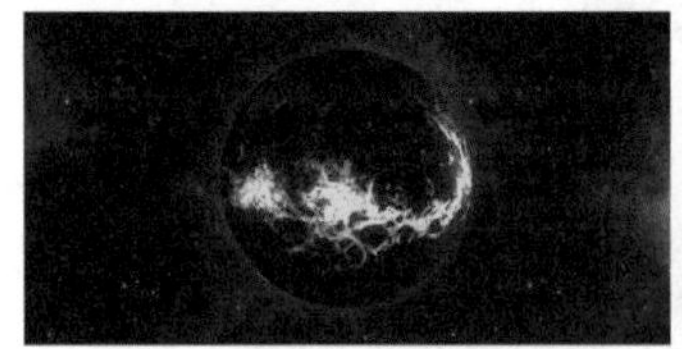
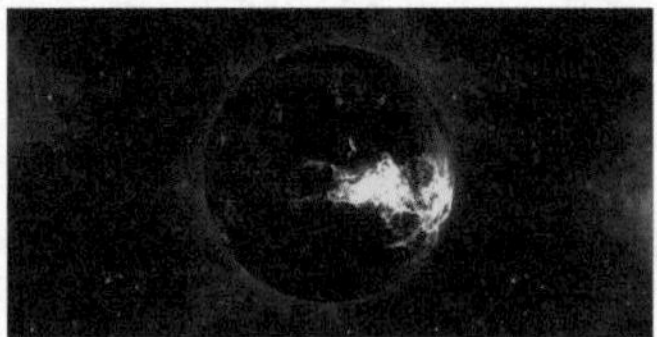
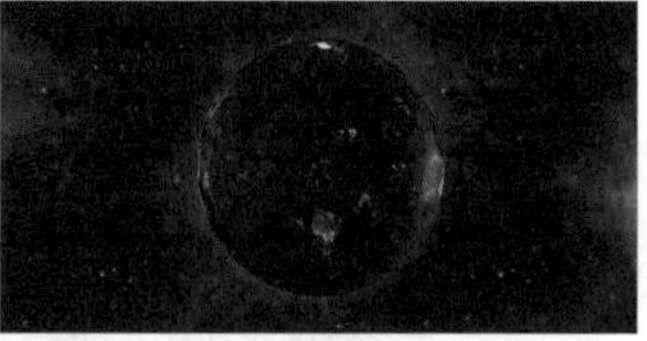

图 14.60

## 14.4 粒子汇聚

在 AE 中不仅可以制作二维粒子，同样也可以制作真实的三维粒子效果。本节将用到 Trapcode 公司非常强大的 Particular（三维粒子）插件，制作出非常震撼的粒子动画效果，如图 14.61 所示。

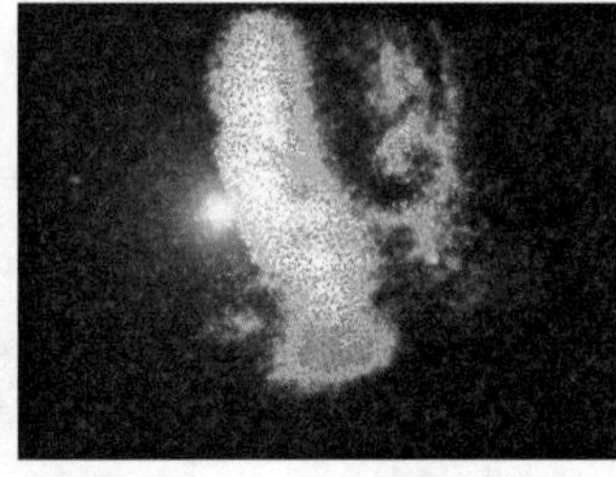

图 14.61

Step01 创建 Text 合成。启动 AE，选择菜单栏中的“合成 \ 新建合成”命令，新建一个合成窗口，命名为 source，如图 14.62 所示。

Step02 在项目窗口中双击，导入本书素材中的“第 7 章 \ 粒子汇聚 \ 图层 1\ 机械人 .psd”文件，将项目窗口中的“图层 1/ 机械人 .psd”文件拖放到 source 合成的时间线窗口中。再次选择菜单栏中的“合成 \ 新建合成”命令，新建一个合成，命名为“飞散”。将项目窗口中的“图层 1/ 机械人 .psd”文件拖放到“飞散”合成的时间线窗口中。

Step03 为文字添加特效。在时间线窗口中选中“图层 1/ 机械人 .psd”层，选择菜单栏中的“效果 \ 模拟 \CC Pixel Polly”命令，为其添加 CC Pixel Polly 滤镜，在效果控件窗口中调整参数，为 CC

Pixel Polly 滤镜设置关键帧，如图 14.63 所示。

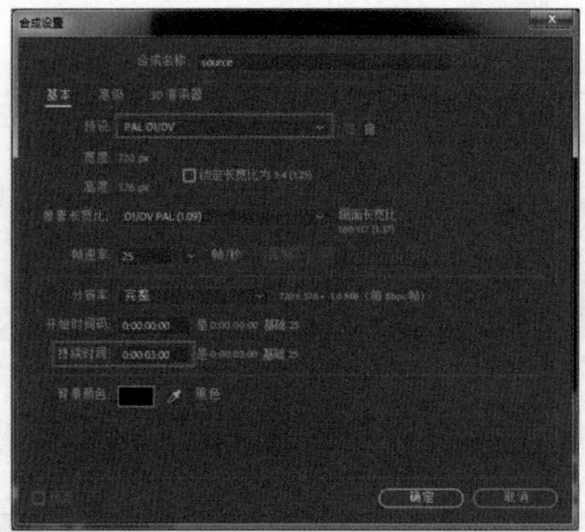

图 14.62

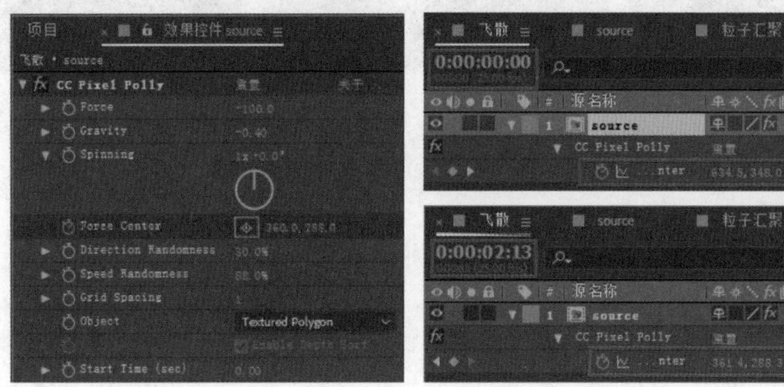

图 14.63

Step04 选中“图层 1/ 机械人 .psd”层，选择菜单栏中的“效果 \ 风格化 \ 发光”命令，为其添加发光滤镜，在效果控件窗口中调整参数，如图 14.64 所示。为发光滤镜参数设置关键帧动画，如图 14.65 所示。

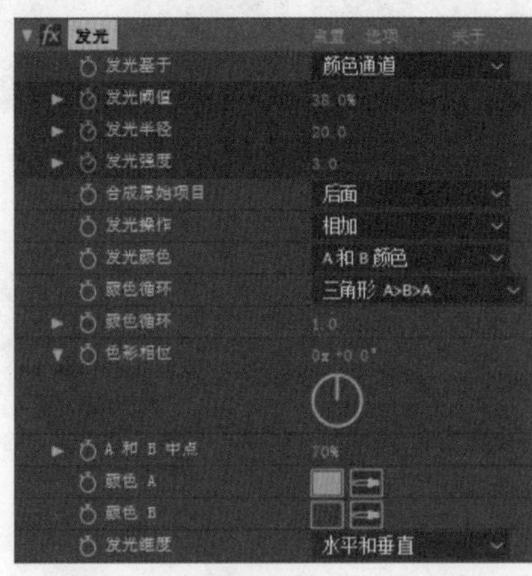

图 14.64

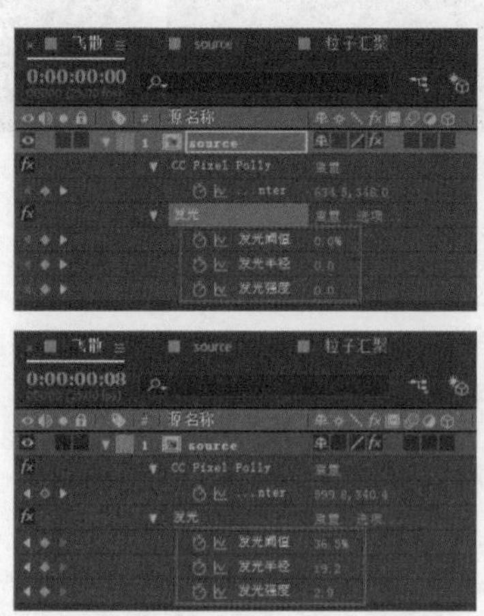

图 14.65

Step05 按数字 0 键预览效果，如图 14.66 所示。

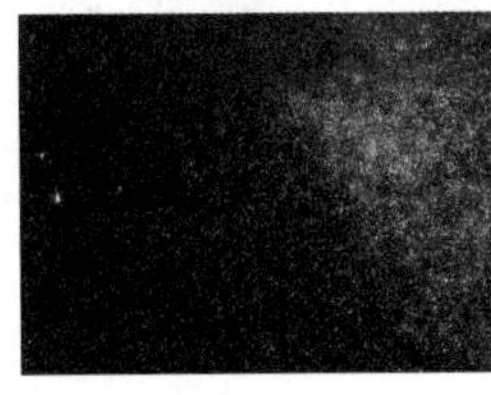
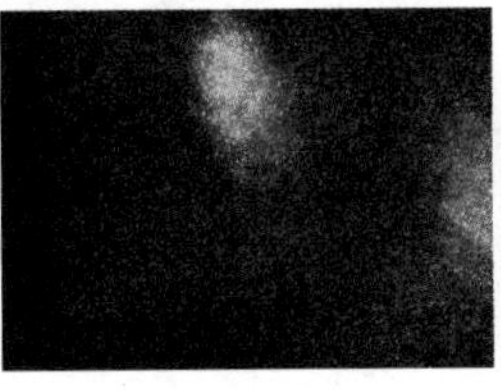

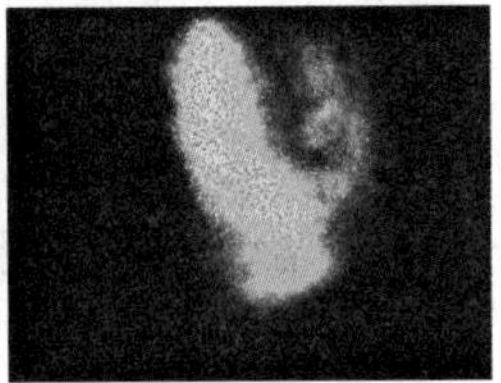

图 14.66

Step06 反转动画。新建一个合成窗口，命名为“粒子汇聚”，如图 14.67 所示。

Step07 将项目窗口中的“飞散”层拖到粒子汇聚合成的时间线窗口中，选中“飞散”层，之后选择菜单栏中的“时间\启用时间重映射”命令，并在时间线窗口中调整 Remapping 动画曲线，如图 14.68 所示。

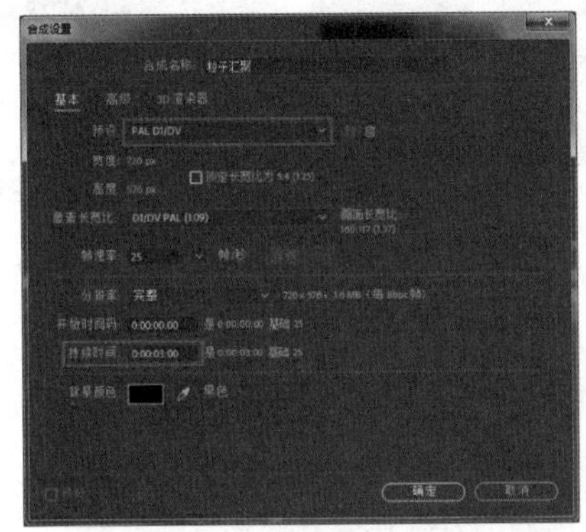

图 14.67

图 14.68

Step08 制作镜头光晕。选择菜单栏中的“图层\新建\纯色”命令，新建一个固态层，命名为 Lens，如图 14.69 所示。选中 Lens 层，选择菜单栏中的“效果\生成\镜头光晕”命令，为其添加镜头光晕滤镜，并在效果控件窗口中调整参数，如图 14.70 所示。

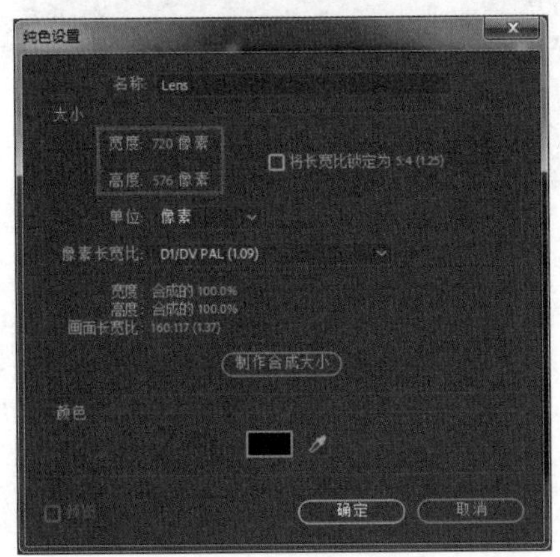


图 14.69

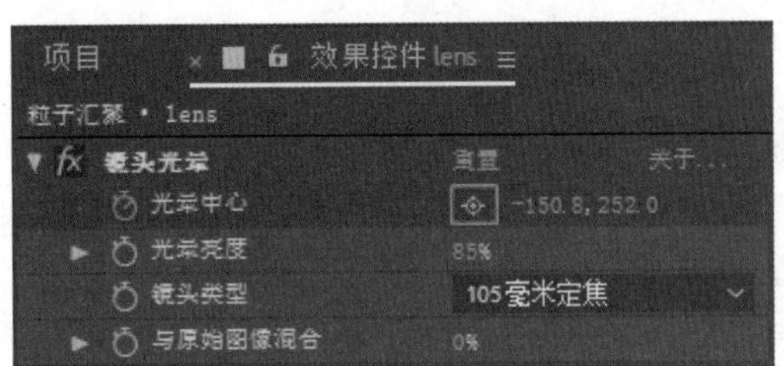


图 14.70

Step09 为光晕制作位移动画。为镜头光晕滤镜的位置属性设置关键帧，在时间 0:00:02:03 处和时间 0:00:02:13 处设置参数，如图 14.71 所示。

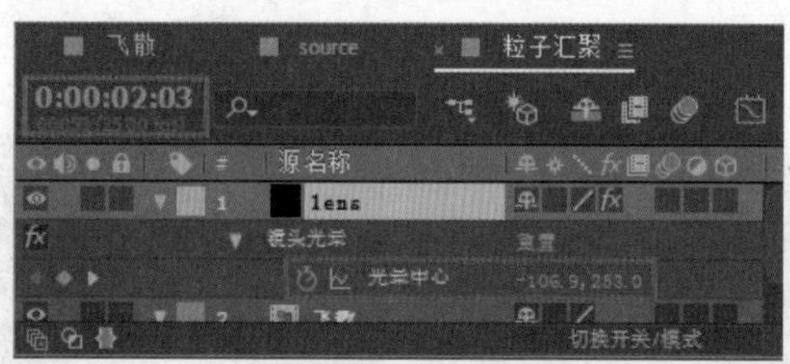

图 14.71

Step10 按数字 0 键预览最终效果，如图 14.72 所示。

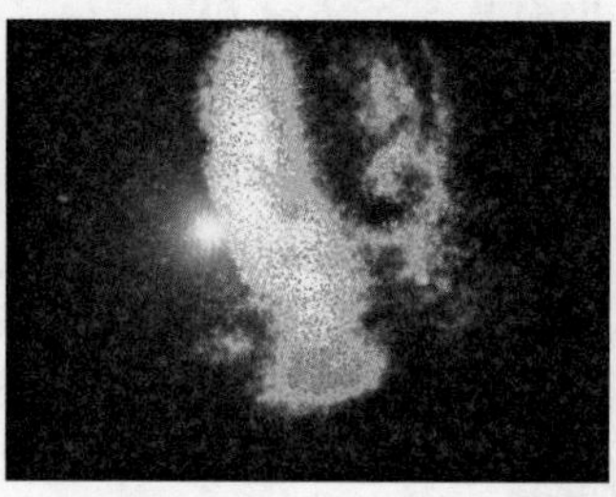

图 14.72

## 14.5 火舌特效

火舌是影视后期制作中常用的特效，本节以最简捷、最高效的方法在原视频素材的基础上制作出逼真的火舌动画效果。本例将使用 Add Marker 命令在特定时间处的图层上添加标记，并在标记的时间处制作从枪口喷出的火舌效果，如图 14.73 所示。

图 14.73

Step01 启动 AE，选择菜单栏中的“合成 \ 新建合成”命令，新建一个合成窗口，命名为“枪手”，如图 14.74 所示。选择菜单栏中的“文件 \ 导入 \ 文件”命令，导入配套素材中的 Glock.mov 和 smoke_[00000-00211].png 序列文件。将它们拖到时间线窗口中，并将 smoke_[00000-00211].png 层放在上方。

Step02 在时间线窗口中选中 smoke.png 层，按 S 键展开 smoke.png 层的“缩放”属性列表，再按下组合键 Shift+T，在展开“缩放”属性列表的同时展开“不透明度”属性列表，分别调整它们的参数值。拖动时间滑块进行预览，可见当时间滑块拖动到 0:00:01:23 处时枪手出现在画面中，并且开始举枪射击。按 [ 键，将 smoke_[00000- 00211].png 层的起始点定在时间 0:00:01:23 处，如图 14.75 所示。

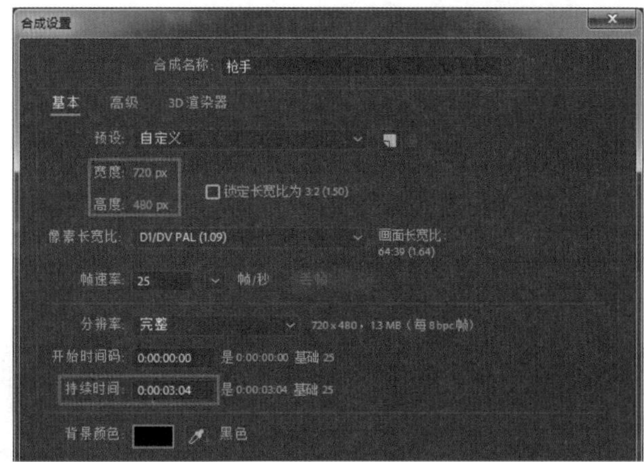


图 14.74

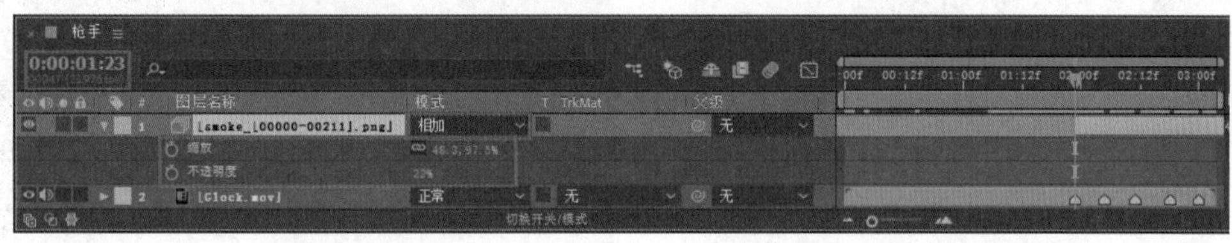


图 14.75

Step03 选择菜单栏中的“图层\添加标记”命令，在 Glock.mov 图层上添加标记，如图 14.76 所示。

图 14.76

Step04 制作火舌。在时间线窗口中右击，在弹出的快捷菜单中选择“新建\纯色”选项，新建一个固态层，命名为 Fire，如图 14.77 所示。在时间线窗口中将 Fire 层出入的时间长度调整为 1 帧，并将其拖动到第一个标记的时间处，如图 14.78 所示。

图 14.77

图 14.78

图 14.79

Step05 选中 Fire 层，将时间滑块拖放至第一个标记处，单击工具栏中的工具，在合成窗口中绘制一个遮罩，如图 14.79 所示。

Step06 选中 Fire 层，选择菜单栏中的“效果\扭曲\湍流置换”命令，为其添加湍流置换滤镜。在效果控件窗口中调整参数，如图 14.80 所示。查看此时合成窗口的效果，如图 14.81 所示。

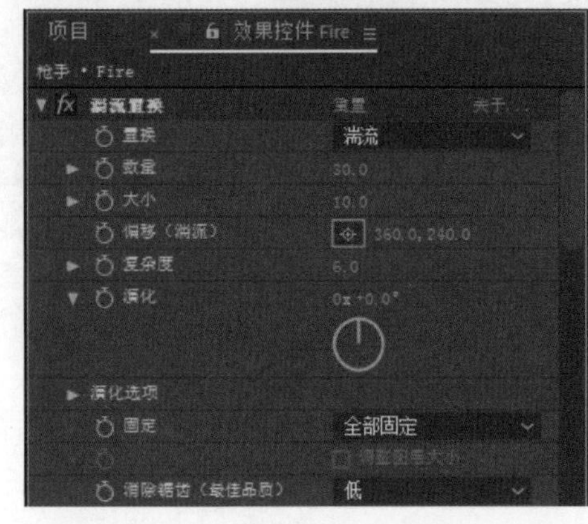


图 14.80

图 14.81

Step07 选择菜单栏中的“效果\模糊和锐化\CC Radial Fast Blur”命令，为其添加 CC Radial Fast Blur 滤镜，在效果控件窗口中调整参数，如图 14.82 所示。查看此时合成窗口中的效果，如图 14.83 所示。

图 14.82

图 14.83

Step08 选择菜单栏中的“效果\风格化\发光”命令，为其添加发光滤镜，在效果控件窗口中调整参数，如图 14.84 所示。查看此时合成窗口中的效果，如图 14.85 所示。

Step09 再次为 Fire 添加湍流置换滤镜，在效果控件窗口中调整参数，如图 14.86 所示。查看此时合成窗口中的效果，如图 14.87 所示。

Step10 制作闪光层。在时间线窗口右击，在弹出的快捷菜单中选择“新建\纯色”选项，新建一个固态层，设置其颜色为橙色。单击工具栏中的工具，在合成窗口中绘制一个遮罩，并设置其“遮罩羽化”的值为 190，层的叠加模式为“相加”，如图 14.88 所示。查看此时合成窗口效果，如图 14.89 所示。

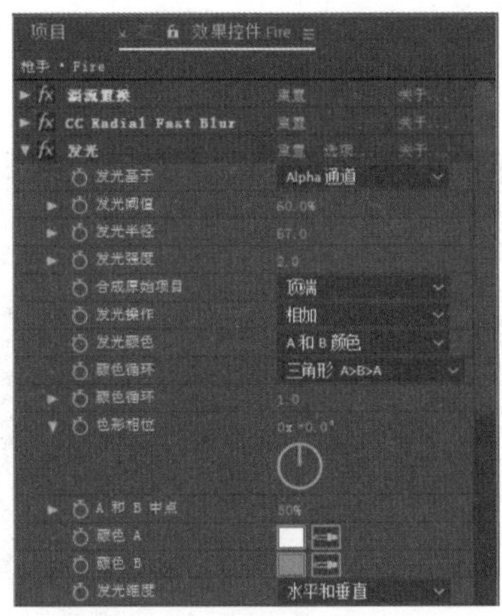


图 14.84

图 14.85

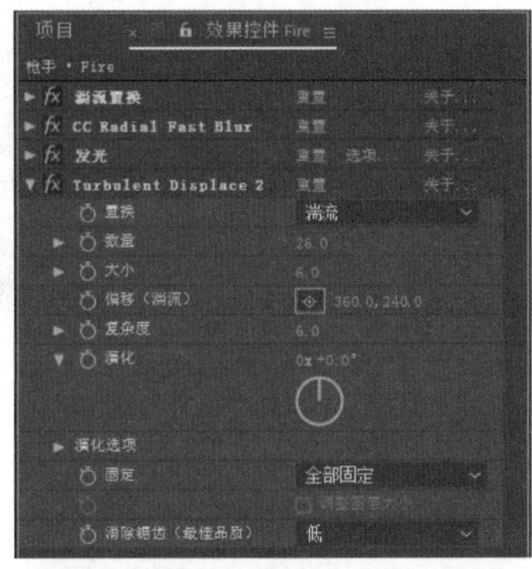


图 14.86

图 14.87

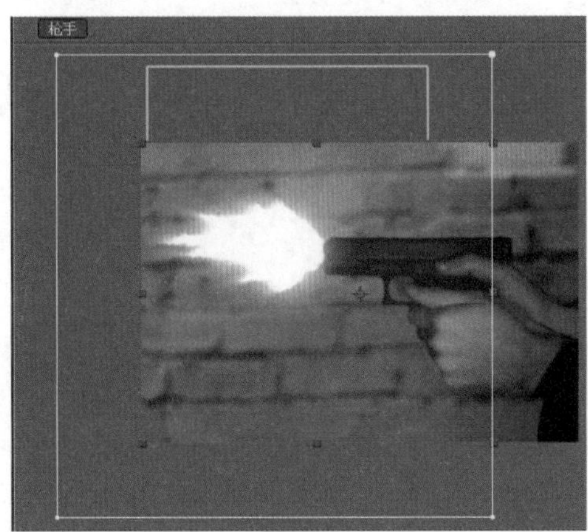


图 14.88

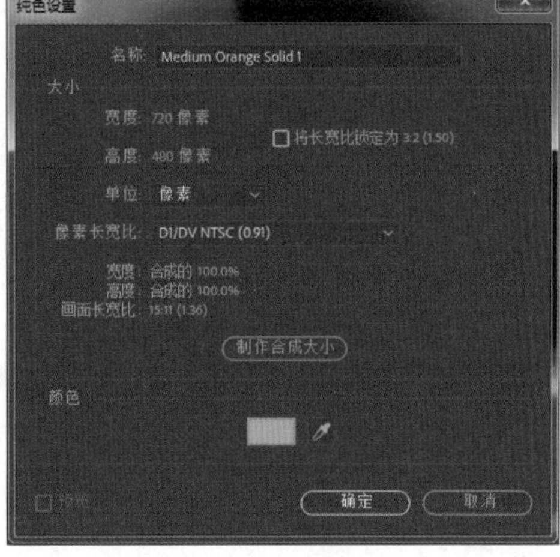


图 14.89

Step 11 在时间线窗口中分别选中 Fire 和 Medium Orange Solid 1 层，按组合键 Ctrl+D 对其进行复制，并将复制出的新层的出入时间拖动到有标记的时间处，如图 14.90 所示。

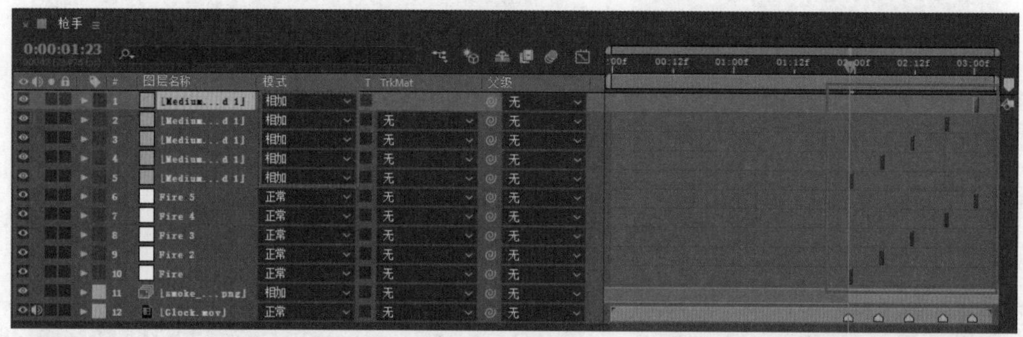

图 14.90

Step 12 按数字 0 键预览最终效果，如图 14.91 所示。

图 14.91

# 第 15 章 After Effects 电影合成技术

## 15.1 局部校色

在影视制作中，画面色彩的校正是一项非常重要的工作。利用 AE 的色彩修正滤镜可以通过简单的调节生成非常震撼的视觉效果。本节主要练习使用钢笔工具在图层上绘制遮罩，利用遮罩在画面中形成选区，为图层添加曲线、色调滤镜，对遮罩所划定的区域的画面进行调色，如图 15.1 所示。

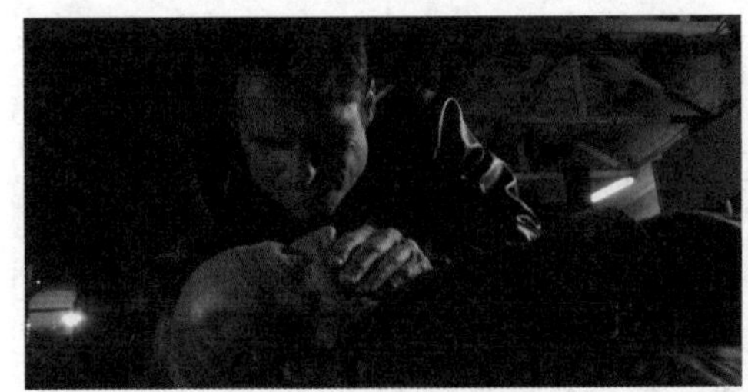

图 15.1

Step01 启动 AE，选择菜单栏中的“合成\新建合成”命令，新建一个合成窗口，命名为“局部校色”。在项目窗口中双击，导入本书素材中的 sin_city_look.mov 文件，如图 15.2 所示。

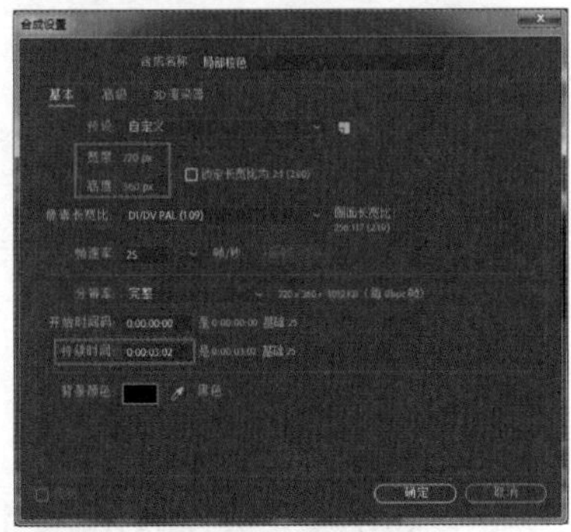

图 15.2

Step02 将 sin_city_look.mov 从项目窗口拖到局部校色的时间线窗口中三次，设置图层 1 的图层叠加模式为“颜色”，如图 15.3 所示。

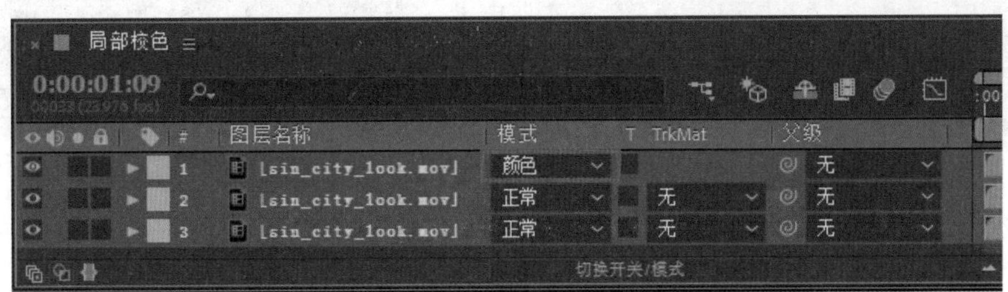


图 15.3

**Step03** 为画面调色。单击上面两个图层的，关闭图层的显示属性。选中图层 3，选择菜单栏中的“效果\颜色校正\色调”命令，在效果控件窗口中调整滤镜参数，如图 15.4 所示。图 15.5 所示为合成窗口的效果。

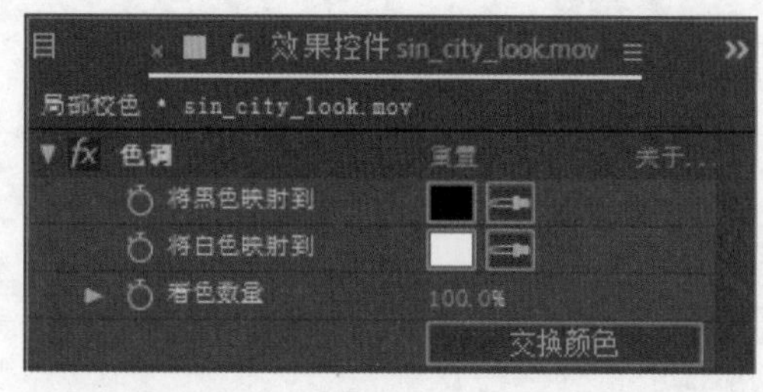


图 15.4

图 15.5

**Step04** 选择菜单栏中的“效果\颜色校正\曲线”命令，为图层 3 添加曲线调节滤镜，调整曲线的形状，如图 15.6 所示。图 15.7 所示为合成窗口的效果。

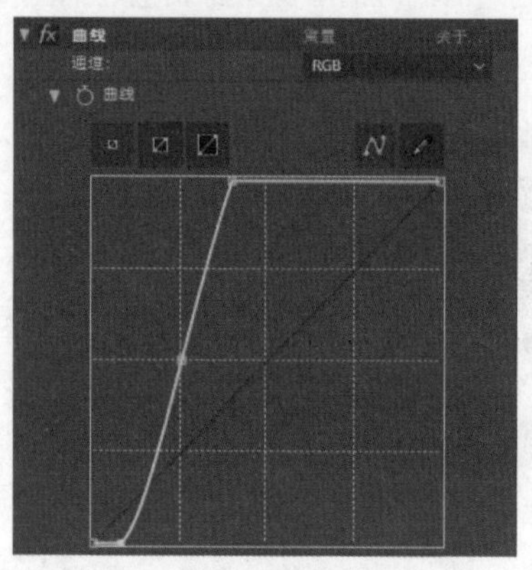


图 15.6

图 15.7

**Step05** 制作遮罩。单击图层 1 和图层 3 的，关闭图层的可见属性。选中图层 2，单击工具栏中的工具，在合成窗口中画一个遮罩，调整遮罩的参数，如图 15.8 所示。

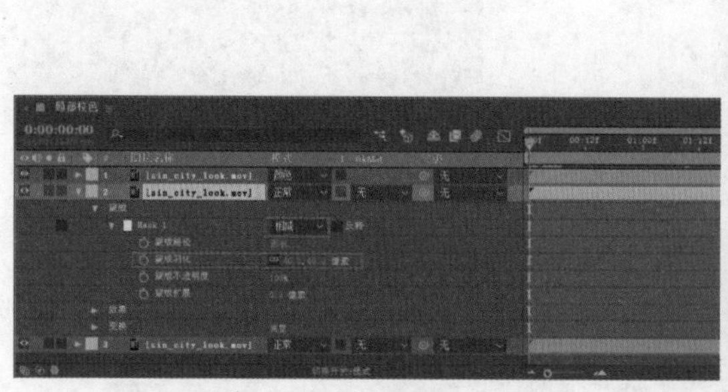

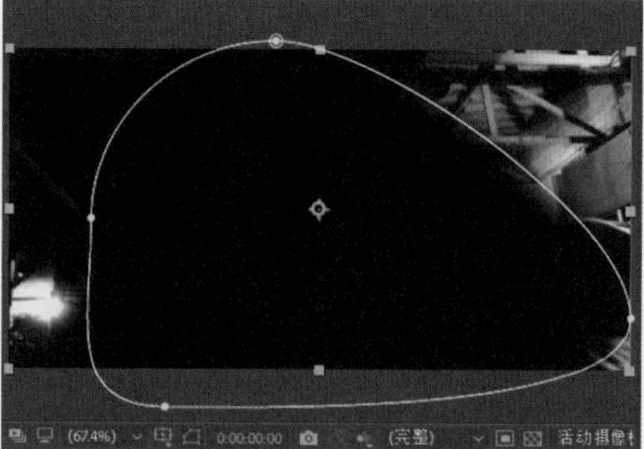


图 15.8

**Step06** 为图层 2 添加曲线滤镜，如图 15.9 所示。

Step07 为主角调色。选中图层 1，单击工具栏中的工具，在合成窗口中画一个遮罩，调整遮罩的形状，如图 15.10 所示。

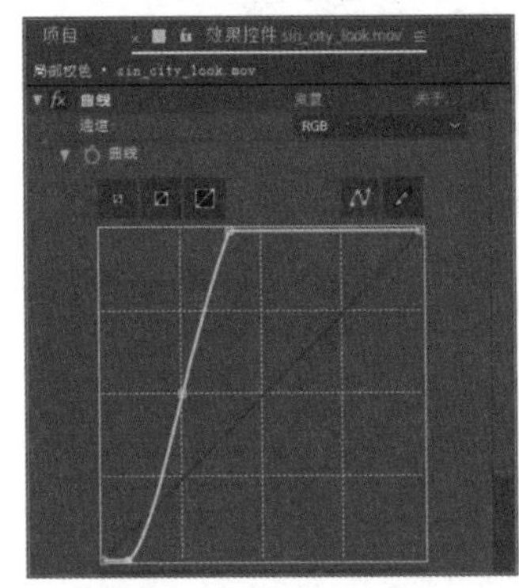

图 15.9

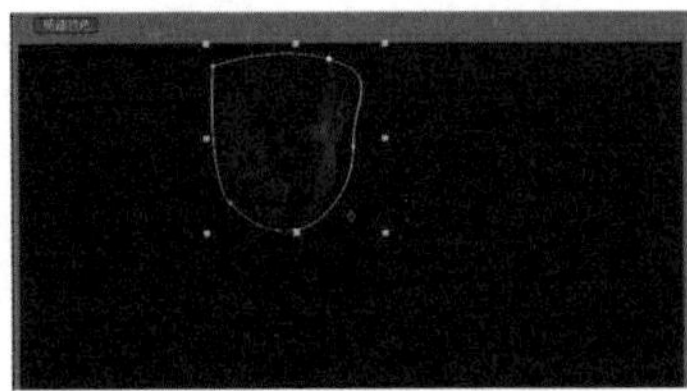

图 15.10

Step08 选中图层 1，选择菜单栏中的“效果 \ 颜色校正 \ 曲线”命令，为其添加曲线调节滤镜，调整曲线的形状，如图 15.11 所示。

图 15.11

Step09 为遮罩制作关键帧。将所有的图层显示属性打开。选中图层 1，展开其图层属性列表，单击“蒙版路径”前面的按钮，为遮罩打上关键帧。分别拖动时间滑块，根据人物在画面中的移动调整遮罩的位置。在视图中调节遮罩的位置和形状，让遮罩和人脸的移动匹配，并自动记录关键帧，如图 15.12 所示。

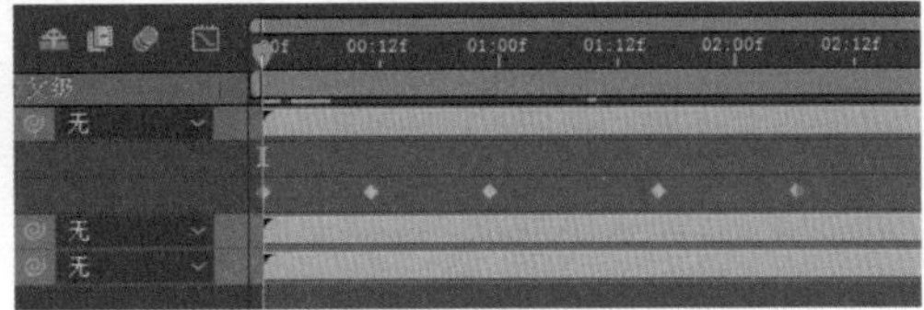

图 15.12

Step10 此时按数字 0 键进行预览，如图 15.13 所示。

图 15.13

## 15.2 街景合成动画

本节主要介绍如何以合成平面图像中事物的透视关系，制作出一个逼真的三维场景，并通过在场景中建立灯光和摄像机，使场景中的文字产生真实的阴影，最终为灯光制作位移动画，使阴影也随之产生动画效果，如图 15.14 所示。

图 15.14

Step01 启动 AE，在项目窗口中双击，导入本书素材中的 ny_medium .jpg 文件，如图 15.15 所示。

Step02 在项目窗口中选中 ny_medium.jpg 文件，将其拖到项目窗口底部的按钮上，创建一个合成，命名为“街头”。按组合键 Ctrl+K 对合成进行相应设置，如图 15.16 所示。

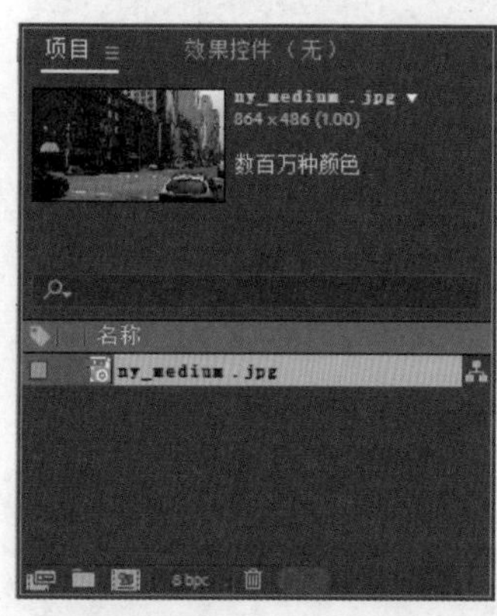


图 15.15

图 15.16

Step03 制作背景。选择菜单栏中的“图层 \ 新建 \ 纯色”命令，新建一个白色的固态层，命名为 BG。打开 BG 层的三维属性开关，单击工具栏中的工具，在合成窗口中对其进行旋转，如图 15.17 所示。

图 15.17

Step04 添加摄像机。选择菜单栏中的“图层\新建\摄像机”命令，新建一个摄像机层 Camera1，如图 15.18 所示。

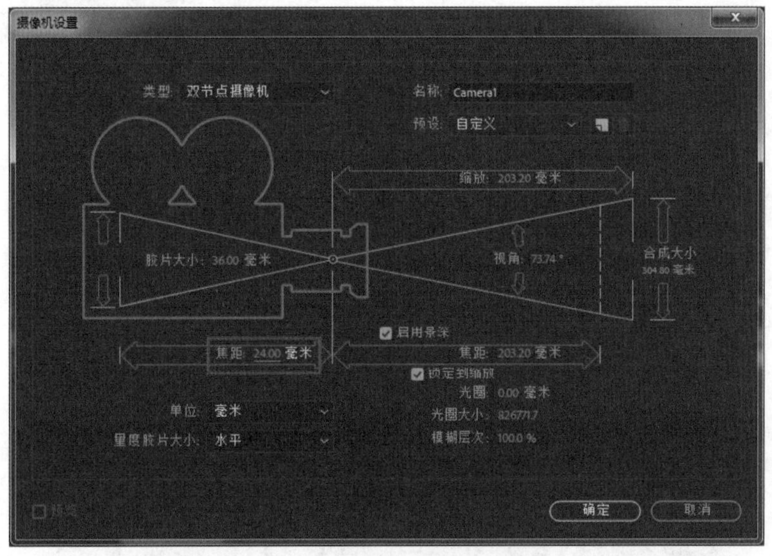


图 15.18

Step05 在时间线窗口中选中 BG 层，选择菜单栏中的“效果\生成\网格”命令，为其添加网格滤镜，并设置网格滤镜的属性参数为默认值。单击工具栏中的按钮，对摄像机的镜头进行调整，使网格和背景画面的透视关系一致，并调整 BG 层的“缩放”属性值为 280，如图 15.19 所示。

图 15.19

Step06 在时间线窗口中选中 BG 层，在效果控件窗口中单击 fx 按钮关闭网格滤镜。

Step07 创建文字。单击工具栏中的 T 工具，在合成窗口中单击并输入 YINGSHIRENLE，并打开文字层的三维属性开关，之后调整其在场景中的位置，如图 15.20 所示。

Step08 添加灯光。选择菜单栏中的“图层\新建\灯光”命令，新建一个灯光层 Light1，如图 15.21 所示。

图 15.20

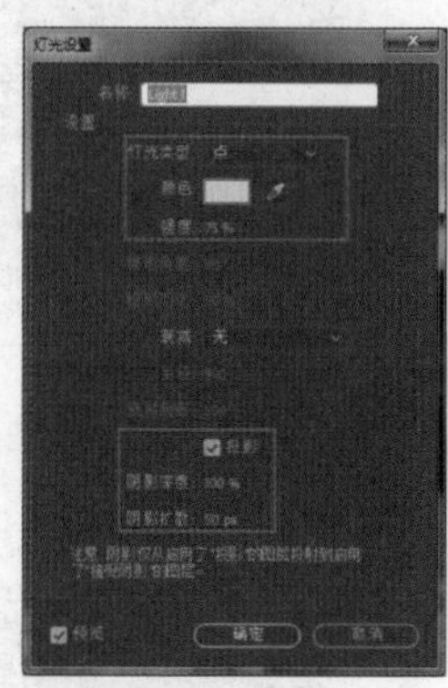

图 15.21

Step09 在时间线窗口中展开文字层的“材质选项”属性列表并设置其参数。之后再展开 BG 层的“材质选项”属性，设置其参数，并设置其图层叠加模式为 Multiply，如图 15.22 所示。

图 15.22

图 15.23

Step10 查看此时合成面板的效果，如图 15.23 所示。

Step11 为文字着色。选中文字层，选择菜单栏中的“效果\生成\梯度渐变”命令，为其添加梯度渐变滤镜，在效果控件窗口中调整参数，并分别设置“起始颜色”和“结束颜色”的颜色，如图 15.24 所示。

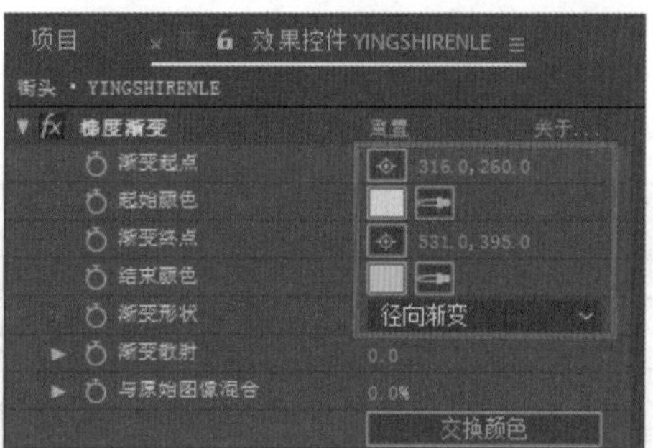


图 15.24

Step12选中文字层，按组合键 Ctrl+D 进行复制。利用工具和工具在合成窗口中调整文字层的位置，如图 15.25 所示。

图 15.25

Step13 制作光影动画。在时间线窗口中展开 Light 1 层的“位置”属性列表，单击按钮为其记录关键帧。在不同时间处改变灯光的位置，使场景中的阴影产生动画效果，如图 15.26 所示。

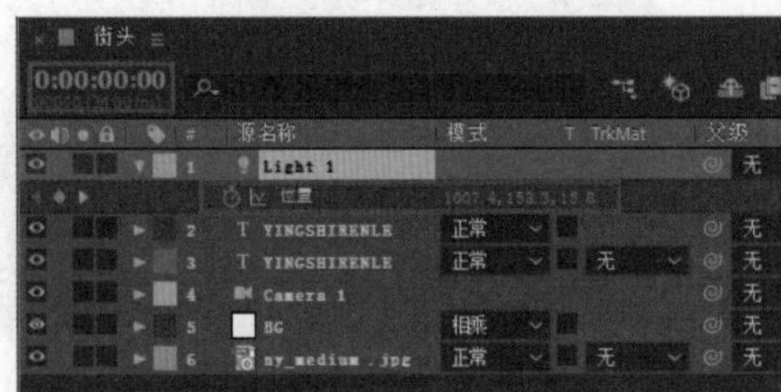

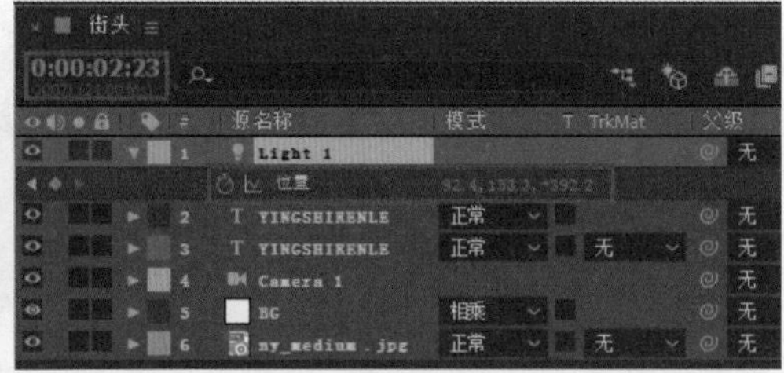


图 15.26

Step14 按数字 0 键预览最终效果，如图 15.27 所示。

图 15.27

## 15.3 飘雪动画

本节使用 CC Rain 和 CC Snow 滤镜为画面制作下雪的动画效果。在制作下雪动画的过程中，需要为图层添加色相 / 饱和度滤镜，以对画面的饱和度和不透明度进行调整，使整个画面具有更为真实的气氛环境，如图 15.28 所示。

图 15.28

Step01 启动 AE，选择菜单栏中的“合成 \ 新建合成”命令，新建一个合成窗口，命名为“下雪”。选择菜单栏中的“文件 \ 导入 \ 文件”命令，导入本书素材中的 ColdBreath.jpg 文件，并将其拖到时间线窗口，如图 15.29 所示。

Step02 制作雨雪效果。在时间线窗口中选中 ColdBreath 层，选择菜单栏中的“效果 \ 颜色校正 \ 色相 / 饱和度”命令，为其添加“效果 \ 颜色校正 \ 色相 / 饱和度”滤镜，在效果控件窗口中调整参数，如图 15.30 所示。

图 15.29

图 15.30

Step03 选择菜单栏中的“效果 \ 模拟 \CC Rain”命令，为其添加 CC Rain 滤镜，在效果控件窗口中调整参数，如图 15.31 所示。

图 15.31

Step04 选中 ColdBreath.mov 层，选择菜单栏中的“效果\模拟\CC Snow”命令，为其添加 CC Snow 滤镜，在效果控件窗口中调整参数，如图 15.32 所示。

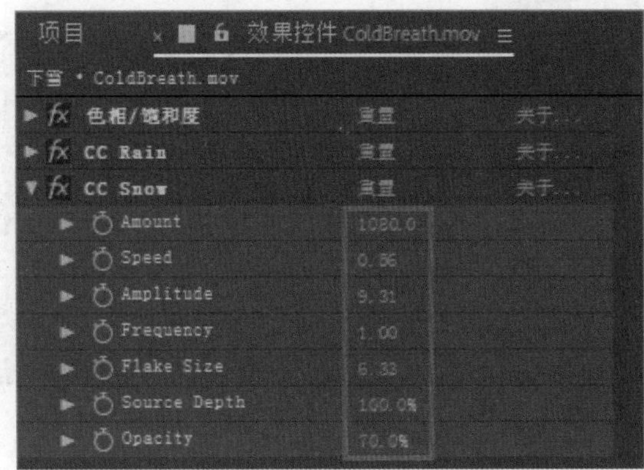

图 15.32

Step05 按数字 0 键预览最终效果，如图 15.33 所示。

图 15.33

## 15.4 置换天空

本节通过对原视频素材进行跟踪，为其匹配一个天空背景，之后对复制出的新层进行抠像处理，去除天空部分，使画面中的人物和背景完美融合，如图 15.34 所示。

图 15.34

Step01 启动 AE，选择菜单栏中的“合成\新建合成”命令，新建一个合成窗口，命名为“置换天空”。之后导入配套素材中的 motorcycle_footage.mov 和 sky.jpg 文件。将 motorcycle_footage.mov 和 sky.jpg 拖到时间线窗口中，如图 15.35 所示。

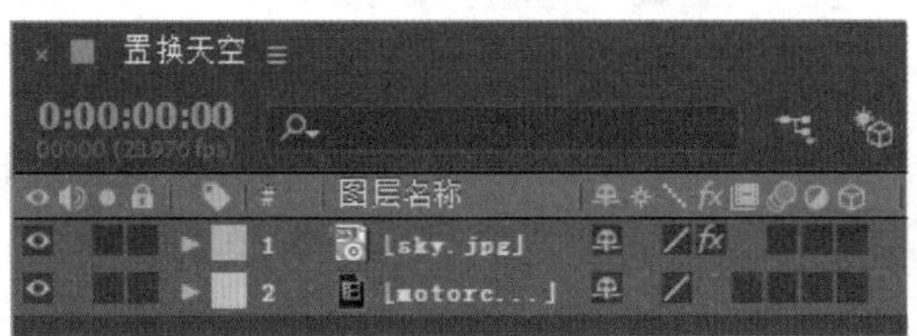


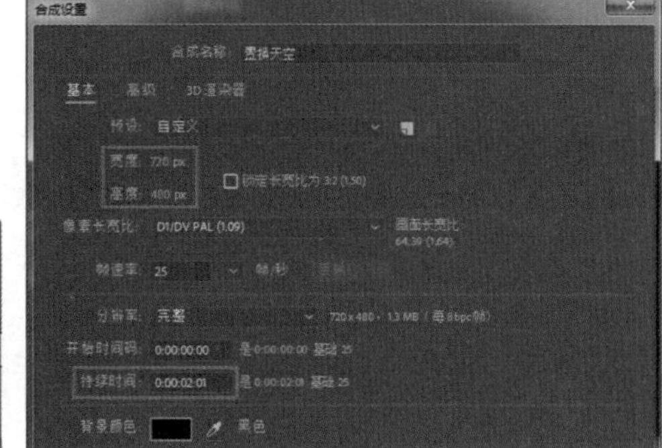

图 15.35

Step02 跟踪摄像机。在时间线窗口中选中 sky.jpg 层，选择菜单栏中的“效果 \ 过渡 \ 线性擦除”命令，为其添加线性擦除滤镜。在效果控件窗口中设置参数完成天空背景的制作，并查看此时合成窗口的效果，如图 15.36 所示。

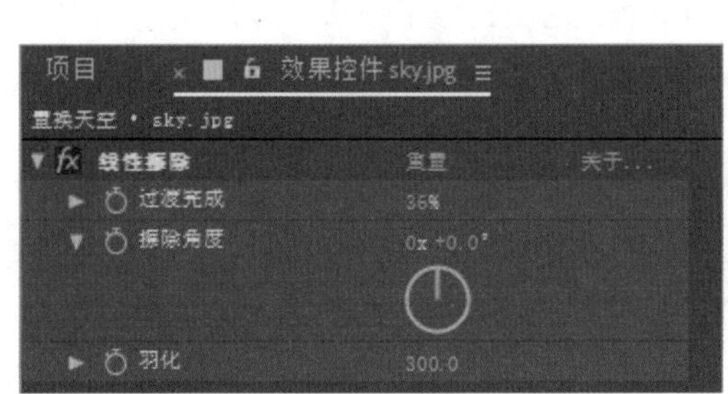

图 15.36

Step03 利用跟踪技术将天空背景和镜头的运动进行匹配，使画面更加逼真。选中 motorcycle_footage.mov 层，选择菜单栏中的“窗口 \ 跟踪器”命令，打开“跟踪器”面板。单击“跟踪运动”按钮，在图层预览面板中选择并调整跟踪点，如图 15.37 所示。

Step04 在“跟踪器”面板中设置跟踪参数。将时间线滑块放置在 0 帧处，单击▶按钮，系统开始自动计算摄像机的运动轨迹，如图 15.38 所示。

图 15.37

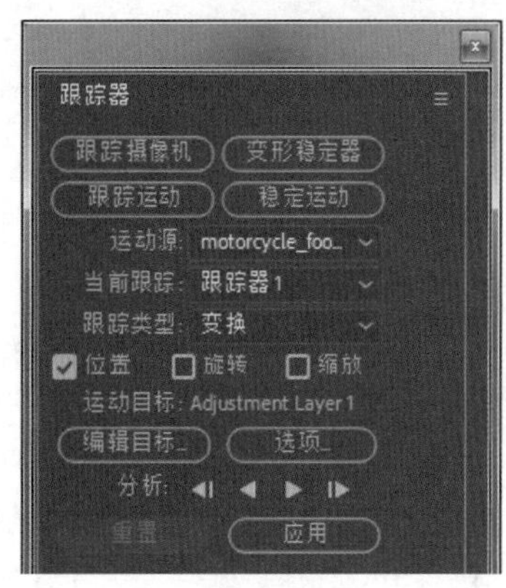


图 15.38

Step05 系统计算完毕后，单击“应用”按钮将摄像机的运动轨迹应用给 sky.jpg 层，如图 15.39 所示。

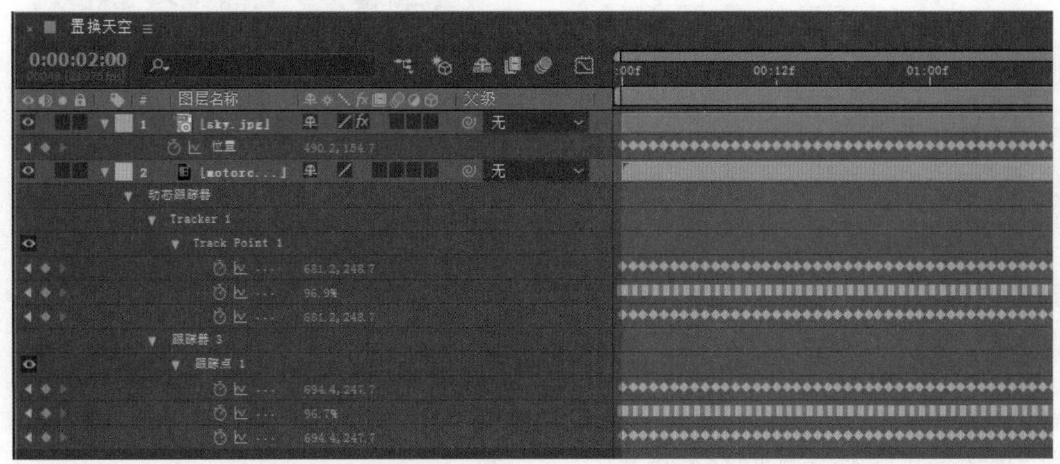


图 15.39

图 15.40

Step06 制作天空背景。应用跟踪数据后会发现天空背景的位置产生了偏移，需要对天空背景的位置进行校正，如图 15.40 所示。

Step07 在时间线窗口中选中 sky.jpg 层，设置“缩放”属性的参数值为（-21.5，21.5）%，选中“位置”属性，在合成窗口中拖动天空背景，将其调整到合适位置，使其完全将下方的天空遮盖住。拖动时间滑块逐帧进行观察，对其他偏移的天空位置进行修正，以保证在动画播放的时候不会出现错位的画面。查看此时合成窗口的效果，如图 15.41 所示。

图 15.41

Step08 画面抠像。画面中人物出现在高空时显示得还不够清晰，这主要是因为人物图像被上方的 sky.jpg 层遮挡住了，下面将着手解决这个问题。在时间线窗口中选中 motorcycle_footage.mov 层，按组合键 Ctrl+D 复制出一个 motorcycle_footage.mov 层并将其调整到最上层，选择菜单栏中的“效果 \ 抠像 \Color Key”命令，对 motorcycle_footage.mov 层的天空部分进行抠除。在效果控件窗口中调整 Color Key 滤镜的参数，如图 15.42 所示。

Step09 使用 Color Key 滤镜对画面的局部进行抠除。选中 motorcycle_footage.mov 层，选择菜单栏中的“效果 \ 抠像 \ 颜色差值键”命令，为其添加颜色差值键滤镜。在效果控件窗口中调整参数，如图 15.43 所示。

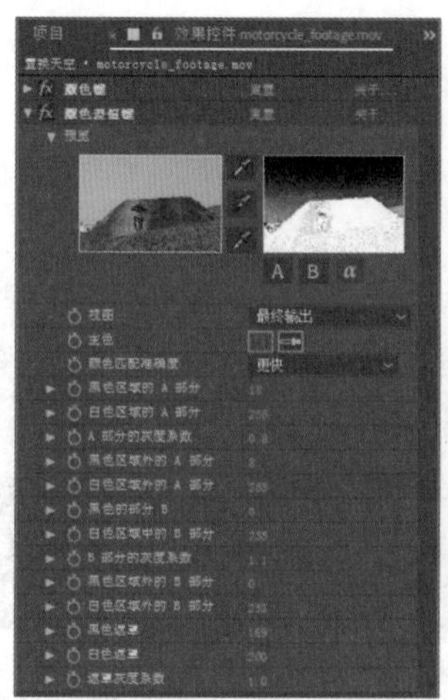

图 15.42

图 15.43

**Step 10** 画面校色。在时间线窗口中右击，在弹出的快捷菜单中选择“新建\调整图层”选项，新建一个 Adjustment Layer 1 层。选中 Adjustment Layer 1 层，选择菜单栏中的“效果\颜色校正\曲线”命令，为其添加曲线滤镜。在效果控件窗口中调节曲线的形状，如图 15.44 所示。

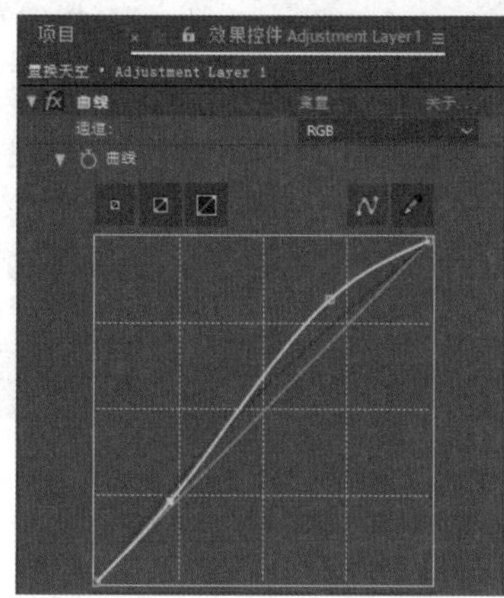

图 15.44

Step11 按数字 0 键预览最终效果，如图 15.45 所示。

图 15.45

## 15.5 电影抠像

本节主要介绍影视后期制作中特技场景的合成技巧，利用抠像将素材合成。本例将对导入的视频素材添加 Keylight 滤镜，并创建遮罩，将素材中人物的轮廓勾画出来，最后制作爆炸环境，如图 15.46 所示。

图 15.46

Step01 启动 AE，选择菜单栏中的“合成\新建合成”命令，新建一个合成窗口，命名为“不归之路”，如图 15.47 所示。

Step02 在项目窗口中双击、导入本书素材中的 WalkingWide_GS.mov、IMG_9400.jpg、

Explosion.mov 文件，将 WalkingWide _ GS.mov 文件拖到时间线窗口中。查看此时合成窗口的效果，如图 15.48 所示。

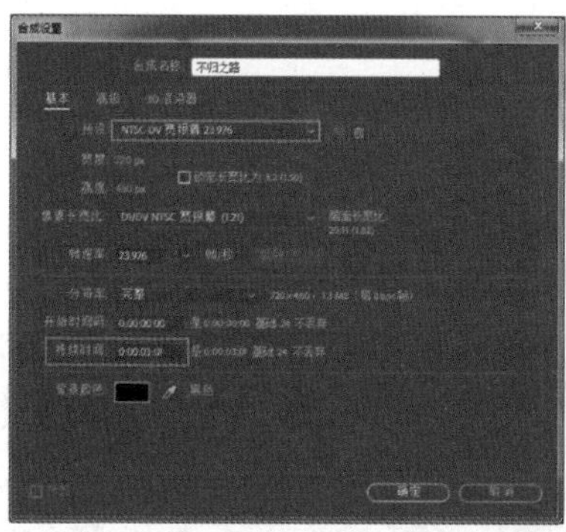
图 15.47

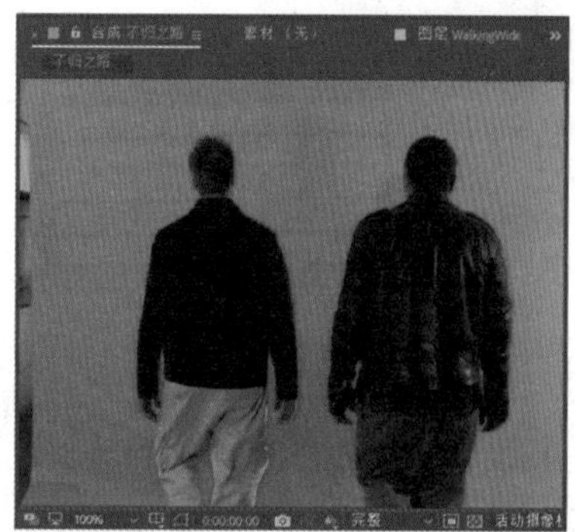
图 15.48

Step03 视频抠像。在时间线窗口中选中 Walking Wide_GS.mov 层，选择菜单栏中的“效果 \ 抠像 \Keylight”命令，为其添加 Keylight 滤镜，在效果控件窗口中调整参数，如图 15.49 所示。

图 15.49

Step04 单击工具栏中的按钮，在合成窗口中选择绿色背景，将人物勾画出来，如图 15.50 所示。

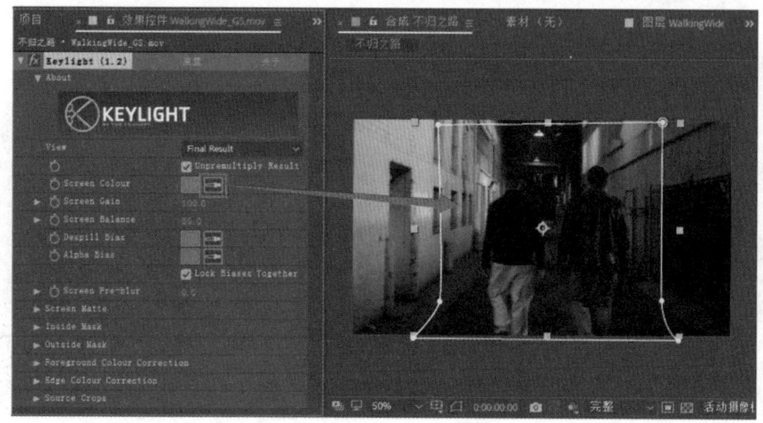
图 15.50

图 15.51

Step05 制作爆炸环境。选择时间线的 IMG_9400.jpg 文件，按 S 键展开其“缩放”属性列表并对其进行缩放，并制作缩放动画。查看此时合成窗口的效果，如图 15.51 所示。

Step06 将项目窗口的 Explosion.mov 文件拖到时间线窗口中，查看此时合成窗口的效果，如图 15.52 所示。

图 15.52

Step07 在时间线窗口中选中 Explosion.mov 层，按 Ctrl+D 组合键分别复制出三个层。按 S 键展开其“缩放”属性列表，调整其缩放参数为 300%，并设置其图层模式为“相加”。之后调整它们在时间线上的出入时间，如图 15.53 所示。

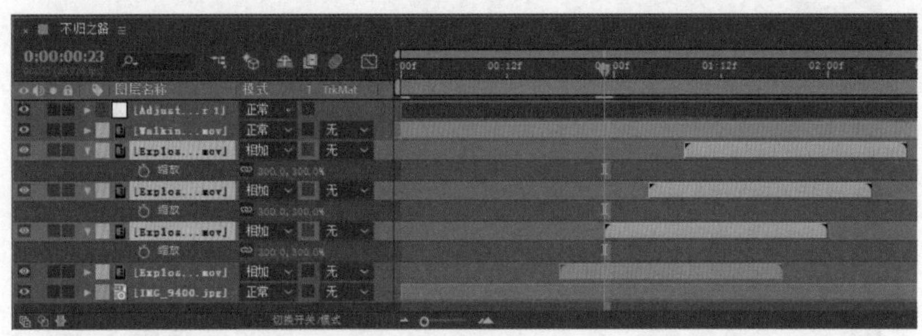


图 15.53

Step08 在时间线窗口中右击，在弹出的快捷菜单中选择“新建 \ 调整图层”选项，新建一个调整图层。选中该层，选择菜单栏中的“效果 \ 风格化 \ 发光”命令，为其添加发光滤镜，在效果控件窗口中调整参数，如图 15.54 所示。

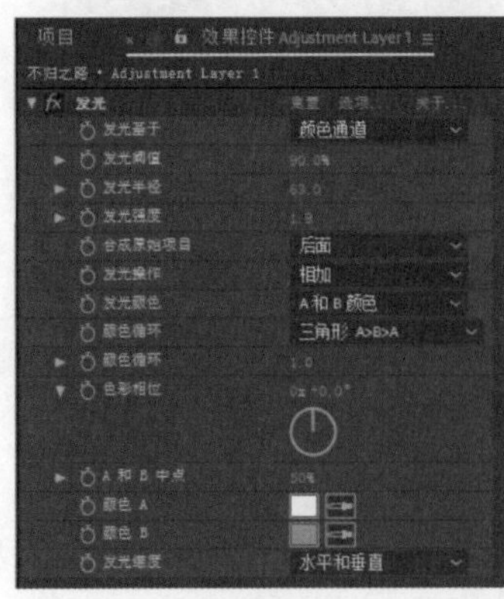

图 15.54

Step 09 按数字 0 键预览最终效果，如图 15.55 所示。

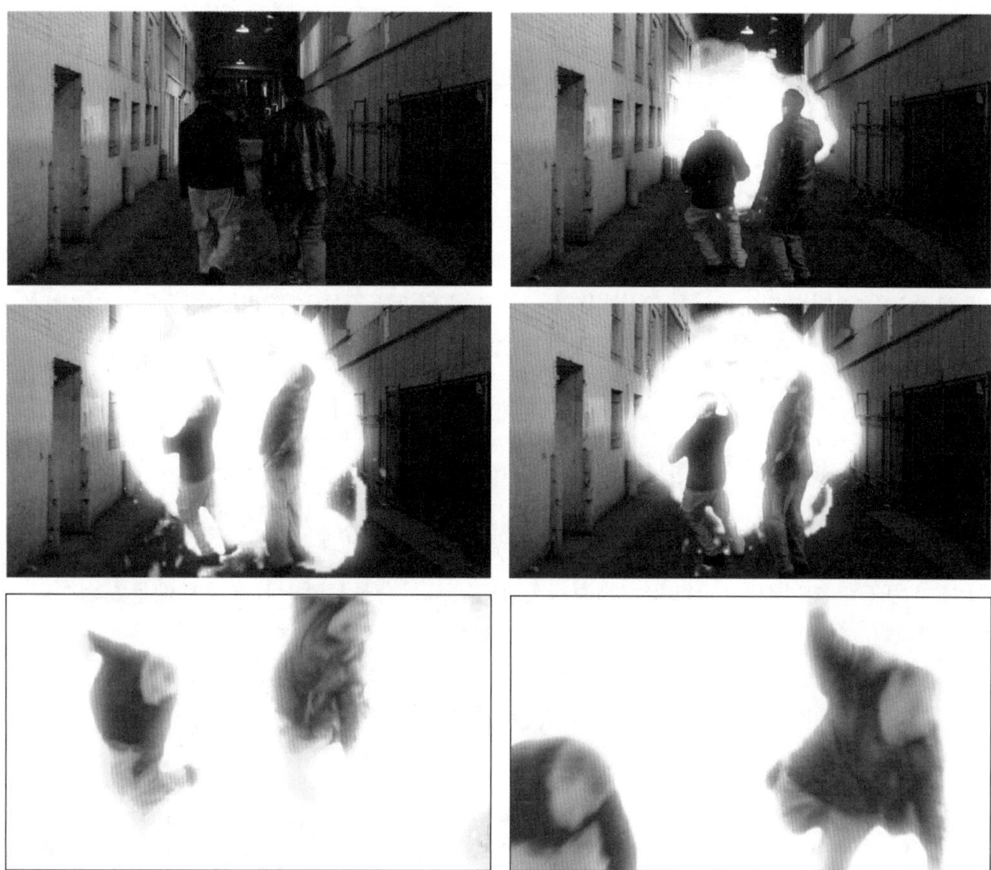

图 15.55

# 第 16 章

# After Effects 角色插件

本章通过骨骼捆绑与角色动画制作相结合，主要讲解变形金刚动画和场景动画的关键帧制作。对于变形和位置动画，关键帧是最好的解决方案之一。

## 16.1 制作星球的场景分层

在 AI 和 PS 中制作分层文件，分层后即可在 AE 中对层进行动画设置。分层场景的背景可以是一张大图，用于在 AE 中移动，前景人物原地动画时，只是背景移动，让人感觉像是人物在运动。

处理人物和场景分层的操作步骤如下。

Step 01 启动 AI 软件，选择菜单栏中的“文件 \ 打开”命令，或按组合键 Ctrl+O，打开本书资源中的“场景 .ai”，如图 16.1 所示。场景中的人物和背景目前需要进行分类和分层，然后导入 AE 进行动画设置。分层是个非常重要的工作。

图 16.1

Step 02 展开图层面板，单击图层■按钮将该图层的物体选择，可以按 Ctrl 键进行多选，如图 16.2 所示。选择所有的云层后，按组合键 Ctrl+X 剪切云朵，单击图层面板下方的■按钮新建图层，命名为“云”，如图 16.3 所示。按组合键 Shift+Ctrl+V 将剪切的云朵原位粘贴到新建图层中，这样我们就完成了云朵图层的分层操作。

图 16.2

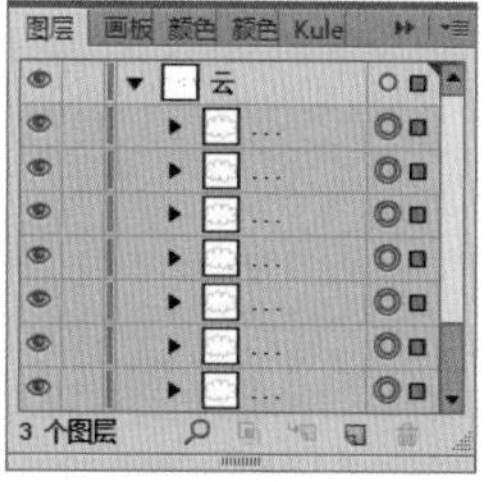


图 16.3

Step03 将场景中的建筑和背景分别进行分层，命名图层为“建筑”和“背景”，如图 16.4 所示。

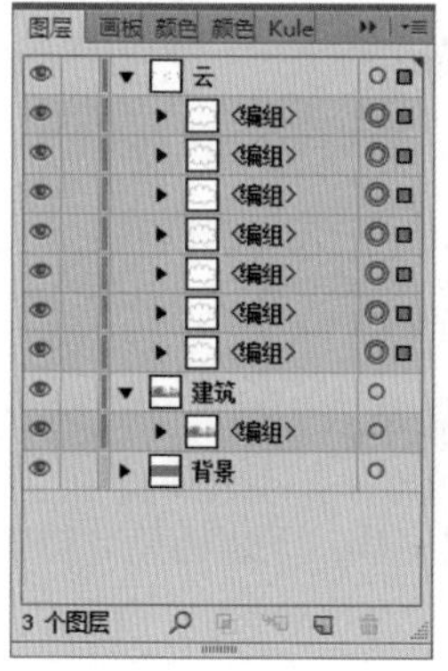

图 16.4

Step04 选择菜单栏中的“文件 \ 文档设置”命令，弹出“文档设置”对话框，单击“编辑画板”按钮，画面将出现调整框，将画幅拉宽后，场景都纳入范围内了，如图 16.5 所示。在工具栏随便单击一个工具按钮，即可退出编辑画板模式，按组合键 Ctrl+S 保存文件。

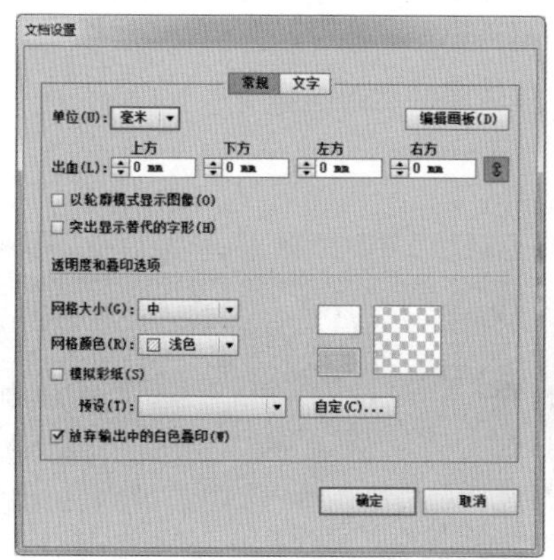

图 16.5

Step05 对人物进行分层处理。打开“变形金刚 .psd”分层文件，将场景中人物分为头、身体、左大臂、左小臂、左手、右大臂、右小臂、右手、左大腿、左小腿、左脚、右大腿、右小腿、右脚，如图 16.6 所示。

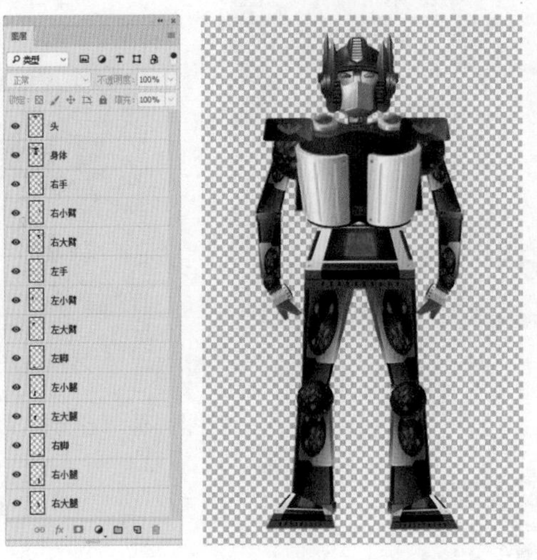


图 16.6

## 16.2 在 AE 中制作星球的场景

本节我们将在 AE 中制作场景的分层，AE 可以让各个图层实现父子级链接并制作动画。制作角色时要将头部、胳膊、腿和躯干分别分层，让图层与插件对应。

### 16.2.1 将 AI 文件导入 AE

在 AE 中对 AI 文件进行画面导入的操作步骤如下。

Step01 启动 AE，选择菜单栏中的“合成 \ 新建合成”命令，新建一个合成，命名为“MG 动画”。将“场景 .ai”文件导入项目窗口，如图 16.7 所示。

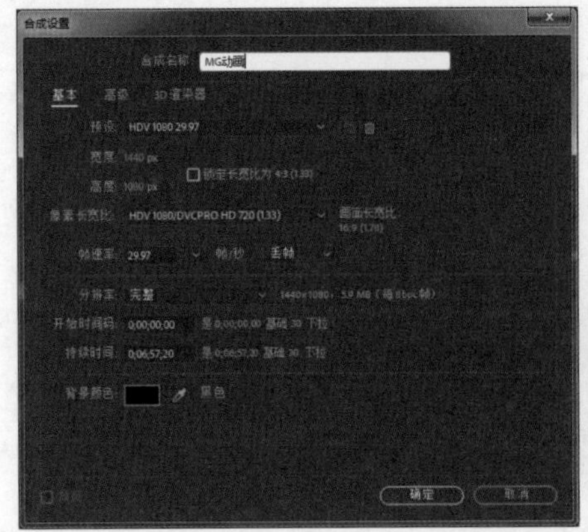


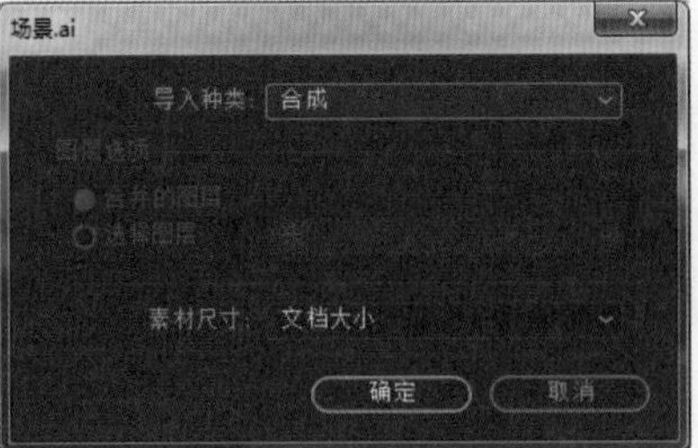


图 16.7

Step02 将场景和变形金刚合成文件分别拖动到时间线窗口，并缩放大小，让高度与合成窗口相匹配，如图 16.8 所示。

图 16.8

Step03 双击时间线窗口的场景合成文件，将其展开，可以看到我们刚才在 AI 中进行的分层，如图 16.9 所示。

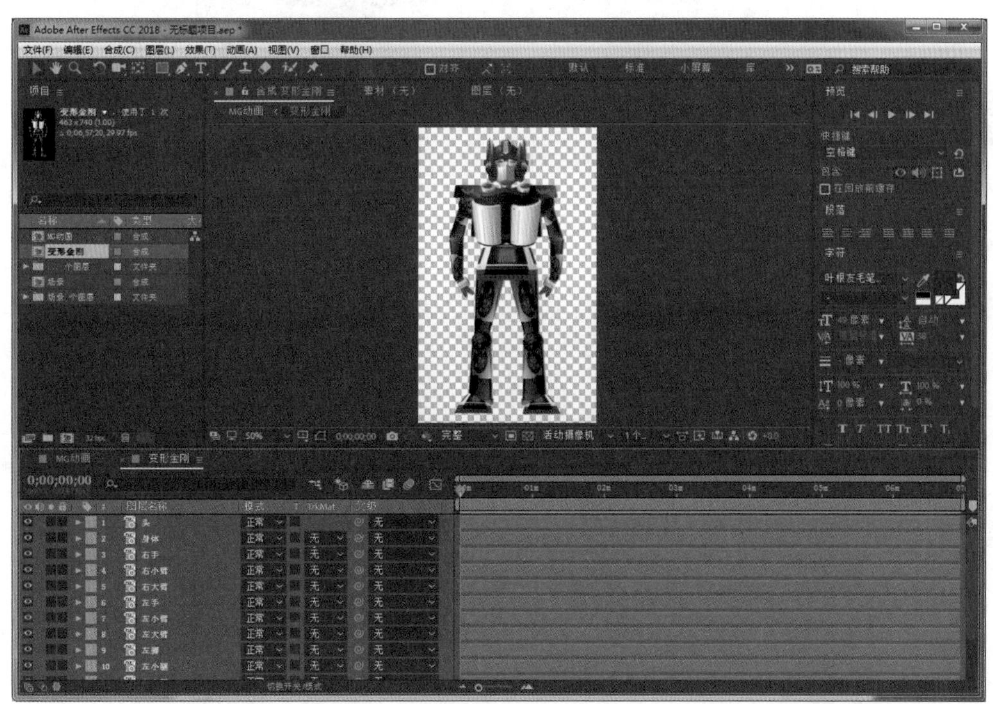


图 16.9

## 16.2.2　设置变形金刚关节的旋转轴心

下面设置关节的旋转轴心，默认前提下轴心在整个画面的中心点，如果旋转人的关节，可将轴心设置到人体关节的旋转轴心上，如果旋转头部，需要将头部轴心设置到脖子上。

Step01 选择头的分层，单击按钮，将头的轴心移动到脖子上，如图 16.10 所示。

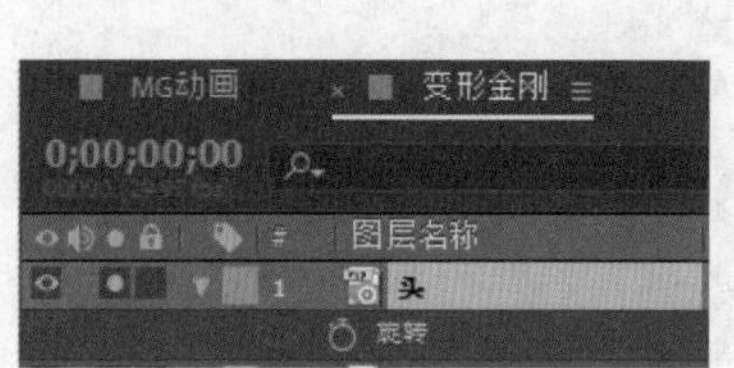

图 16.10

Step02 选择左脚和右脚的分层，单击按钮，将它们的轴心移动到脚踝上，如图 16.11 所示。

图 16.11

Step03 用同样的方法将四肢都进行父子级链接，并将它们的父级链接到身体。除了身体，其他部位都有了父级，如图 16.12 所示。

| # | 图层名称 | 模式 | T | TrkMat | 父级 |
|---|---|---|---|---|---|
| 1 | 头 | 正常 | | | 2.身体 |
| 2 | 身体 | 正常 | | 无 | 无 |
| 3 | 右手 | 正常 | | 无 | 4.右小臂 |
| 4 | 右小臂 | 正常 | | 无 | 5.右大臂 |
| 5 | 右大臂 | 正常 | | 无 | 2.身体 |
| 6 | 左手 | 正常 | | 无 | 7.左小臂 |
| 7 | 左小臂 | 正常 | | 无 | 8.左大臂 |
| 8 | 左大臂 | 正常 | | 无 | 2.身体 |
| 9 | 左脚 | 正常 | | 无 | 10.左小腿 |
| 10 | 左小腿 | 正常 | | 无 | 11.左大腿 |
| 11 | 左大腿 | 正常 | | 无 | 2.身体 |
| 12 | 右脚 | 正常 | | 无 | 13.右小腿 |
| 13 | 右小腿 | 正常 | | 无 | 14.右大腿 |
| 14 | 右大腿 | 正常 | | 无 | 2.身体 |

图 16.12

## 16.3 在 Duik 插件中制作变形金刚的捆绑

下面我们将在 Duik 插件中制作场景的 IK 反向动力学链接，并设置控制器范围。变形金刚的肢体和人物角色的肢体是一一对应的。

## 16.3.1 用 Duik 插件设置变形金刚的关节

下面使用 Duik 设置关节绑定，用 IK 反向动力学控制人体动画。

Step01 选择菜单栏中的“窗口 \Duik”命令，打开 Duik 插件对话框，如图 16.13 所示。

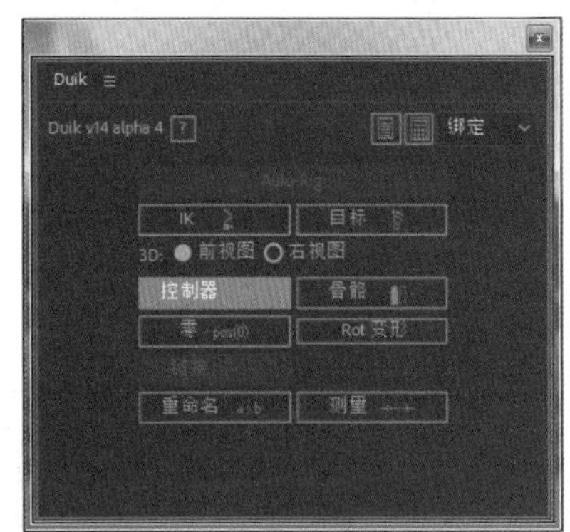


图 16.13

Step02 在时间线窗口选择左手图层，单击控制器按钮，时间线新建了一个“C_ 左手”的层，此时左手会出现一个控制器范围框，如图 16.14 所示，拖动节点，将范围框缩小（范围框可控制手的影响范围），如图 16.15 所示。

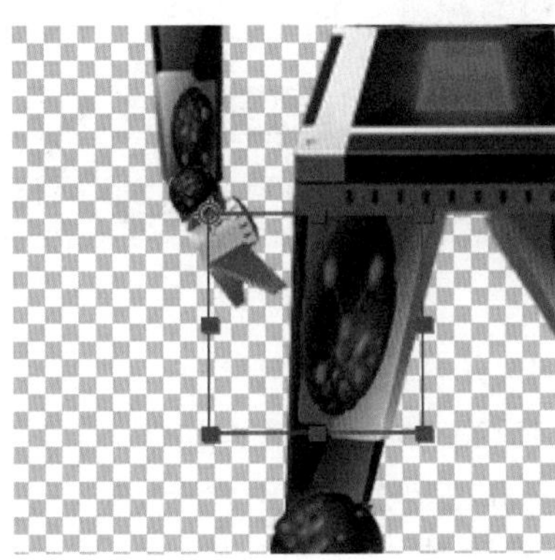

图 16.14

图 16.15

Step03 继续选择右手图层，单击控制器按钮；继续选择左脚图层，单击控制器按钮；继续选择右脚图层，单击控制器按钮。这样就新生成了 4 个图层。分别将范围框缩小，让四肢的末端影响范围不要重叠到其他关节即可，如图 16.16 所示。

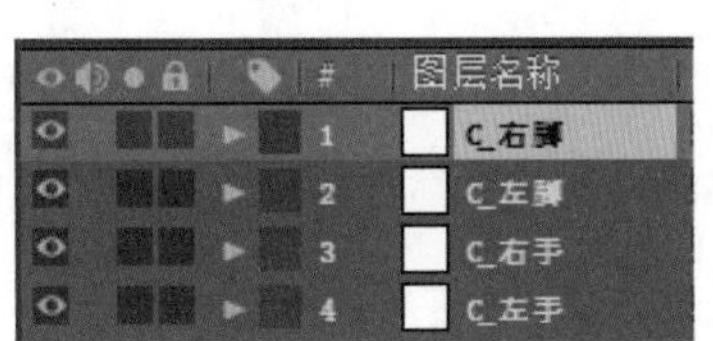


图 16.16

## 16.3.2 设置变形金刚的反向动力学关节

下面设置关节的 IK 反向动力学控制。

**Step01** 在时间线窗口按顺序分别选择左手、左小臂、左大臂和 C_ 左手层，然后单击 Duik 插件窗口的 IK 按钮，完成左臂的反向动力学设置。试着移动左手控制器，当左手移动时小臂和大臂也跟着移动，如图 16.17 所示。

**Step02** 此时会发现图层中原来的左手图层被隐藏了，多出来一个左手 goal 图层，这个图层是个固定图层，手不会随着动态旋转，可以删除掉，将原来的左手图层显示出来（单击眼睛图标即可显示），如图 16.18 所示。

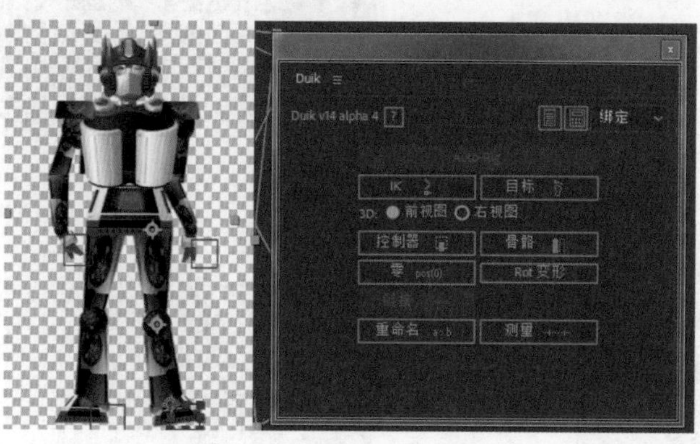

图 16.17

图 16.18

**Step03** 用同样的方法，在时间线窗口按顺序分别选择右手、右小臂、右大臂和 C_ 右手层，然后单击 Duik 插件窗口的 IK 按钮，完成右臂的反向动力学设置；选择左脚、左小腿、左大腿和 C_ 左脚层，然后单击 Duik 插件窗口的 IK 按钮，完成左脚的反向动力学设置；选择右脚、右小腿、右大腿和 C_ 右脚层，然后单击 Duik 插件窗口的 IK 按钮，完成右腿的反向动力学设置。分别删除左脚 goal 图层、右脚 goal 图层和右手 goal 图层，显示左脚、右脚和右手图层。

**Step04** 试着移动控制器范围框，会看到反向动力学的存在，但是关节有时候是反向弯曲的，如图 16.19 所示，这在作图时插件无法甄别腿部往哪边折叠。单击左脚 _C 图层，打开效果控件面板，将 IK Orientation 的复选框勾选，如图 16.20 所示，就会产生正确的反向关节弯曲了，如图 16.21 所示。用同样方法给右脚也设置反向弯曲。至此我们完成了人物反向动力学关节的捆绑，关闭 Duik 窗口。

图 16.19

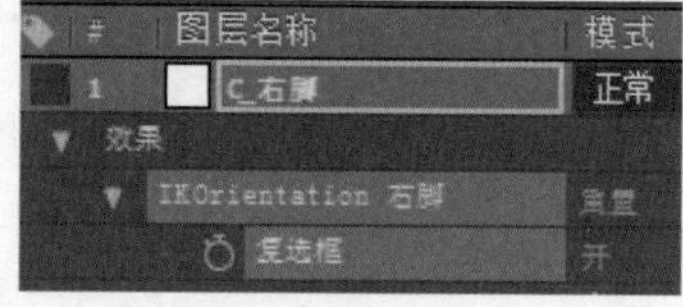

图 16.20

图 16.21

# 16.4 在 AE 中制作变形金刚的舞蹈动画

下面我们将在 AE 中制作人物的舞蹈动画，舞蹈动画将是一个循环动态。至于如何进行舞蹈动作，相信每个动画设计师都有自己的想法，可以将生活中的经验付诸行动。

## 16.4.1 设置变形金刚的姿势

下面设定变形金刚的跳舞姿势，我们将使用位置和旋转参数的设定。

Step01 在时间线窗口将时间移动到第 0 帧。选择 4 个控制器图层，按 P 键，打开它们的位置参数，单击按钮设置动画起始。给身体和头部也设置位置和旋转参数，单击按钮设置动画起始，如图 16.22 所示。

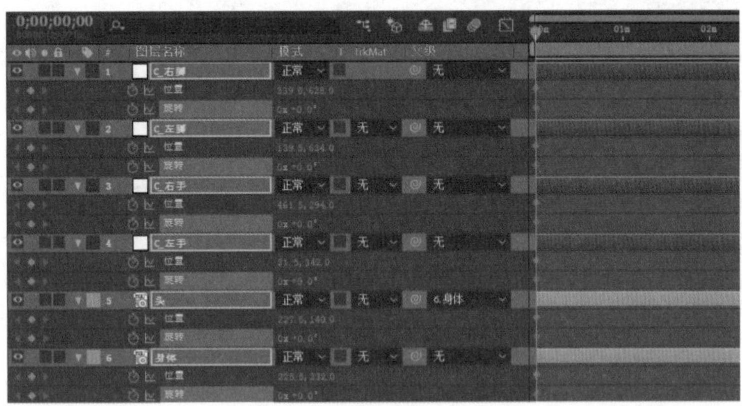


图 16.22

Step02 移动到不同的时间段（第 0、1、2s 分别制作动画），如图 16.23 所示，移动控制器范围框，制作机器人的跳舞动态，如图 16.24 所示。

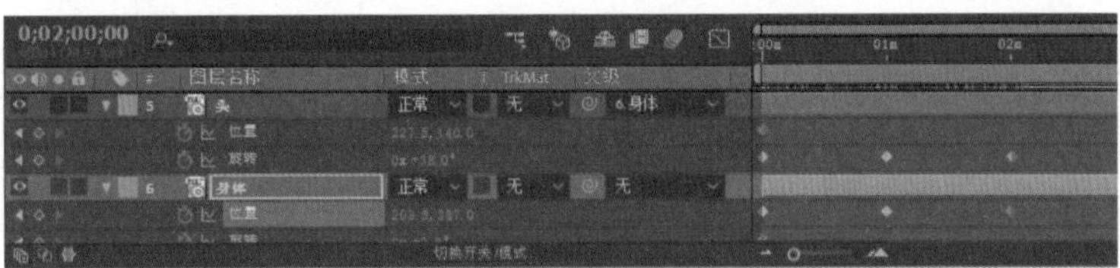


图 16.23

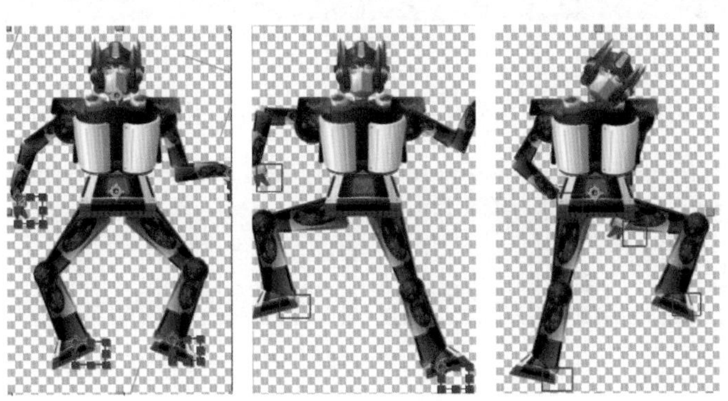

图 16.24

Step03 移动到动画结束帧第 3s，将第 0 帧的所有关键帧复制粘贴到结束帧，这样就形成了一个 5s 中的循环跳舞姿势，如图 16.25 所示。

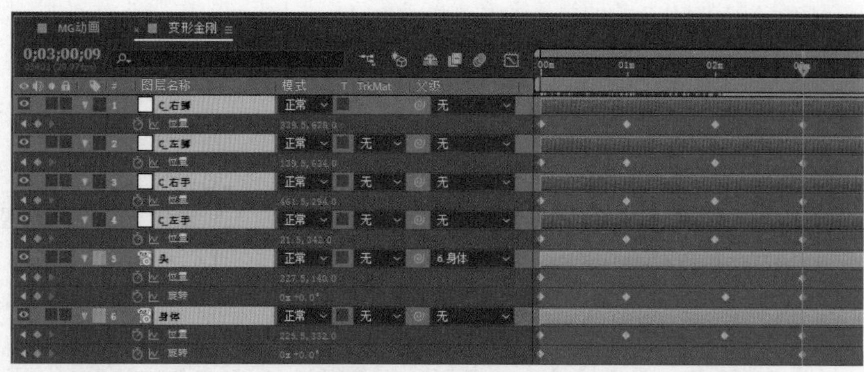


图 16.25

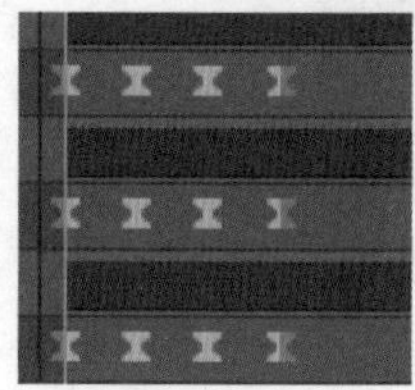

图 16.26

Step04 按组合键 Ctrl+A 全选图层，连续按 U 键，直到显示所有关键帧，框选这些关键帧，按 Alt 键的同时拖动最后一个关键帧可以缩放动画的时长，如果觉得舞蹈动作太快，可以拉长时间到第 5s 结束，这样跑步动作能够慢一些。

Step05 按 F9 键，给所有关键帧进行缓和处理，播放动画会发现动作舒缓了很多，过渡也自然了，此时所有关键帧从（菱形）变成了（沙漏形），如图 16.26 所示。

## 16.4.2 让背景云朵飘动

下面制作云朵飘动的动画。

Step01 回到场景合成，选择云图层，按 P 键，打开它们的位置参数，单击按钮设置位置动画起始，如图 16.27 所示。

图 16.27

Step02 在第 0 帧设置云朵位置，在末尾帧设置建筑位置向后移动，如图 16.28 所示。

图 16.28

Step03 设置建筑的颜色动画。选择建筑图层，选择菜单栏中的“效果\风格化\发光”命令，给建筑物设置发光滤镜，如图 16.29 所示。

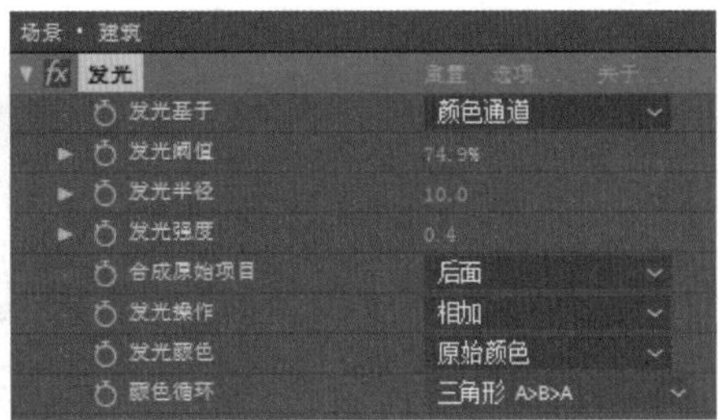


图 16.29

Step04 在不同的时间段设置不同的发光强度，动画制作完成。

## 16.5　在 C4D 和 AE 中匹配场景

C4D 中有专门针对 AE 软件的输出通道，可以在 AE 中识别 C4D 的摄像机和模型等信息。下面我们将在 C4D 和 AE 中匹配场景文件，对画幅、动画长度、帧速率等参数进行设置。

### 16.5.1　匹配画幅和时间

只有将 C4D 和 AE 的规格设置成一致，才能在后续制作中进行线性操作。

Step01 启动 C4D 软件，选择菜单栏中的“文件 \ 打开”命令，打开本书资源中的 ufo.c4d 文件。场景中已经制作好了一个玻璃罩模型，如图 16.30 所示。

图 16.30

Step02 设置画面尺寸。在 C4D 设置的尺寸要和 AE 中相匹配，先设置动画总长度为 250 帧（10s），如图 16.31 所示，单击按钮，设置画幅和帧速率等参数，如图 16.32 所示。

图 16.31

按组合键 Ctrl+S 保存文件。

图 16.32

Step03 启动 AE 软件，选择菜单栏中的“合成\新建合成”命令，新建一个合成，命名为“MG 动画”，设置画幅、帧速率和动画长度与 C4D 文件吻合，如图 16.33 所示。将“场景 .ai”文件导入项目窗口，如图 16.34 所示。

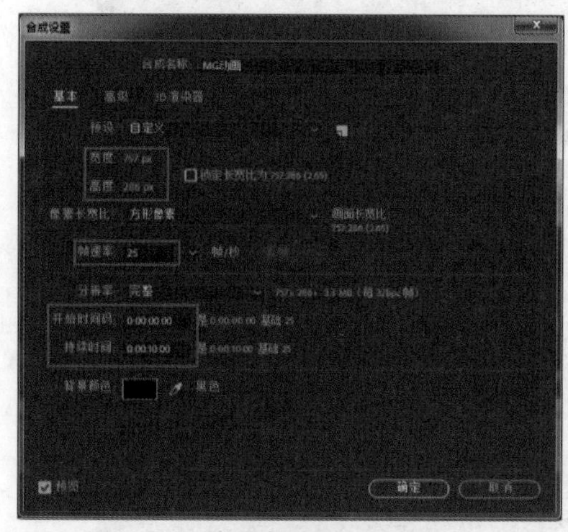

图 16.33

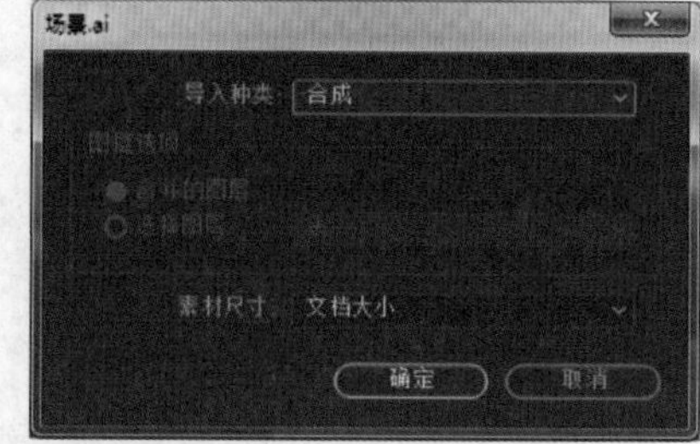


图 16.34

## 16.5.2 将 C4D 文件导入 AE 中

下面将 C4D 文件导入 AE 中，然后在两个软件之间进行线性编辑。

Step01 将 ufo.c4d 文件从文件浏览器中拖动到项目窗口，然后将场景合成和 ufo.c4d 文件分别拖动到时间线窗口中，如图 16.35 所示，由于二者尺寸相同，所以很好地进行了匹配。

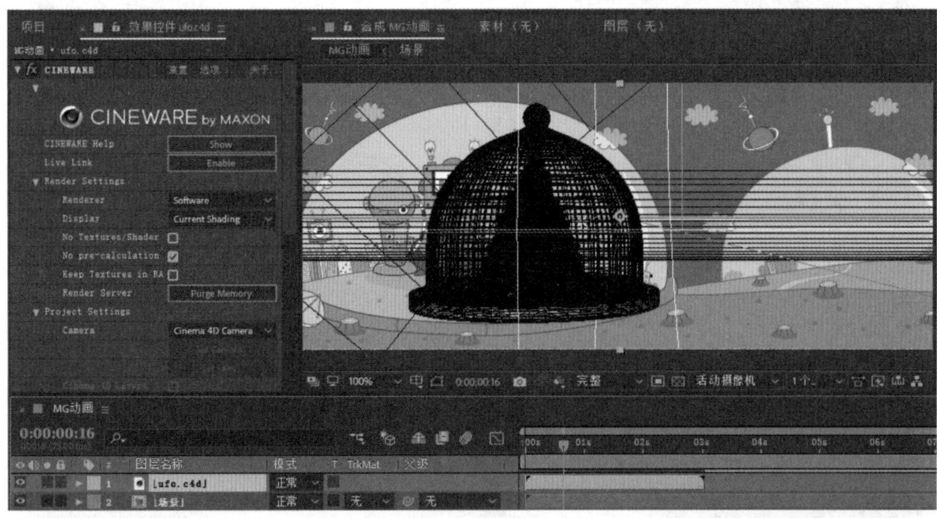

图 16.35

Step02 在效果控件窗口设置 Renderer 为 Standard（Final），如图 16.36 所示，玻璃罐被完整渲染在 AE 中，如图 16.37 所示。

图 16.36

图 16.37

## 16.6 在 C4D 和 AE 之间进行线性编辑

在 C4D 中的任何操作及保存，都会在 AE 中同步进行更新，目的是方便修改场景和摄像机视角，大大提高了两个软件的互动性。下面我们来学习如何进行 AE 线性操作。

### 16.6.1 在 C4D 中制作摄像机动画

下面将在 C4D 中制作摄像机的摇移动画。

Step01 在 C4D 中选择 Camera，单击按钮打开自动设置关键帧功能，在第 0 帧和第 250 帧分别设置不同的景别（视角），如图 16.38 所示。

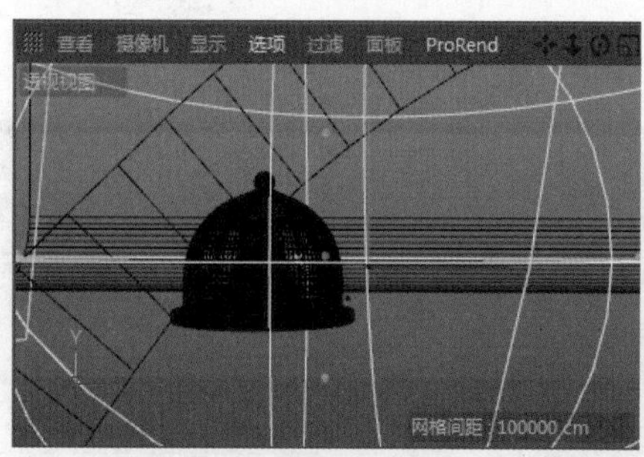


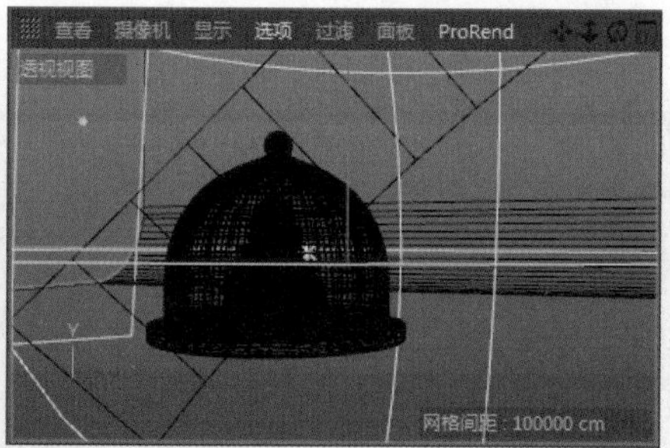


图 16.38

Step02 按组合键 Ctrl+S 保存文件，回到 AE 软件，场景视角将自动进行更新，如图 16.39 所示。

图 16.39

Step03 在时间线窗口选择 C4D 文件，在效果控件窗口设置 Renderer 为 Standard（Draft）草图模式，以降低系统内存，按空格键预览摄像机动画，如图 16.40 所示。

图 16.40

## 16.6.2　在 C4D 中设置要合成的图层

在 C4D 中有非常多的图层可以调整，如高光、漫射、反射、折射等。在这里我们可以在 C4D 中指定几个图层进行输出。

**Step 01** 在 C4D 中单击按钮，在弹出的“渲染设置”对话框中单击多通道渲染...按钮，选择需要输出的图层属性，如高光等，如图 16.41 所示。本例选择反射、高光和漫射图层，如图 16.42 所示，按组合键 Ctrl+S 保存文件。

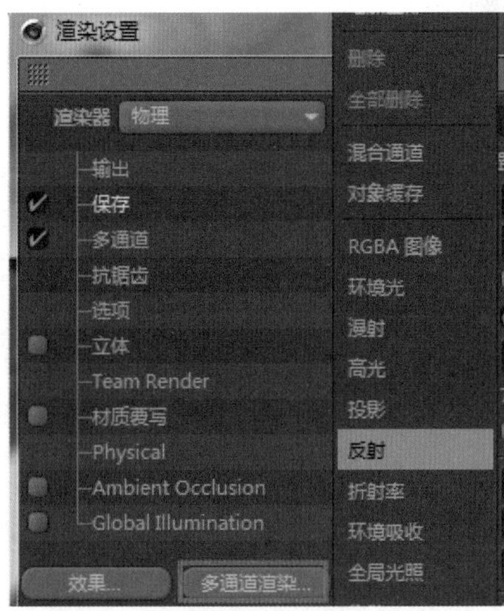


图 16.41

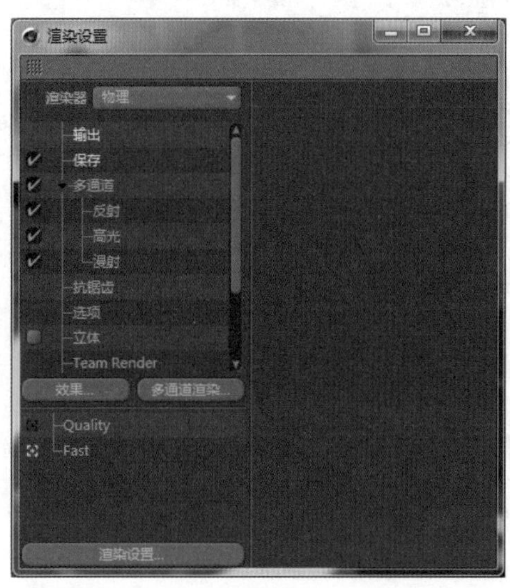


图 16.42

**Step 02** 回到 AE 软件中，单击 Add Image Layers 按钮，将刚才输出的三个图层展开，如图 16.43 所示。在时间线窗口我们看到了这三个图层，如图 16.44 所示。

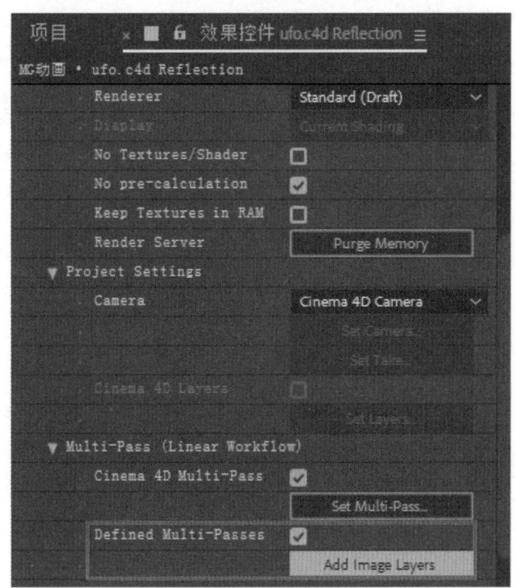


图 16.43

图 16.44

Step03 选择一个图层，应用色彩平衡滤镜，如图 16.45 所示，可以对这些图层进行单独修改。这就是 C4D 和 AE 配合使用的基本原理。

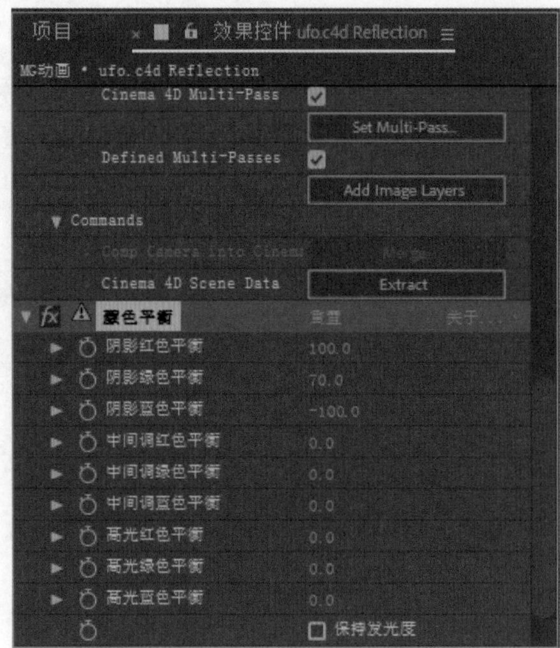

图 16.45